像火箭科学家一样思考

将不可能变为可能

THINK LIKE A
ROCKET
SCIENTIST

[美] 奥赞·瓦罗尔（Ozan Varol） —— 著

李文远 —— 译

北京联合出版公司
Beijing United Publishing Co.,Ltd.

图书在版编目（CIP）数据

像火箭科学家一样思考：将不可能变为可能／（美）奥赞·瓦罗尔著；李文远译. — 北京：北京联合出版公司，2020.9（2025.3 重印）
 ISBN 978-7-5596-4418-3

Ⅰ.①像… Ⅱ.①奥… ②李… Ⅲ.①创造性思维—研究 Ⅳ.① B804.4

中国版本图书馆 CIP 数据核字（2020）第 130089 号

HOW TO THINK LIKE A ROCKET SCIENTIST
Copyright © 2018 by Ozan Varol
This edition arranged with InkWell Management, LLC.
through Andrew Nurnberg Associates International Limited

像火箭科学家一样思考：将不可能变为可能

作　　者：[美]奥赞·瓦罗尔
译　　者：李文远
出 品 人：赵红仕
责任编辑：张　萌
封面设计：王星媛

北京联合出版公司出版
（北京市西城区德外大街 83 号楼 9 层 100088）
北京联合天畅文化传播公司发行
北京美图印务有限公司印刷　新华书店经销
字数 250 千字　880 毫米 × 1230 毫米　1/32　9.625 印张
2020 年 9 月第 1 版　2025 年 3 月第 11 次印刷
ISBN 978-7-5596-4418-3
定价：65.00 元

版权所有，侵权必究
未经许可，不得以任何方式复制或抄袭本书部分或全部内容
本书若有质量问题，请与本公司图书销售中心联系调换。电话：（010）64258472-800

目 录

序言　　　1

第一阶段　冲破枷锁，点燃你的创意

第1章　与不确定性共舞

对确定性的迷恋　5
伟大的未知事物　7
未知的已知事物　10
不确定性鉴赏家　14
万有理论　17
这真有趣　19
被降级　23
高风险的躲猫猫游戏　27
为什么冗余不是多余的　30
安全边际　32

第 2 章　第一性原理

我们一直都是这样做的　38

别人就是这样做的　42

回到第一性原理　44

来自无形规则的阻力　49

你为什么要去冒险　52

破坏的艺术　55

我像破碎球般闯入　57

奥卡姆剃刀　60

第 3 章　发挥你的想象力

思想实验室　67

好奇心杀死了薛定谔的猫　70

终身幼儿园　73

多做点无聊的事情　77

把苹果和橘子进行比较　83

关于孤独天才的谬论　89

初心　91

第 4 章　探月思维

探月思维的力量　97

接受不着边际的想法　103

激荡大脑　109

探月型企业 113

挖洞公司 118

回到未来 120

猴子优先 123

第二阶段　创意推进，实现完美着陆

第 5 章　重构问题

先宣判，后裁决 131

质疑问题 134

分身 136

战略与战术 142

打破常规 146

如果反其道而行之 150

第 6 章　反转的力量

事实不会改变想法 157

发生了一些有趣的事情 159

实际情况与观点相悖 162

多种假设 166

漏了什么 169

杀死你喜欢的假设 172

光子箱 178

第 7 章　实践与测试

测试存在的问题　185

极限点　187

弗兰肯斯坦的缝合怪　190

太空先锋　192

舆论的火箭科学　199

观察者效应　203

多位测试者　207

第三阶段　自成败中，释放潜能

第 8 章　失败是最大的成功

过度害怕失败　215

失败是可以选择的　216

"快速失败"的问题所在　219

要快速学习，而不是快速失败　220

开局与结局　224

输入比输出重要　229

多么迷人啊！　232

盲飞　233

心理安全　236

将失败经历公之于众　239

如何体面地失败　242

第 9 章　成功是最大的失败

为何成功是一位不称职的老师　248

永远未完成的作品　253

间断式成功　257

未遂事故　259

无视结果　263

事前验尸法　265

原因背后的原因　269

福兮祸所伏　272

后记　新世界　274

附加信息　279

鸣　谢　280

序言

1962年9月,美国的莱斯大学体育场内坐无虚席,约翰·F.肯尼迪(John F. Kennedy)总统当众承诺:美国要在1970年之前将人类送上月球,并确保其安全返回地球——人类将首次向月球发射火箭。这是一个充满雄心壮志的承诺。

肯尼迪发表演讲之时,与登月相关的许多技术标准甚至还没有制定出来,美国宇航员从未在宇宙飞船外工作过,宇宙飞船也从未在太空中进行过对接。美国国家航空航天局(National Aeronautics and Space Administration,简称NASA)不知道月球表面是否坚固到能够支撑着陆器,也不知道通信系统是否能在月球上正常工作。用NASA一名官员的话来说,我们甚至不知道"如何计算地球轨道,更别提登月火箭的发射轨道了"。

光是进入绕月轨道就需要惊人的精确性,登陆月球就更不用说了。这好比将一支飞镖掷向一只8.5米外的桃子,只许触及桃子表面的绒毛,不能碰到桃子本身。另外,如果把月亮比作桃子的话,这只"桃子"还会在太空中快速移动。宇宙飞船返回地球时,还必须以正确的角度进入大气层,避免与大气剧烈摩擦而被烤焦,或是像石块打水漂那样从大气层表面滑过。进入大气层的过程相当于在一枚有180道丝齿的硬币上找出特定的一道。

作为一名政治家,肯尼迪对未来所面临的挑战表现出惊人的坦率。他解释说,把宇航员送上月球的巨型火箭将"由新型合金制成,其中一些合金材料尚未研发出来。火箭能经受高温和高压,其耐热性和耐压性比以往产品高好几倍,且装配的精密程度高于世界上最好的手表",它将肩负着"一项前所未有的使命,登上一个未知的天体"。

没错,即使是制造火箭所需的金属,当时也还没被发明出来。

我们一头扎进茫茫宇宙,希望能够在升空时长出翅膀。

翅膀竟奇迹般地长了出来。1969年——肯尼迪宣布登月计划后不到7年,尼尔·阿姆斯特朗(Neil Armstrong)为人类迈出了一大步。在莱特兄弟进行首次动力飞行的那一年(此次飞行持续了12秒钟,飞机行进了约36.6米),假如有个小孩的年纪是6岁,那么,当航天事业变得足够强大、能够将一个人送上月球并将其安全地送回地球时,这个小孩已经变成72岁的老人了。

在人类的生命周期里,这种巨大的飞跃通常被誉为"科技的胜利",但事实并非如此。相反,它是某种思维过程的伟大胜利。火箭科学家们借助这种思维过程,把不可能变成了可能。他们还借助同样的思维过程,乘坐超音速宇宙飞船在星际肆意遨游,让宇宙飞船飞行数百万英里,穿越外层空间,在目的地精确着陆。正是借助同样的思维过程,人类离开拓其他行星的目标越来越接近,成为一个星际物种。这种思维过程将把商业太空旅游变得经济实惠,使它成为一股新的潮流。

要像火箭科学家那样思考,就得从不同的角度看待这个世界。火箭科学家们要想象那些无法想象的事情,解决那些无法解决的问题。他们将失败转化为胜利,把束缚转化为优势;他们认为小事故只是可以解决的难题,而非不可逾越的障碍;他们前进的动力不是盲目的信念,而是自我怀疑；他们的目标不是短期结果，而是长期突破；他们知道规则不是一成不变的，已设定的东西可以更改，他们能开辟出一条新的路径。

我将在这本书中与读者分享一些内涵深刻的理念，这些理念适用于任何一门科学。不过，这些理念在火箭科学领域体现得更为明显，因为这门科学事关重大。每次发射火箭动辄耗费数亿美元，且载人航天有无数人员参与其中，无论是资金还是生命，都承受着巨大风险。

从根本上说，火箭发射就是一颗小型核弹在受控情况下爆炸，其中"受控"是关键词。火箭喷射出熊熊烈火，规模之大，令人难以置信。倘若某个步骤出错，或者某次计算失误，就有可能产生最坏的结果。"启动火箭引擎时，可能会发生上千件事情。"美国太空探索技术公司（SpaceX）推进动力部负责人汤姆·穆勒（Tom Mueller）解释道，"其中只有一件是好事。"

无论实物还是认知，我们在地球上认为理所当然的所有事物，都会在太空中被颠覆。宇宙飞船由数以百万计的零部件和数百英里长的电线组成，所以当构造精密的宇宙飞船升空、高速穿行在无情的太空环境中时，存在着无数潜在的失败点。某些部件难免会出现故障，每逢这种情况出现，火箭科学家们必须将信号与噪音隔离开，并准确追溯问题的根源，而这些问题可能有数千个。更糟糕的是，这些问题发生时，宇宙飞船往往处于人力所不能及之处。你无法打开飞船的引擎盖，看看里面有什么问题。

在现代，火箭科学思维是必不可少的。世界正在以令人眼花缭乱的速度发展着，我们必须跟上步伐，不断地与它一起进步。虽然不是每个人都渴望计算燃烧率系数或轨道轨迹线，但我们在日常生活中都会遇到复杂和陌生的问题。在没有明确指导方针且时间紧迫的情况下，能够解决这些问题的人才会享有非凡优势。

尽管火箭科学思维好处多多，但我们通常总以为，如果人类不具备某种特殊天赋，是不可能像火箭科学家那样思考的（因此英语里有"这不是火箭科学"这样一句俗语[1]）。我们认同埃尔顿·约翰（Elton John）演绎的"火箭人"——歌曲中主角被选中执行登陆火星的任务，但他为"而所有这一切科学，我没能明白"而感到惋惜。[2] 我们也同情哈伊姆·魏茨曼（Chaim Weizmann）。魏茨曼是以色列的第一任总统，曾经和阿尔伯特·爱因斯坦（Albert Einstein）一起横渡大西洋。每天早晨，他们都会在轮船的甲板上坐两个小时，爱因斯坦向他解释相对论。这趟旅程即将结束时，魏茨曼说，自己"坚信爱因斯坦明白相对论"。

　　本书不会教你相对论或火箭推进技术（也就是火箭科学背后的科学）的复杂细节。你在书中找不到任何图表，本书也无须读者具备数字运算能力。隐藏在火箭科学这一难懂学科背后的，是足以改变我们生活的、对创造力和批判性思维的深刻见解，而任何人都可以在没有天体物理学博士学位的情况下获得这种创造力和批判性思维。诚如卡尔·萨根（Carl Sagan）所言，科学"不仅仅是知识，更是一种思维方式"。

　　即使看完这本书，你依然不会成为火箭科学家，但你将会知道如何像火箭科学家那样思考。

●

　　"火箭科学"是一个流行语，大学并没有开设一门叫作"火箭科

---

[1] "这不是火箭科学"（it's not rocket science）是一句英语俗语，表示一件事不难做或不难理解。——译者注

[2] 指英国著名音乐人埃尔顿·约翰的代表作《火箭人》（*Rocket Man*）中的情节，以及其中的一句歌词"而所有这一切科学，我没能明白"（And all this science I don't understand）。——译者注

学"的专业,世界上也不存在一份以"火箭科学家"作为正式头衔的工作。相反,"火箭科学"是一个口语词,用来指代与太空旅行相关的科学和工程学,而这正是我要在本书中使用的宽泛定义。我将研究科学家和工程师的工作,前者是从事宇宙研究的理想主义探险家,后者则是使太空飞行成为可能的实用主义硬件设计师。

我曾经是他们中的一员。我曾在"火星探测漫游者"计划(Mars Exploration Rovers)的运营小组工作过,该项目于2003年将两台探测器送上了火星。我制定了行动方案,协助选择着陆点,并编写了拍摄火星照片的代码。直至今天,我的火箭科学经历仍然是我简历中最有趣的部分。每次做演讲,主持人介绍我时总会说:"奥赞做过的最有趣的事情,就是他当过火箭科学家。"所有听众顿时倒抽一口气,立刻忘记了我当天的演讲主题。看得出来,他们中很多人在想:"不如跟我们讲讲火箭科学吧。"

说实话,我们都钟爱火箭科学家。我们鄙视政客,嘲笑律师,但我们喜欢那些穿着实验室工作服、智力超群的人。他们设计火箭,并极其完美地将火箭发射到宇宙中。每周四晚上,一档关于一群古怪天体物理学家的电视节目《生活大爆炸》(The Big Bang Theory)经常在美国收视排行榜上名列前茅。当莱斯利因为支持弦理论而与支持圈量子引力论的莱纳德断绝关系时,数千万观众爆发出了笑声。在3个月时间里,超过300万美国人每周日晚上会舍弃《单身汉》(The Bachelor),选择《宇宙时空之旅》(Cosmos),他们更想看暗物质、黑洞,而不是带着玫瑰花表白的戏剧。许多关于火箭科学的电影——从《阿波罗13号》(Apollo 13)到《火星救援》(The Martian),从《星际穿越》(Interstellar)到《隐藏人物》(Hidden Figures)——一直占据票房榜的前列,并拿下无数的金像奖。

尽管我们赞美火箭科学家,但他们的思维方式与世人的思维方式存在巨大不同。对于我们来说,批判性思维和创造力不是天生的。我们不敢往大处着眼,不愿与不确定性共舞,而且害怕失败。这些心态在旧石器时代是必要的,它们使我们免受有毒食物和食肉动物的伤害。但在信息时代,它们就变成了缺点。

众多企业之所以倒闭,就是因为它们总瞻前顾后,抱残守缺,不敢承担失败的风险,习惯墨守成规。在日常生活中,我们宁愿让别人来下结论,也不愿意锻炼自己的批判性思维。结果随着时间的推移,我们的批判性思维能力逐渐衰退。拥有知情权的公众不愿意自信地提出质疑,导致假消息肆意传播。一旦虚假新闻被报道并转发出来,它们就变成了事实;伪科学与真正的科学,变得真假难辨。

我写这本书的目的,是为了建立一支非火箭科学家的队伍。这支队伍会像火箭科学家那样处理日常问题,成为自己人生的主宰,质疑各种已有的假设和陈规旧习,并树立起自己的思维模式。当别人看到重重困难时,你们看到的却是各种机遇,想使现实服从你们的意愿。你们将理性地处理问题,制定创新的解决方案,重新定义现状。你们将拥有一个工具包,能够发现错误的信息和伪科学。你们将开辟新的道路,找到方法来解决遇到的难题。

作为商业领袖,你们会提出正确的问题,并使用正确的工具来做决策。你们不会追求潮流,不会接受一时的风尚,也不会追随竞争对手的步伐。你们会探索尖端科技,完成其他人认为不可能的壮举。你们将加入精英的行列,把火箭科学思维融入商业模式中。华尔街聘请所谓的"金融火箭科学家",已经把投资从一门艺术变成了科学;大型零售商同样采用火箭科学思维,在一个不确定的市场中选择下一款热卖产品。

这本书非常实用。它不仅仅宣扬火箭科学思维的好处,还给你们提供了具体可操作的策略,无论你们在发射台上,在会议室里,还是在自己的客厅里,都能够将这种思维方式付诸实践。为了说明这些原理的用途有多广泛，本书把火箭科学的趣闻与类似的历史、商业、政治和法律事件编织在一起，以此阐述火箭科学思维方式。

为了帮助你们把这些原理付诸实践，我在我的网站放了一些免费资源，它们是本书的一个重要延伸。请访问ozanvarol.com/rocket网页，查找以下内容：

- 各章要点摘要
- 工作表、挑战和练习。帮助你实施本书中探讨过的策略
- 我的每周时事通讯订阅表。我会在周刊中分享更多建议和资源，以强化书中提及的原理（读者称之为"每周我最期待的一封电子邮件"）
- 我的个人电子邮件地址，这样你就可以给我发评论或打招呼啦！

虽然本书封面只署了我的名字，但它是集体智慧的结晶。它借鉴了我在"火星探测漫游者"计划运营小组工作的经验，我对无数火箭科学家采访的内容，以及对包括科学和商业在内的不同领域数十年的研究成果。我经常向包括法律、零售、制药和金融服务等许多行业的专业人士发表关于火箭科学思维的演讲，也在不断提炼我自己对这些原理在其他领域中应用的思考。

我在本书中重点探讨了火箭科学的九大原则。我没有把其他思想囊括其中，只专注于那些与太空探索关系最密切的想法。我将阐述科学家们在哪些方面满足这些理想条件，以及他们有哪些不足之处。你们将从

火箭科学获得的巨大成就和经历过的磨难中获益匪浅，它们分别是这门科学最自豪和最具灾难性的时刻。

就像火箭分级一样，本书是分阶段展开的。"发射"是第一阶段，致力于点燃你的思维。突破性思维充满了不确定性，所以我们要从这里开始。我要和你们分享火箭科学家们所采用的策略——他们游刃于不确定性之间，并将其转化为自己的优势。然后，我将根据第一性原理做出推论，第一性原理即每一次革命性创新背后的关键要素。你们会发现，企业在形成创意的过程中会犯下哪些大错，无形的规则会如何约束你的思维，为何减法而非加法是创意的关键。接下来，我们要进行一些思想实验，探讨火箭发射思维——火箭科学家、创新企业和世界级的表演者通常采用的策略，在现实生活中把自己从被动的观察者变成主动的介入者。在此过程中，你们会了解到为何靠近太阳飞行更安全，如何用简单的一句话提升创造力，以及实现一个大胆的目标之前首先应该做些什么。

第二阶段谓之"加速"，着重于推动第一阶段形成的创意。我们将首先探讨如何重新构建和完善创意，以及为何正确的答案源自正确的提问。然后，我们将研究如何找到创意中的缺陷，切换内心的默认设置，从"说服别人你是对的"转变为"证明你自己是错的"。

我将展示如何像火箭科学家那样进行测试和实验，以确保你们的创意有最佳的机会付诸实施。在此过程中，你们会发现一种无往不利的宇航员训练策略，你们可以使用该策略来确定下一次产品演示或新产品的推出方式。你们将会了解到，阿道夫·希特勒（Adolf Hitler）的崛起方式与导致1999年"火星极地着陆者"号（Mars Polar Lander）坠毁的设计缺陷如出一辙。你们还会了解到，拯救过成千上万早产儿的简单策略同样也在"火星探测漫游者"计划暂停后挽救了这个项目。最后，我将和你们分享一个最容易被误解的科学概念，这个概念可以教你们了解人类的行为。

第三个，也是最后一个阶段是"成功着陆"。你们会了解到为何释放你全部潜力的最终因素包括成功和失败，并且发现为何"快速失败，经常失败"这句口号可能会导致灾难性结果。一家产业巨头衰败的原因，同样会导致航天飞机爆炸，我将揭示其中原理。有些企业口惠无实，称要从失败中吸取教训，但在实践中并没有坚持到底，我将解释其中原因。我们将发现，对成功和失败一视同仁有着惊人的好处，并发现为什么优秀的人将不间断的成功视为一种危险信号。

到第三阶段结束时，你们将不再让世界塑造你们的思想，而是让你们的思想塑造世界。而且你们不仅会创造性思考，更能够按自己的意志思考。

下面才是这篇序言的重点。在这里，我应该讲一个简单的个人故事，从而引出我写这本书的原因。对于这样一本书来说，最合乎情理的叙述方式就是我在小时候得到了一台望远镜，爱上了点点繁星，长大后以火箭科学作为终生追求的事业，这份激情延续到现在，并最终体现在这本书上。这样的故事情节不错，很流畅。

但我的故事绝非如此，我甚至不想把它歪曲成一个完美的故事，这样会误导读者。我小时候确实有一台望远镜——说实话，它更像是一副破旧的双筒望远镜，但我从来不懂得怎么用它（这本应意味着什么的）。我也确实有过火箭科学领域的职业经历，但后来我辞职了。在接下来的几页里，你们将会看到，我写这本书完全是出于各种机缘巧合，包括好运气，遇到一位优秀的导师，以及做了一些正确的决定——也许还会看到一两处笔误。

我来美国的原因属于老生常谈。我在土耳其的伊斯坦布尔长大，当我还是个小男孩时，美国就向我呈现了一种梦幻般的品质。当时土耳其电视台遴选了一些美国电视节目，翻译成土耳其语播出，我对美国的憧憬便由此产生。对我来说，美国是《活宝兄弟》（*Perfect Strangers*）中的表哥拉里，他把来自东欧的表弟巴尔基安置在他芝加哥的家中，他们在家里用"欢乐之舞"来庆祝好运；美国是《家有阿福》（*ALF*）中的坦纳一家，他们为一只毛茸茸的外星人提供庇护，而这只外星人很想吃他们家的猫。

我想，既然美国有能够让巴尔基和阿福安身的地方，也许它也有我的容身之处。

我出身于普通家庭，希望在人生中得到更好的机遇。我爷爷是公共汽车司机，奶奶是家庭主妇。为了补贴家用，我父亲从6岁就开始工作。他天没亮就起床，去报社领刚印刷好的报纸，把它们卖光再去上课。我母亲在土耳其农村长大，我的外祖父做过牧师，后来在一所公立学校当老师。我的外祖母也是一名老师，她和外祖父一砖一瓦地建造了一所学校，然后在学校里教课。

在我成长的过程中，我们家的电力供应很不稳定，停电是常有的事。这对于一个小男孩来说是非常可怕的事情。为了让我分心，爸爸想到了一个游戏。他会点着一支蜡烛，拿起我的足球，模拟地球（即足球）是如何围绕太阳（即蜡烛）旋转的。

这是我第一次上天文学课，我被迷住了。

晚上，我用半瘪的足球幻想着宇宙的样子。但到了白天，我是一个极度墨守成规的教育系统内的学生。读小学时，老师不会叫我们的名字，比如奥斯曼或法蒂玛，因为学校给每个学生分配了一个数字，就像为了便于识别而给牲畜打上烙印一样。举个例子，我们被冠以154或359的数字代码（我不愿透露我的号码，那是我唯一的银行密码——银行还提醒我们"请经常更改银行密码",见鬼去吧)。我们穿着同样的衣服上学,那是一套带笔挺白领的亮蓝色制服;男孩们都留着同样的寸头。

每天上学,我们都要背诵国歌,然后是标准的学生誓言,我们宣誓要把自己的生命献给土耳其民族。这一系列做法的目的很明确:征服自我,压抑自己独特的品质,为了大多数人的利益而顺从。

"强迫学生顺从"这项任务超过了教育中所有其他的优先事项。上四年级的时候,我曾经犯下一次严重的罪行——没有去理发,这当即引起了校长的愤怒。这个校长喜欢威逼利诱学生,他更适合去当监狱长。他检查学生头发时发现我的头发比标准发型要长一些,顿时气愤起来,像一头犀牛那样喘着粗气。他从一名女生头上抓起一只发夹,把它夹在我的头发上,以这种行为公开羞辱我,作为对我不遵守规定的惩罚。

这种教育体系使我们摆脱了自身最坏的倾向,即那些烦人的个人主义野心、好高骛远,以及为复杂的问题设计出有趣的解决方案。冒尖的学生不是敢于唱反调的人、有创造力和开拓力的人;相反,只要你取悦了当权派,培养自己阿谀奉承的本事,能够在劳动力大军中左右逢源,那你就是优秀的学生。

这种文化崇尚循规蹈矩、尊重长辈和死记硬背,却几乎扼杀了想象力和创造力。我只能自主培养想象力和创造力,而书籍就是主要方式。书是我的避难所,只要在消费能力之内,我会把钱全用来买书。阅读时,我总是温柔地对待书籍,确保不折弯书页或书脊。我徜徉在雷·布拉德伯里(Ray Bradbury)、艾萨克·阿西莫夫(Isaac Asimov)和亚瑟·C.克拉克(Arthur C. Clarke)创造的幻想世界中,体验他们笔下虚构人物的人生。我会全神贯注地去看我能找到的每一本天文学书籍,把爱因斯坦等科学家的海报贴在自家墙上。我还找来老旧的录像带,看最原汁原味的《宇宙时空之旅》,听卡尔·萨根的讲解。我不太明白他所说的内容,但我还是很喜欢听。

我自学了编程,并创建了一个名为"太空实验室"的网站。这是一封写给天文学的数码情书,我用蹩脚的、最基础的英语,写我所知道的所有关于宇宙的东西。虽然我的编程技术没有帮我约到女孩子,但后来的事实证明,它们在我以后的人生中扮演着至关重要的角色。

对我而言,火箭科学等同于逃离现实。在土耳其,我的人生道路早已被预先设定好了,而在火箭科学的前沿——美国,我的人生存在着无限的可能性。

17岁那年,我终于达到了"逃逸速度"。我被美国康奈尔大学录取,我儿时的偶像萨根曾在那里当过天文学教授。刚到康奈尔大学时,我带着浓重的口音,穿着当时欧洲最流行的紧身牛仔裤,带着对邦乔维乐队(Bon Jovi)的尴尬喜爱。

入学之前不久,我研究了康奈尔大学的天文学系在教些什么。我了解到学校的一位天文学教授史蒂夫·斯奎尔斯(Steve Squyres)负责一个由NASA资助的项目,将探测器发射到火星,斯奎尔斯也曾在萨根手下当过研究生。这个好消息简直令人难以置信。

项目没有公开招聘员工,但我给斯奎尔斯发了一封电子邮件,附上我的简历,并表达了我为他工作的强烈愿望。我没有抱太多期望,甚至内心可以说是忐忑不安,不过我父亲曾给过我很多有用的建议,其中一则建议是:不买彩票,你就永远中不了奖。

所以我买了一张"彩票",但我不知道自己正陷于何种境地之中。令我惊讶的是,斯奎尔斯回信邀请我参加面试。得益于高中学过的编码技巧,我找到了一份梦寐以求的工作,在一项火星登陆任务中担任运营小组成员。该任务要将两台探测器"勇气"号(Spirit)和"机遇"号(Opportunity)送上火星。我再三核对了工作邀请函上的名字,确定对方没有打错字,把我和其他人搞混了。

几周前,我还在土耳其,发着关于宇宙的白日梦。而现在,我却成了火星登陆行动的亲历者。我呼唤出内心的"巴尔基",跳了一段"欢乐之舞"。"勇气"和"机遇"正是美国对我来说代表的希望,而现在,这种希望不再只是老生常谈了。

我记得,当我第一次走进康奈尔大学空间科学大楼四楼的所谓"火星房间"（Mars Room）时,看到墙上贴满了各种图表,还有火星表面的照片。房间里杂乱无章,没有窗户,只有昏暗的、令人头痛的荧光灯,但我很喜欢那里。

我必须学会如何像火箭科学家那样思考,也就是加快思考速度。头几个月里,我全神贯注地听着别人的谈话,阅读成堆的文件,并尝试着破解一系列新的首字母缩略词。利用空闲时间,我还参与了"卡西尼—惠更斯"计划（Cassini-Huygens）,将一艘宇宙飞船送往土星,研究土星及其周围环境。

随着时间的推移,我对天体物理学的热情开始减弱。我开始感觉到,我在课堂上学到的理论和现实世界的实际情况之间脱节严重。相比于理论构想,我一直对实际应用更感兴趣。我喜欢研究火箭科学所涉及的思维过程,但不喜欢数学和物理等必修课程的实质内容。我就像一个烘焙师,喜欢揉面团,却不喜欢烤饼干。班上有些同学在学习课程实质内容方面比我强得多,但我认为,我从经验中学到的批判性思维技能可以用在更实际的工作中,它们可比反复证明为何$E=mc^2$这种生硬的工作有用得多。

尽管仍在继续参与火星和土星探测器的发射任务,但我已经开始探索其他选择。我发现自己对社会物理学更感兴趣,于是决定去读法学院。我母亲特别高兴,因为她的朋友以为她的儿子是占星家,要我给他们算命,这下她再也不用纠正他们的做法了。

即使改变了职业发展轨迹,我还是把自己从4年天体物理学工作经历中获得的工具包带到了法律学习中。借助同样的批判性思维技巧,我在法学院以第一名的成绩毕业。在法学院的历史上，我的平均成绩点数是最高的。毕业后，我在美国第九巡回上诉法庭获得了一份令人垂涎的书记员职位，并从事了两年法务工作。

然后，我决定进入学术界。我想把我从火箭科学中获得的关于批判性思维和创造力的见解带到教育领域。我曾经对土耳其墨守成规的教育系统无比失望，受此启发，我希望能激励我的学生，让他们敢于怀揣远大的梦想，挑战各种假设，并积极塑造一个快速进化的世界。

我意识到自己在教学上的影响力仅限于在读学生，于是发布了一个在线平台，与世界各地的其他人分享这些见解。每周，有数以百万计的人能看到我写的文章，我在文中讲述如何挑战传统智慧和重新构思现状。

事实上，直到这时候，我才知道自己的目标在何方。现在回想起来，我终于意识到结局从一开始就注定了。在我广泛的事业追求中，有一条主线贯穿始终，且毫无例外地产生圆满结果。当我毫无目的地放弃火箭科学，开始学习法律，再转向写作和向不同的观众发表演讲，我的首要目标都是开发一套能够像火箭科学家那样思考的工具，从而与别人分享我学到的东西。把艰深的概念翻译成平实的语言，往往需要从旁观者的角度审视，这个旁观者知道火箭科学家如何思考，能够解剖他们的思维过程，但同时足够远离那个世界。

现在，我发现自己介于局内人和局外人之间，并发觉自己不经意间准备了一辈子，就是为了写这本书。

就在我写这些文字的时候，世人的分歧已经达到了极其激烈的程度。从火箭科学的角度来看，尽管世间存在这么多冲突，但促使我们团结的事物要多于分歧。当你从外太空观察地球时，会发现它是横亘在漆黑宇宙中的一颗蓝白色星球，地球上的所有边界都消失了。地球上的每一个生物都带有宇宙大爆炸的痕迹，正如罗马诗人卢克莱修（Lucretius）所写的那样："我们都孕育自天上的种子。"地球上的每个人都"被重力固定在同一个直径12742千米的含水岩石上，以高速穿越太空，我们无法独自前行，只能共赴前程"。

浩瀚宇宙将世人所关心的问题置于适当的环境中，它用一种共同的人类精神将我们团结起来。几千年来，人类一直抬头注视着同一片夜空，观察数万亿英里之外的星星，回首数千年前，提出同样的问题：我们是谁？我们从哪里来？我们要往哪里去？

1977年，"旅行者-1"号（Voyager 1）宇宙飞船于地球起飞，为外太阳系绘制第一幅肖像，也就是给木星、土星和更远的星球拍摄照片。当它在太阳系边缘完成任务时，萨根提了一个想法，即把相机调转过来，指向地球，拍摄最后一张图像。这张被称为"暗淡蓝点"的标志性照片，把地球描绘成一个小像素。用萨根的话来说，这是一粒几乎无法觉察的、"悬浮在阳光中的尘埃"。

我们往往将自己视为万物的中心。但是从外太空的角度来看，地球只是"包容一切的黑暗宇宙中的一个孤独斑点"。萨根对"暗淡蓝点"进行了更深层意义的思考，他说："想想那些帝王将相征伐杀戮，血流成河，只是为了在光荣和胜利中成为一个斑点上一小部分区域的短暂主宰者；想想栖身于这点像素上某个角落的居民，他们对其他角落几乎毫无区别的居民，犯下无休止的残酷罪行。"

火箭科学让我们知道自己在宇宙中的作用有限，并提醒我们要更加善待彼此。我们的一生犹如转瞬即逝的闪光，人生苦短，让我们把短暂的人生变得更有价值吧。

当你学会像火箭科学家那样思考时，你改变的不仅仅是自己看待世界的方式，你还将被赋予改变世界的能力。

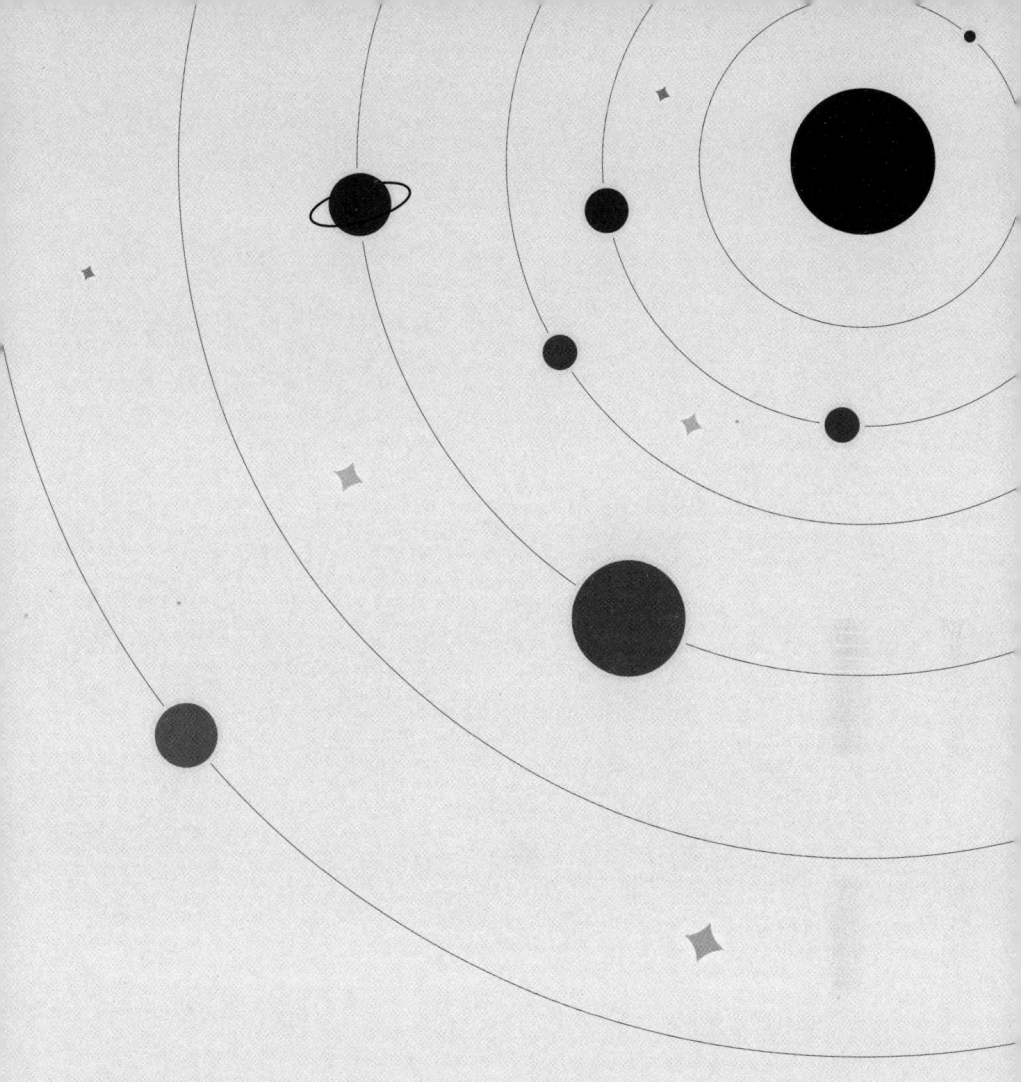

第一阶段

冲破枷锁，点燃你的创意

在这本书的第一阶段，你将学习如何利用不确定性的力量，如何根据第一性原理做出推论，如何通过思想实验引发突破，以及如何运用探月思维来改变你的生活和事业。

第1章 与不确定性共舞
怀疑的巨大力量

> 天才总是迟疑的。
>
> ——卡洛·罗维利（Carlo Rovelli）

据说，大约1600万年前，一颗巨大的小行星撞击火星表面。那次碰撞导致一块岩石从火星脱落，并从火星飞往地球。1.3万年前，这块岩石落在南极洲的阿兰山（Allan Hills），于1984年一次雪地探险中被人们发现。由于它是1984年从阿兰山采集到的第一块陨石，所以被命名为ALH 84001。若非陨石里蕴藏着一个惊世秘密，它早就像平常那样被归类研究，然后迅速被世人所遗忘。

千百年来，人类一直在思考同样的问题：我们是否独自存在于宇宙中？我们的祖先抬头望向星空，思考着他们是宇宙芸芸众生中的一员，还是独一无二的存在。随着科技的进步，我们倾听着穿行于宇宙的各种信号，希望能捕捉到来自另一个文明社会的信息。我们发射宇宙飞船，穿越太阳系，寻找生命的迹象，可每次都以失望告终。

直到1996年8月7日，这种情形才发生改变。

那一天，科学家透露，他们在ALH 84001中发现了源自生物的有机分子。许多媒体当即宣布，这些有机分子证实了另一个星球上存在生命。例如，美国哥伦比亚广播公司（CBS）报道称，科学家们"在陨石上发现了单细胞结构体,它们有可能是微小的化石;他们还发现了古生物活动的化学证据。换句话说,火星上存在生命"。美国有线电视新闻网(CNN)抢先报道了这条新闻,并引用NASA一位消息人士的话称,这些结构体看起来像"小蛆",说明它们是复杂生物体的残骸。媒体铺天盖地的报道在全球范围内引发了关于人类存在的讨论热潮,并促使时任美国总统克林顿就此次发现发表了一次重要的公开演讲。

但是,这当中有一个小问题:人们没有找到真凭实据。这些新闻报道所依据的科研论文坦承这事存在固有的不确定性。论文的部分标题是"火星陨石ALH 84001可能存在生物活动留下的遗迹"。论文摘要明确指出,陨石上观察到的特征"可能是过去的火星生物群的化石遗迹",但又强调"也可能是无机结构"。换句话说,那些分子可能不是来自火星细菌,而是非生物活动的产物(例如地质侵蚀等地质作用)。该论文的结论是:这个证据只是"不排斥"生命存在的可能。

但是在媒体提供给公众的许多间接翻译中,这些细微差别被掩盖了。此事闹得沸沸扬扬,促使丹·布朗(Dan Brown)写下了《骗局》(*Deception Point*)这本小说,讲述了一场围绕火星陨石上发现的外星生命而展开的阴谋。

事实证明,一切都朝最好的方向发展——至少从关于不确定性的章节角度来看是这样的。20多年后,这种不确定性依旧存在。研究人员仍在争论陨石上观察到的分子是火星细菌还是无机活动。

我很想说媒体搞错了,但这同样是言过其实,与媒体起初对陨石进行铺天盖地报道的做法别无二致。更准确地讲,我们可以说人们犯了一个典型的错误,即企图使某件尚未明确的事情显得确凿无疑。

本章主题是如何停止与不确定性相抗争,并利用不确定性所产生的力量。你将会了解到,我们对确定性的痴迷是如何导致我们误入歧途的,以及为何所有进步都在不确定的条件下发生。我将揭示爱因斯坦在不确定性问题上犯下的最大错误,并探讨你可以从一个数百年来难解的数学谜团中学到什么。你会发现为何火箭科学像一个高风险的躲猫猫游戏,你能知道自己可以从冥王星被开除出行星序列这事中学到什么,以及NASA的工程师们为何总喜欢在重大事件发生时虔诚地嚼花生。本章末尾,我将列出火箭科学家和宇航员管理不确定性的策略,并阐明如何在你自己的生活中使用这些策略。

对确定性的迷恋

　　喷气推进实验室(Jet Propulsion Laboratory,简称JPL)由一群科学家和工程师成立于美国加州的帕萨迪纳。该实验室位于好莱坞东部,数十年来专门负责宇宙飞船的运营工作。如果你看过火星登陆的视频片段,就会看到喷气推进实验室任务支持区的内部情况。

　　在典型的火星登陆过程中,这片区域坐满了一排排摄入过量咖啡因的科学家和工程师,他们整袋整袋地吃着花生,盯着涌入控制台的数据,让观众产生一种错觉,觉得他们掌控了局面。但他们并没有掌控局面,而只是像一名体育播音员那样报道这些事件,只不过他们用的是更华丽的语言,比如"巡航阶段分离"和"展开隔热板"等。他们是火星上一场比赛的观众,这场比赛12分钟前就结束了,但他们还不知道比分是多少。

　　从火星发出的信号以光速到达地球平均大约需要12分钟。如果过程中出现问题,地球上的科学家发现了问题并在瞬间对其做出反应,他的指令也要再过12分钟才能到达火星,来回便耗去了24分钟的时间。但是,宇宙飞船从火星大气层顶部降落到地表大约只需6分钟。我们所能做的就是提前向宇宙飞船输送全部指令,然后把一切交给牛顿运动定律。[1]

这就是吃花生的由来。20世纪60年代初,喷气推进实验室负责无人驾驶宇宙飞船"徘徊者"号(Ranger)任务,该任务的目的是研究月球,为阿波罗登月计划的宇航员做准备。喷气推进实验室向月球发射"徘徊者"号探测器,拍摄月球表面的特写照片,并在进入月球前将这些图像传送回地球。前6次任务以失败告终,批评家们因此指责喷气推进实验室的官员漫不经心,发射宇宙飞船之后就听天由命了。第7次发射终于成功了,而当时实验室的一名工程师碰巧带了些花生到任务控制室。从那时起,花生就成了喷气推进实验室每次执行登陆任务时的主食。

到了关键时刻,这些原本理性严肃、用毕生精力探索未知事物的火箭科学家,却在"绅士"牌花生包装袋的底部寻找确定性。仿佛这样做还不够似的,他们中的许多人会穿着象征好运的破旧牛仔裤,或者戴着此前成功登陆任务留下的"护身符"。他们做了一名狂热体育迷可能会做的一切事情,就为了给自己制造笃定和一切尽在掌握的幻觉。

如果着陆成功,任务控制区就会迅速变得乱哄哄,犹如马戏团一般,所有人都失去了冷静。在征服了不确定性这只"野兽"之后,工程师们开始欣喜若狂,击掌相庆,挥舞拳头,紧紧拥抱,沉浸在欢乐的泪水中。

我们天生就对不确定的事物有着同样的恐惧。我们的一些祖先不害怕未知事物,他们成了剑齿虎的食物。但是,那些认为不确定性会威胁生命的祖先却活得时间够长,把他们的基因遗传给了我们。

在现代世界,我们在不确定性中寻找确定性,在混乱中搜索秩序,在歧义中寻找正确回答,在错综复杂中寻找坚定。"我们花了更多的时间和精力尝试控制这个世界,而不是尝试着去理解它。"尤瓦尔·诺

---

[1] 这句话也是电影《阿波罗13号》中的一句台词。——译者注

亚·赫拉利（Yuval Noah Harari）写道。我们寻找的是循规蹈矩的公式、捷径和投机取巧——那袋花生就是明证。随着时间的推移，我们丧失了与未知事物共处的能力。

这种做法让我想起一个经典故事：一名醉汉在夜晚的路灯下找他的钥匙。他知道自己把钥匙丢在了街上某个黑暗的地方，可他却在路灯下苦苦寻找，因为那里有灯光。

我们对确定性的渴望致使我们追求看似安全的解决方案，也就是在路灯下寻找钥匙。我们不敢冒险走入黑暗之中，而是停留于现状，无论现状多么差。营销人员一遍又一遍地使用相同的技巧，但期望获得不同的结果；有人立志创业，却舍不得放下已经没有出路的现有工作，因为这份工作能让他们获得一份看似稳定的收入，使他们内心有一种确定感；药企热衷于开发仿制药，这些药物只是相对于竞品有所改善，却无法彻底治愈阿尔茨海默病这样的疾病。

但是，只有当我们敢于牺牲确定性答案，敢于冒险，敢于远离路灯的时候，才能真正实现突破。如果你固步自封，就不会有出人意料的发现。唯有那些领先时代之人，才敢于与伟大的未知事物共舞，并在现状中发现潜伏的危机，而不是满足于现状。

伟大的未知事物

在17世纪，皮耶·德·费马（Pierre de Fermat）在一本教科书的页边潦草地写了一句话，使后世的数学家们困惑了3个多世纪。

费马提出了一个理论。他说，在整数$n>2$的情况下，公式$a^n+b^n=c^n$无正整数解。"对这个命题，我可以做出非常精彩的论证。"他写道，"可是页边太窄了，不够地方写。"

上述公式后来被称为"费马最后定理"[1]，可费马在证明这条定理之前便去世了。几个世纪来，他留下的棘手难题一直折磨着数学家们（他们多么希望费马有鸿篇巨著来论述该定理）。一代又一代的数学家试图论证费马最后定理，但都以失败告终。

安德鲁·怀尔斯（Andrew Wiles）改变了这种状况。

对于大多数10岁的孩子来说，"快乐时光"的定义并不包括为了好玩而阅读数学书籍。但是，10岁时的怀尔斯并不是一个普通小孩。他徜徉于英国剑桥当地的图书馆，浏览书架上的大量数学书。

有一天，他注意到一本关于费马最后定理的书籍，立刻被这个神秘的定理迷住了。这个定理陈述起来很简单，论证起来却很难。由于缺少数学理论基础，他还无法证明该定理，便将其束之高阁20多年。

直到后来当上数学教授，他才重新开始研究这个定理，并偷偷地花了7年来验证它。1993年，他在剑桥所做的一次标题模棱两可的演讲中，公开披露他已经解决了费马最后定理这道世纪谜题。此次声明使众多数学家大为惊讶，美国南加利福尼亚大学计算机科学教授、图灵奖得主伦纳德·阿德曼（Leonard Adleman）说："天哪，这也许是数学领域最令人兴奋的事情。"就连《纽约时报》（*New York Times*）也在头版刊登了一篇关于该发现的报道，并惊呼："终于，我们找到了这道古老数学谜题的答案！"

但事实证明，这些庆祝为时尚早，怀尔斯在论证的关键部分犯了一个错误。怀尔斯公布他的论据后，同行们在审核过程中发现该错误。他又花了一年时间与另一名数学家合作修正了论据。

在回顾自己如何证明这个定理时，怀尔斯把发现的过程比作在一座黑暗的宅邸中前行。他说，首先要进入第一个房间，花上几个月的时间

---

[1] 又称为"费马大定理"。——译者注

摸索前进，四处试探和撞到各种东西。经历了极大的无所适从和困惑之后，才可能最终找到电灯开关。然后，他又走向下一个黑暗的房间，一切重新开始。怀尔斯解释说，这些突破是"在黑暗中跌跌撞撞数月之后的必然成果，没有黑暗中的摸索，这些成果就不可能存在"。

爱因斯坦用类似说法描述了他自己的科学发现过程。"我们的最终结果几乎是不证自明的。"他说，"但是，多年来在黑暗中寻找一种只可意会、不可言传的真理，强烈的欲望及自信和疑虑反复交替，直到打破僵局，真相水落石出。只有亲身经历过这一切的人才知道是什么感觉。"

在某些情况下，科学家们要一直在黑暗的房间里蹒跚而行，穷尽一生寻找真理。即便他们找到了电灯开关，灯光也可能只照亮房间一隅，剩余的黑暗空间比他们想象的要大得多，也黑得多。但对于他们来说，在黑暗中蹒跚行走比坐在外面光线充足的走廊里要有趣得多。

在学校里，老师给我们留下了一种错误印象，即科学家们走的是一条通往电灯开关的坦途；只要学习某一门课程，掌握一种学习科学的正确方法及一条正确的公式，就能在标准化考试中正确回答问题。《物理学原理》(*The Principles of Physics*)这样带有崇高标题的教科书，用300页的篇幅神奇地揭示了所谓"原理"，然后一位权威人士走上讲台，给我们灌输"真理"。理论物理学家大卫·格罗斯（David Gross）在他的诺贝尔奖获奖演说中解释说，教科书"经常忽略了可供人们选择的许多其他道路，人们所发现的许多错误线索，以及人们持有的许多误解"。我们学习过牛顿的诸多"定律"，仿佛它们是拜上帝所赐或靠天赋得来的，而非牛顿花费多年时间去探索、修改和调整得到的。牛顿在创立定律方面也经历过失败，尤其是他在炼金术方面的实验。他试图将铅转化为黄金，却惨遭失败。这些失败并没有在物理课堂上成为牛顿励志故事的一部分，相反，我们的教育体系把这些科学家的人生经历美化了。

作为成年人，我们无法摆脱这种影响。我们相信（或假装相信）每个问题都有一个正确的答案，我们还相信这个正确答案已经被某个比我们聪明得多的人找到了。因此，我们相信可以用谷歌搜索找到这个答案，比如，从最新的《更幸福人生的三大招数》（3 Hacks to More Happiness）这样的文章或者自封的"人生导师"那里获得。

可问题在于，答案不再是稀缺的商品，而知识从来没有像现在这么廉价。当我们用谷歌、Alexa或Siri找到答案时，恐怕早已时移世易。

显然，答案并非无关紧要。你必须先知道某些答案，然后才能提出正确的问题。但是，这些答案只能作为探索之旅的发射台，它们是开端，而非结局。

如果你每天都沿着一条通向电灯开关的笔直路径去寻找正确答案，那就要当心了。如果你正在研发的药物肯定有疗效，如果你的当事人在法庭上肯定被判无罪，或者你的"火星探测漫游者"肯定能着陆，那你的工作就没有存在的意义了。

唯有充分利用不确定性，才能创造出最具潜力的价值。我们不应以一种快速宣泄的欲望作为前进动力，而是应该以能够激发好奇心的事物作为燃料。确定性的终点，就是进步的起点。

我们对确定性的痴迷会产生另一个副作用，它犹如游乐场里的一组哈哈镜，扭曲了我们的视觉。而我们在这些哈哈镜里看到的，就是所谓的"未知的已知事物"。

未知的已知事物

2002年2月12日，在美国和伊拉克之间的紧张关系不断升级的情况下，时任美国国防部长的唐纳德·拉姆斯菲尔德（Donald Rumsfeld）

成为一场新闻发布会的主角。一位记者提问,美国是否找到伊拉克拥有大规模杀伤性武器的证据,因为这是美国入侵伊拉克的理由。面对这种问题,政治家通常会用预先获得批准的政治短语,比如"调查正在进行"或"事关国家安全,不便回应"等。然而,拉姆斯菲尔德却出人意料地用火箭科学的一个术语作比喻:"这世上有'已知的已知事物',即那些我们知道自己已经了解的事物。我们也知道,世上存在'已知的未知事物',即那些我们知道自己尚未了解的事物。但是,世上还有'未知的未知事物',也就是那些我们不知道自己是否了解的事物。"

这番言论受到了广泛嘲笑,部分原因在于它的来源颇有争议,但就政治言论而言,它却出奇地准确。在自传《已知与未知》(*Known and Unknown*)中,拉姆斯菲尔德承认他是从时任NASA局长的威廉·格拉汉姆(William Graham)那里第一次听到这种说法的。但是,拉姆斯菲尔德显然在他的演讲中遗漏了另一类事物——未知的已知事物。

病感失认症(Anosognosic)是一个拗口的词语,它指的是某种疾病,而患者不知道自己正遭受这种疾病的折磨。例如,你把一支铅笔放在瘫痪的病感失认症患者面前,并要求他们拿起笔来,他们不会按你的指示做。如果你问他们为什么不拿,他们会回答"呃,我累了"或者"我不需要铅笔"。正如心理学家大卫·邓宁(David Dunning)所解释的那样,"他们确实没有察觉到自己已经瘫痪了"。

"未知的已知事物"类似于病感失认症,这是对自欺欺人的另一种表述。在这种情况下,我们觉得自己知道某些事物,但实际上并不知道。我们以为自己牢牢掌握了真相,以为自己的立场是牢不可破的,但实际上它却脆弱不堪,只需一阵狂风就会被吹倒。

我们经常会发现,自己的立场比想象中的脆弱得多。舆论执着于确定性,尽量避免细微差别。因此,我们进行公开讨论时,往往缺乏一个严格的体系,把确凿的事实与最佳的假设区分开来。我们所知道的很多东西都是不准确的,而且常常难以分辨哪一部分缺乏真正的证据。我们已经掌握了"似懂非懂"这门艺术,例如微笑、点头及用一个临时答案来虚张声势。有人告诉我们要"假戏真做",而我们已经成为自欺欺人的专家。我们崇尚自信,认为凡事都要坚定地给出清晰的答案,即使对某个问题只是在维基百科上查了两分钟多一点的时间。我们滔滔不绝,假装知道我们认为自己知道的东西,却无视那些与我们的坚定信念相矛盾的显眼事实。

"发现的最大障碍,"历史学家丹尼尔·J.布尔斯廷(Daniel J. Boorstin)写道,"不是无知,而是自以为博学。"假装博学的做法使我们闭目塞听,拒绝接受来自外界的有用信号。确定性使我们忽视自身的无能,我们越是借助激情和夸张的手势说出我们对真理的看法,我们的自我就越发膨胀,犹如高耸入云的摩天大楼,掩盖了楼底的根基。

自负和傲慢自大只是问题的一面,另一面则是人类对不确定性的厌恶。正如亚里士多德(Aristotle)所说的那样,"大自然厌恶真空"。他认为,真空一旦形成,就会被周围密度大的物质所填充。亚里士多德真空原理的适用范围远远超出物理学范畴。每当我们面对未知和不确定的领域时,难免会产生知识的真空,很多荒诞的说法和故事就会迅速填补空白。"我们不能生活在一个永远充满怀疑的状态中。"诺贝尔奖得主、心理学家丹尼尔·卡尼曼(Daniel Kahneman)解释说,"所以我们编造了最好的故事,并把它们当作生活的真相。"

编造出来的故事是完美的药方,消除了我们对不确定性的恐惧感。它们填补了我们认知的空白,"拨乱反正","化繁为简",在各种巧合中建立因果关系。你的孩子表现出自闭的迹象?那就把它归咎于孩子两周前打的疫苗吧。你看到了火星表面的人脸?那肯定是某种古代文明的杰作,而且巧合的是,这种文明还帮助埃及人建造了吉萨金字塔。发生了人类大规模生病和死亡事件,而且有些尸体在抽搐或发出声音?在我们知道病毒和尸僵之前,我们的祖先认为那些尸体肯定都是吸血鬼。

我们更喜欢看似可靠的故事,而非混乱和充满不确定的现实。于是,事实就会变得可有可无,错误信息肆意传播。假新闻并不是现代才有的现象。让一个好故事和一堆数据较量,故事总会占上风。这些故事在人们的脑海中形成生动的形象,拨动人们的心弦,产生一种被称为"叙事谬误"的、深刻且持久的效应。我们记得某人告诉我们,他的雄性型秃顶是长时间晒太阳造成的。我们听信了这个故事,把逻辑和怀疑抛诸脑后。

然后,学术权威们将这些故事变成神圣的真理。世上的所有事实都不能阻止民主选举产生的仇恨机器上台,只要它们能向一个天生不确定的世界注入一种虚假的确定感。那些高谈阔论、蛊惑民心的政客以拒绝批判性思维而自豪,他们自信的结论开始主导舆论。

擅长煽风点火的政客通过强化自信感的方式弥补自身知识的不足。当旁观者陷入困惑之中、试图解读正在发生的事实时,政客们便开始抚慰人心。他们不用模棱两可的话来烦扰我们,语言就像是保险杠贴纸标语一样简明。于是我们全盘接受了他们看似明确的观点,愉快地卸下了批判性思维的重担。

诚如伯特兰·罗素(Bertrand Russell)所言,现代世界的问题在于"愚蠢的人过于自信,而聪明人则充满怀疑"。物理学家理查德·费曼(Richard Feynman)即使获得了诺贝尔奖,也认为自己是一只"迷茫的猿人",并以同等的好奇心对待身边的每一样事物,这使他能够看到被其他人忽视的细微差别。"我觉得,未知让人生变得更有趣。"他说,"这总比带着有可能错误的答案生活要好。"

要有费曼这样的心态,首先要承认自己的无知,而且需要非常谦卑。当我们说出"我不懂"这三个可怕的字时,我们的自负心理会有所削弱,开始敞开心扉、竖起耳朵聆听别人的意见。承认自己无知并不意味着故意无视事实，相反，这需要我们意识到不确定性的存在，并完全意识到自己不知道什么。唯有如此，才能学习和成长。

是的，这种方法可能会暴露出你不愿面对的缺点，但是，纵使不确定性令人不适，也比舒适地犯错要好得多。最终，改变世界的是那些"迷茫的猿人"，他们堪称不确定性这门艺术的鉴赏家。

不确定性鉴赏家

"有些未知事物正在做我们不知道的事情——这就是我们的理论。"

1929年，天体物理学家亚瑟·爱丁顿（Arthur Eddington）如此描述量子理论的状态，也许他的这句话还道出了我们对整个宇宙的理解。

天文学家犹如在一幢黑暗的宅邸中生活和工作，而这幢宅邸只有5%的区域有照明——宇宙大约有95%由听上去不太吉利的暗物质和暗能量组成。暗物质和暗能量与光不发生相互作用，所以我们无法看到或以其他方式检测到它们，对它们的特性也一无所知。但是，我们知道它们存在于宇宙中，因为它们对其他物体施加了引力。

物理学家詹姆斯·麦克斯韦（James Maxwell）曾说过："完全自知的无知，是知识获得真正进步的前奏。"天文学家们跨过知识的边界，一头扎进未知的浩瀚海洋中。他们知道，宇宙就像一只巨大的洋葱，揭开一层神秘的面纱之后，又要面对另一层神秘面纱。正如萧伯纳（George Bernard Shaw）所说的那样，科学"如果不提出10个问题，也就永远不能解决1个问题"。当我们的知识领域中的一些空白被填补时，其他空白也就随之出现。

爱因斯坦把这种与神秘事物共舞的做法描述为"最美妙的经历"。物理学家艾伦·莱特曼（Alan Lightman）写道，科学家们站在"已知和未知之间的边界线上,凝视着那个洞穴,不仅没有感到害怕,反而觉得兴奋不已"。他们没有因为自身的无知而惊慌,而是在无知中茁壮成长,不确定性变成了对行动的号召。

史蒂夫·斯奎尔斯是不确定性的鉴赏家。我在"火星探测漫游者"计划运营小组任职时,他是该计划的首席调查员。他对未知事物的强烈热情极具感染力。斯奎尔斯博士的办公室位于康奈尔大学空间科学大楼四楼,每当他走进办公室时,里面都会充满活力;而每当话题聊到火星时(这是常有的事),他的眼睛里就闪烁着炽热的激情。斯奎尔斯是天生的领导者,无论他去哪里,其他人总会追随他。与所有优秀的领导者一样,他勇于承担责任,也会分享荣誉。有一次,他在一次任务中因工作出色而获得奖励,可他把自己的名字从奖励名单上画掉,并写上了那些做脏活累活的员工姓名,把奖励留给了他们。

斯奎尔斯出生在美国新泽西州南部,父母都是科学家,而他从父母那里继承了对科学探索的热情,没有什么能像未知事物那样激发他的想象力。"在我小时候,"斯奎尔斯回忆道,"我们家里有一本地图册,它有15~20年历史了,有些地方画得不完整。我一直认为,地图留下空白处,是为了让后人把它填满,这真是个绝妙的主意。"他毕生都致力于寻找和填补这些空白处。

在康奈尔大学读本科时,他修了一门研究生级别的天文学课程。教这门课程的教授在"海盗"号(Viking)项目的科学团队任职,这个项目将两颗探测器发射到火星。该课程要求斯奎尔斯写一篇原创的期末论文,为了获取灵感,他走进了校园里的一个房间。在那里,"海盗"号轨道飞行器所拍摄的火星图像已经积满了灰尘。他原本计划花15~20分钟看完那些照片,"4个小时后,我才走出那个房间,"斯奎尔斯解释道,"此刻我很清楚自己的余生要做什么。"

斯奎尔斯找到了他一直在寻找的"空白画布"。在离开那幢大楼很久以后，他的脑海里还想着火星表面的图像。"我看不懂照片上的东西，"斯奎尔斯说，"但它的美丽无人能比，这正是它吸引我的地方。"

未知事物的吸引力使斯奎尔斯成为康奈尔大学的天文学教授。他说，即使在未知世界中驰骋纵横了30多年，"我的内心仍然涌动着那股激情，""看到没人见过的东西，就会感到无比兴奋"。

但是，喜欢未知事物的人不仅仅是天文学家，另一位名叫"史蒂夫"的人也是其中之一。在每个电影场景的开头，史蒂芬·斯皮尔伯格（Steven Spielberg）都发现自己被巨大的不确定性包围着。"每次开始拍摄一个新场景，我都很紧张。"他解释说，"我不知道自己听到台词后会想到什么，我不知道自己会对演员说些什么，也不知道要把摄影机放在哪里。"遇到同样的情况，其他人可能会惊慌失措，但斯皮尔伯格形容这是"世上最美妙的感觉"。他知道，只有在具有巨大不确定的环境下，才能发挥他的最佳创造力。

无论在火箭科学领域，电影艺术领域，还是在你那家填补业界空白的企业中，所有进步都发生在"黑屋子"里。然而，我们绝大多数人都害怕黑暗。从我们放弃舒适光线的那一刻起，恐慌就开始了。黑暗的房间里充满了我们的恐惧感，我们囤积货物，等待世界末日的到来。

但是，不确定性很少会引发灾难。不确定性会带来快乐和发现，并能充分发挥你的潜能；不确定性意味着做前人没做过的事情，发现那些至少在短期内没人见过的事物。当我们把不确定性当作朋友而非敌人时，生活就会给我们更多惊喜。

更重要的是，绝大多数"黑屋子"的大门都是双向而非单向的——我们对许多未知事物的探索活动是可逆的。正如商业大亨理查德·布兰森（Richard Branson）所写的那样："你可以走过去，看看感觉如何，然后走回另一边，看看是否行不通。"你只要把门开着就行了。

布兰森正是用这种方法创立了他的英国维珍大西洋航空公司（Virgin Atlantic）。他与波音公司达成一笔交易：如果新航空公司创业失败，他可以把自己买的第一架波音飞机还给波音公司。布兰森把一扇看上去单向通行的门，变成了双向通行的大门，如此一来，如果他对房间里看到的东西感到不满意，就可以走出大门。

不过，"走进"这个词并非正确的比喻。不确定性鉴赏家不只是走进黑暗的房间，他们还在里面跳舞。我指的不是那种尴尬的、张开双臂的中学式舞蹈——既与暗恋对象严格保持半米距离，同时还想跟对方闲聊。不，他们跳的舞蹈更像探戈，姿态优美、亲密，舞伴之间贴得很近，虽然有点令人不适，却非常优雅。他们知道，寻找光明的最佳方式不是将不确定性拒之千里之外，而是直接落入它的怀抱之中。

不确定性鉴赏家知道，若实验产生一个众所周知的结果，那这根本不是实验，而不断审视同样答案的做法也称不上进步。如果我们只探索前人开拓好的道路，而不去玩那些不知道怎么玩的游戏，我们就会停滞不前。只有当你在黑暗中跳舞的时候，只有当你不知道电灯开关在哪里，甚至不知道电灯开关是何物的时候，你才能开始取得进步。

先经历混乱，然后才能取得突破。停下了舞步，进步也就随之终止了。

万有理论

爱因斯坦一生有很多时候与不确定性共舞。他进行了富有想象力的思想实验，提出了前人从未想过要问的问题，并解开了宇宙最深层的奥秘。

然而，在后来的职业生涯中，他开始越来越多地寻找确定性。让他感到困扰的是，我们有两套解释宇宙是如何运作的定律，即相对论和量子力学,前者适用于体积非常大的物体,后者则适用于非常小的物体。他想给这种不和谐带来统一,用一套单一、连贯、美妙的方程式来支配它们,也就是找到所谓的"万有理论"。

最让爱因斯坦感到困扰的就是量子力学的不确定性。正如科幻作家吉姆·巴戈特(Jim Baggott)所解释的那样:"在量子力学诞生之前,物理学一直强调的是因果关系,即做这件事,就会得到那个结果。"但是,新诞生的量子力学讲的似乎是:当我们做这事时,只有在一定的概率下才能得到那个结果(即便如此,在某些情况下,"我们还是有可能得到另一种结果")。尽管如此,爱因斯坦依然自认为是万有理论的"狂热信徒",他觉得可以用统一的理论解决不确定性问题,并确信他不会面对所谓的"邪恶量子"。

但是,爱因斯坦越急切地寻求某种一致的理论,就越找不到答案。在寻找确定性的过程中,爱因斯坦失去了惊奇感,以及他早期工作中特有的那种无先入之见的思想实验。

在一个充满不确定性的世界中寻找确定性,是人类的一种追求。我们都渴望绝对的、相互作用的、纯粹的因果关系,即A必然导致B。在我们的预估数值和PPT幻灯片中,一个变量总是产生一个结果,两者呈线性关系,根本没有任何曲线或分数来捣乱。

但现实有着更为微妙的差别,这是现实生活中常有的事。爱因斯坦早年提出光是由光子组成这一理论时,用到了"在我看来"这句话。查尔斯·达尔文(Charles Darwin)则用"我认为"来介绍进化论。迈克尔·法拉第(Michael Faraday)称,他在推出磁场理论时经历过"犹豫"。当肯尼迪承诺将人类送上月球时,他承认我们正一脚踏入未知的领域。"从某种程度上讲,这是一种极具信念和远见的行为。"他向美国公众解释道,"因为我们现在不知道前方有什么好处等着我们。"

这些话并非什么豪言壮语,它们的价值在于:它们更有可能是正确的。

"科学知识是一系列不同程度的确定陈述组成的,有些陈述的不确定程度高,有些陈述几乎是确定的,不存在绝对确定的陈述。"费曼解释说。当科学家们做陈述时,"问题不在于陈述的真假,而在于陈述真假的可能性有多大"。在科学领域,人们拒绝接受绝对真理,而更倾向于某个范围内的真理,不确定性已经成为惯例。科学答案以近似值和模型的形式出现,充满了神秘感和复杂性,它们都有误差范围和置信区间。坊间流传的事实通常只是一种概率,前文所说的火星陨石就是例子之一。

令我感到欣慰的是,目前科学界还没有出现一种万有理论,即能够明确回答所有问题的理论。现有理论和实践是多样的,登陆火星的正确方式不止一种,这本书的写作方式不止一种(我一直都是这样告诉自己的),扩大你所在企业规模的正确战略也不止一种。

在寻找确定性的过程中,爱因斯坦遇到了障碍。但是,他对万有理论的追求可能也走在了他那个时代的前头。今天,许多科学家拿起接力棒,继续爱因斯坦对这一核心理论的探索,希望能够把我们对物理定律的理解统一起来。其中一些努力很有前景,但尚未取得成果。未来,科学家只有在接受不确定性、密切关注异常事物的情况下,才会有突破性进展,因为异常事物正是进步的主要驱动力。

这真有趣

威廉·赫歇尔(William Herschel)是18世纪的作曲家,出生于德国,后移民英格兰。他很快便成为一位多才多艺的音乐家,擅长钢琴、大提琴和小提琴,并连续创作了24首交响乐。不过,另一种非音乐形式的创作使赫歇尔的音乐生涯黯然失色。

赫歇尔痴迷数学。由于没有接受过大学教育，他转而向书本寻求答案。他大量阅读了三角学、光学、力学等方面的书籍，还看过我最喜欢的詹姆斯·弗格森（James Ferguson）所著的《运用艾萨克·牛顿爵士的原理向数学零基础的人解释天文学》（*Astronomy Explained Upon Sir Isaac Newton's Principles, and Made Easy to Those Who Have Not Studied Mathematics*）。这本书是18世纪版的《傻瓜天文学》（*Astronomy for Dummies*）。

他看了一些关于如何建造望远镜的书，然后请当地一名做镜子的工匠教他造望远镜。赫歇尔开始制造望远镜，每天打磨镜子16个小时，用粪肥和稻草制作模具。

1781年3月13日，赫歇尔在他家后院用自制的望远镜仰望天空，寻找双星，也就是彼此相距较近的恒星。他在金牛座靠近双子座的边界发现了一个特殊天体，它似乎不应该出现在那个位置。赫谢尔被这一异常现象吸引到了，过了几个晚上，他又把望远镜对准了这个天体，并注意到它相对于背景里的恒星是移动的。"那是一颗彗星，"他写道，"因为它的位置已经改变了。"

但赫歇尔最初的预感是错的。那个天体不可能是彗星，它没有尾巴，也没有像典型的彗星那样沿着椭圆轨道运动。

当时，土星被认为是太阳系行星的外部边界，人们认为土星之外不存在行星。但是赫歇尔的发现证明这一观点是错误的，它在已知的太阳系边界打开了一个新的"电灯开关"，并使整个太阳系的体积增加了一倍。事实证明，赫歇尔观察到的"彗星"是一颗新行星，人们后来以天空之神的名字为它命名，称其为"天王星"。

天王星被证明是一颗不守规矩的行星。它会毫无规律地加速和减速，拒绝遵守牛顿的万有引力定律——万有引力定律理应能够准确预测一切物体的运动规律，无论是地球上的物体，还是行星在太空中的运行轨迹。

　　法国数学家奥本·勒威耶（Urbain Le Verrier）从这一异常现象中推测出，土星以外存在另一颗行星。勒威耶猜测，这颗行星可能拖拽着天王星，要么将天王星向前拉并加速，要么将它拉回并使其减速，而这要取决于他们各自的位置。正如与勒威耶同一时代的弗朗索瓦·阿拉戈（François Arago）所说的那样，勒威耶只是动动笔尖，用数学就发现了另一颗行星。这颗名为"海王星"的新行星，后来在勒威耶预测的范围内被观测到。牛顿早在160年前所写的一套定律，就预测了这颗行星的存在，真是惊人的巧合。

　　随着海王星的发现，人们观察到牛顿的诸多定律似乎在太阳系外部边缘的地位也是那么至高无上。然而在离地球较近的地方，有一颗叫"水星"的行星似乎出现了问题。这颗行星拒绝顺应人类预期，偏离了牛顿定律预测的轨道。一直以来，我们很容易将这种瑕疵视为偏差，即它只是牛顿定律的例外，尤其水星似乎是唯一一个不符合牛顿定律的行星，而且即使在当时，它也只是略微不符合牛顿定律而已。

　　但是这个微小的反常现象反映了牛顿定律的一个重大缺陷。爱因斯坦抓住这个小瑕疵，提出了一种能精确预测水星轨道的新理论。在描述重力时，牛顿依赖的是一个粗糙的模型，称"万物互相吸引"；相比之下，爱因斯坦的模型则要复杂得多，他说："物质扭曲空间和时间。"为了理解爱因斯坦这句话的意思，请想象一下：把一颗保龄球和一颗台球放在蹦床上，重量较大的保龄球会使蹦床的结构弯曲，使重量较轻的台球向它移动。根据爱因斯坦的说法，引力的工作方式同样如此：它扭曲了空间和时间的结构。离太阳这个巨大的"保龄球"越近（水星是距离太阳最近的行星），时间和空间的扭曲就越大，与牛顿定律的偏差也就越大。

　　这些例子表明，当你注意到某种异常现象时，只有关掉自己脑海中的一个开关,才能走向"电灯开关"那条路。然而,我们不是天生就能注意到异常现象。在孩提时代,大人就教导我们把所有事物归为两类:好的事物和坏的事物。刷牙和洗手都是好的,陌生人让我们坐进一辆简陋的白色面包车则是件坏事。正如T.C.钱伯林(T. C. Chamberlin)所写的那样,"从好处着眼,孩子们只期望好的事物;从坏处着眼,则眼里只有坏的事物。从坏的方面来期望好的行为,或从好的方面来期望不好的行为,与童年时期的心理教育方法有着极大差异"。我们相信,正如阿西莫夫所描述的,"所有不完全和不绝对正确的东西都是完全错误的"。

这种过度简单化的做法有助于儿童时代的我们理解这个世界。但是我们逐渐成熟后,却无法摆脱这一误导性理论的影响。我们四处碰壁,与现实格格不入,想把所有人和事放入条条框框里,形成令人满意但具有误导性的错觉,以为自己已经使一个混乱的世界恢复了秩序。

异常现象使这幅非好即坏、非对即错的清晰画面发生了扭曲。即使没有不确定性,生活也够烦了,所以我们选择忽略异常现象,以此消除不确定性。我们说服自己,相信异常现象必定只是极端的异常值或测量误差,所以我们可以假装它不存在。

这种态度让我们付出了巨大的代价。"新的发现并非出现在某些事情进展顺利的时候,而是在某些事情不正常时,这种新奇事物与人们的预期背道而驰。"物理学家兼哲学家托马斯·库恩(Thomas Kuhn)解释说。阿西莫夫提出了一个著名的论点,他说科学界最令人兴奋的话并非"我找到了",相反,科学的发展往往始于有人注意到某种异常现象,并说"这真有趣……"量子力学、X射线、DNA(脱氧核糖核酸)、氧气、青霉素和其他事物的发现,都发生在科学家们接受而非忽视异常现象的时候。

爱因斯坦的小儿子爱德华曾经问他为什么出名。在回答这个问题时，爱因斯坦提到了自己发现别人忽略的异常的能力："当一只盲目的甲虫在弯曲的树枝表面爬行时，不会注意到自己经过的轨道其实是弯曲的（这是含蓄地指相对论）。我很幸运地注意到了甲虫没有注意到的东西。"

但在路易斯·巴斯德（Louis Pasteur）看来，幸运只眷顾那些做好准备的人。只有当我们注意到一些微妙的线索时——数据有些问题，结论下得太快或流于表面，观察结果并不完全符合理论——旧模式才能给新模式让路。

我们将在下一节中看到，正如进步源自接受不确定性，进步本身同样会产生不确定性，因为一个新的发现会对另一个发现提出质疑。

被降级

说起发现行星，业余天文学家往往比专家行动更快。

20世纪20年代，一位名叫克莱德·汤博（Clyde Tombaugh）的20岁美国堪萨斯州农民在业余时间忙于建造望远镜，他像一个多世纪前的赫歇尔一样自己打磨镜片和镜子。他用自制的望远镜对准火星和木星，并绘制它们的图像。汤博知道亚利桑那州的洛厄尔天文台正在研究行星天文学后，一时兴起，把画下来的行星图像寄给了天文台。汤博的画给洛厄尔的天文学家留下深刻印象，天文学家便给他提供了一份工作。

1930年2月18日，在对比天空的不同照片时，汤博发现一个模糊的点在来回移动。事实证明，那是一颗位于海王星之外的行星，位置远离太阳。这颗行星最终以罗马神话中冥府之神的名字命名，叫作"冥王星"。

但这颗新加冕的行星有点不对劲。经过计算，天文学家发现测得的冥王星的尺寸一直在缩小。1955年，天文学家认为冥王星的质量与地球相似。13年后也就是1968年，新的观测结果表明，冥王星的重量约为地球质量的20%。1978年之前，冥王星的观测结果一直在缩小，当时的计算结果无疑把冥王星变成了一颗无足轻重的行星。经过计算得出，它的质量只占地球质量的0.2%。冥王星比太阳系中的其他行星要小得多，却被过早地宣布为行星。

其他新发现也使冥王星的地位开始受到质疑。后来，天文学家们又在海王星以外陆续发现球形天体，它们的大小与冥王星大致相同。然而，这些天体都不能被称作行星，仅仅因为冥王星恰比它们稍大一点。

这个随意的参照标准一直持续到2003年10月。那一年，天文学家发现了一颗新行星，并认为它比冥王星更大，太阳系产生了第10名成员。它位于太阳系的外部边缘，人们以专门挑起纷争的不和女神"厄里斯"的名字命名，叫作"阋神星"（Eris）。

不和女神厄里斯果然名副其实，它很快就在科学界引起大量争议。在阋神星被发现之前，天文学家们懒得定义"行星"这个词，但阋神星迫使了他们这样做，因为他们必须确定阋神星到底是不是一颗行星。国际天文联合会（International Astronomical Union）承担起了这项任务，该联合会负责天体的命名和分类。在2006年的一次例行会议上，天文学家们对行星的定义进行了投票表决，而冥王星和阋神星都不符合行星的标准。经过简单的投票，联合会剥夺了冥王星的行星称号。文化、历史、教科书、米老鼠的宠物狗[1]和无数的行星记忆法都见鬼去吧，"我那受过良好教育的母亲给我们做了9个比萨饼"这句话也不成立了。[2]

从新闻报道看，似乎有一群带着恶意的天文学家用激光束对准这颗

---

[1] 米老鼠的宠物叫布鲁托，即"冥王星"之意。——译者注
[2] 我那受过良好教育的母亲给我们做了9个比萨饼（My Very Educated Mother Just Served Us Nine Pizzas）：人们用这句话的英文单词首字母记忆九大行星，其中"比萨饼"的英文首字母P代表冥王星。——译者注

人见人爱的矮行星，然后把它射出了天空。牵头冥王星除名工作的加州理工学院教授迈克·布朗（Mike Brown）火上浇油，他向新闻界宣称："冥王星已经死了。"这番话与巴拉克·奥巴马（Barack Obama）总统宣布奥萨马·本·拉登（Osama bin Laden）被暗杀受到的关注度相同。

结果，成千上万的冥王星粉丝发出怒吼，而在这颗行星被从太阳系九大行星行列除名之前，他们并没有意识到自己是冥王星的粉丝。网络请愿蜂拥而至。美国方言协会（American Dialect Society）的投票显示，"除名"（plutoed）成为美国2006年度的最热词，这个词的意思是"降职或贬低某人或某物"。人们还造了一个新句子，用来帮助记忆新的太阳系行星组合，这句话很好地总结了民众的情绪——"卑鄙邪恶的人类使大自然缩水了"（Mean Very Evil Men Just Shortened Up Nature）。

美国好几个州的政界人士认为，他们要立刻为冥王星的除名采取立法行动。义愤填膺的伊利诺伊州参议院通过一项决议，声称冥王星遭遇了"不公平的降级"。

新墨西哥州众议院选择了一种更聪明的说法，指出"当冥王星经过新墨西哥的美丽夜空中时，我们就将它称为行星"。我们知道，冥王星对维护宇宙秩序极其重要：有限的、不变的行星数量，给具有巨大不确定性的宇宙带来了一些确定性；这是学校可以教给学生的确切知识，老师也可以对这个知识点进行标准化考试。但一夜之间，宇宙悄悄发生了变化。70多年来，我们一直认为冥王星是一颗行星，这已经成了理所当然的事情。如果现在来说它不是一颗行星，那还有什么事比这件事更值得争论？

这些关于宇宙"不公正现象"的争论，忽视了一个至关重要的事实：冥王星并不是太阳系中第一个被降级的天体，而世人对这种天体降级的激烈反应也不是头一回了。

没错,这份"荣誉"属于我们自己的星球。当每个人都认为地球是宇宙舞台的中心时,哥白尼(Copernicus)横空出世,挥动笔杆,把地球降格为一颗单纯的行星。"在我们看来,太阳所特有的运动并不是来自太阳,而是来自地球和我们的运行轨道。地球和其他行星一样围绕太阳旋转。"哥白尼写道。

"和其他星球一样"——我们没有什么特别之处,不是万物的中心,我们很普通。哥白尼的发现堪比冥王星的降级,动摇了人们的确定感和他们在宇宙中的地位。结果,哥白尼的学说被禁了近一个世纪。

在道格拉斯·亚当斯(Douglas Adams)令人捧腹的著作《银河系漫游指南》(*The Hitchhiker's Guide to the Galaxy*)中,超级计算机"深思"被要求回答"关于生命、宇宙和万物等终极问题的答案"。经过750万年深思之后,它给出了一个明确但基本上毫无意义的答案:42。尽管这本书的书迷试图为这个数字赋予某种象征性的意义,但我觉得它没有任何意义,亚当斯只不过是在借此嘲笑人类多么渴望和执着于确定性。

事实证明,太阳系行星的数量"9"和数字"42"一样毫无意义。对于天文学家来说,这只是办公室里最平常不过的一天,科学根本不关心人们对行星的感情、情感或非理性依恋。可以肯定的是,天文学界有些人持不同意见,但他们中的绝大多数人接受了这个事实。逻辑战胜了情感,人们制定了新的标准,九大行星变成了八大行星,仅此而已。

扼杀冥王星的迈克·布朗认为,这次冥王星被降级是一件很有教育意义的事情,不应成为怨恨的根源。在他看来,老师可以借助冥王星的故事向学生们解释,为何在科学领域通往正确答案的道路很少是笔直的,而人生之路同样如此。

行星一词的起源清楚地表明了这点。英语"行星"(planet)起源于希腊语中意为"流浪者"的一个词。古希腊人仰望天空,看到一些天体围绕着位置相对固定的恒星移动,便把这些移动的天体称为"流浪者"。

就像行星一样,科学也在"流浪"。剧变带来进步,而进步会产生更剧烈的变化。"人们希望安定,但只有当他们不安定的时候,心中才会抱有希望。"拉尔夫·沃尔多·爱默生(Ralph Waldo Emerson)写道。世界在前进,那些固守旧事物的人会被抛弃。

冥王星降级的故事表明,无论不确定性多么温和,我们都会因此深感不安。但是,要想适应不确定性,关键在于弄清楚哪些东西才真正令人不安,又有哪些东西不会如此。这需要我们玩一场躲猫猫游戏。

高风险的躲猫猫游戏

想象一下,你搭乘着一枚火箭,这枚火箭起爆的威力不亚于小型核弹,而你却不知道它是否会顺利起飞。

宇航员称之为"星期二现象"。

人们曾经担心负责将"水星"计划(Mercury)宇航员送上太空的"阿特拉斯"号(Atlas)运载火箭太易损坏。"在卡纳维拉尔角,'阿特拉斯'号火箭推进器隔三差五地发生爆炸。"前宇航员、后来成为不幸的"阿波罗13"号任务指挥官的吉姆·洛维尔(Jim Lovell)回忆道,"它看起来像是一种快速缩短职业生涯的方式,所以我接受了那份工作。"谈起"阿特拉斯"号火箭,美国太空计划首席设计师韦纳·冯·布劳恩(Wernher von Braun)说道:"约翰·格伦(John Glenn)要乘坐那玩意儿上太空?光是坐在火箭上面,他就应该获得一枚勋章。"太空飞行对人类身体状况的影响到底有多大,我们过去知之甚少。根据指示,格伦每20分钟要看一次视力检查表,以免失重现象扭曲他的视力。如果你想知道格伦对绕地球轨道飞行作何感想，作家玛丽·罗奇（Mary Roach）这样调侃说，那"就像去看眼科医生"。

在流行文化中，洛维尔和格伦这样的宇航员被描绘成一群敢于冒险、昂首阔步、勇往直前的高手，他们能够轻轻松松地坐在充满危险的火箭上。这样的形象虽然是很好的影视题材，但很容易误导公众。宇航员之所以能保持冷静的头脑，并不是因为他们有着超人般的神经，而是因为他们掌握了用知识减少不确定性这门艺术。正如宇航员克里斯·哈德菲尔德（Chris Hadfield）所说的那样："为了在高压力、高风险的情况下保持冷静，你真正需要的是知识……被迫直面失败的可能性，研究它，剖析它，梳理它的所有组成部分和后果，这种做法真的很管用。"

即使坐在一枚易损坏的火箭上，早期的很多宇航员也觉得一切尽在他们的控制之中，因为他们亲自参与了火箭的设计。但是，他们知道自己也有不懂的知识，知道哪些东西应该关注，哪些东西应该忽略。要解决这些不确定性问题，首先要承认不确定性的存在。举个例子，科学家们确定他们不知道失重状态是否会影响视力，所以他们要求格伦带一张视力检查表上太空。

这种方法还有另一个好处：如果我们弄清楚我们知道什么和不知道什么，就会包容不确定性，并减少与之相关的恐惧感。正如作家卡罗琳·韦伯（Caroline Webb）所写的那样："我们给不确定性设定越宽广的边界……我们大脑剩余的模糊感就越容易控制。"

想想躲猫猫游戏——人类普遍爱这个游戏，因为据说几乎每一种文化中都存在某种形式的躲猫猫游戏。人们使用不同语言玩这个游戏，但"节奏、力度变化和共享的快乐"都是一样的。游戏是这样玩的：首先，一张熟悉的脸出现在婴儿面前，然后被双手挡住。婴儿坐在那里，一脸的困惑，还稍微有点惊慌，想知道正在发生什么事情。但是，那双手又张开了，熟悉的面孔再次出现，一切如常。接下来便是一阵欢笑。

但是，如果加入更多不确定性因素，接下来就不会有笑声了，或至少笑得没那么开心。一项研究表明，如果张开手后出现的不是原来的人，而是另一个人，婴儿的笑容会少一些；而当同一人是在不同位置再次出现时，婴儿笑容也会减少。即使是6个月大的婴儿，也会对那个人的身份和位置有某种程度的确定性期望。当这些可变因素出乎意料地发生变化时，婴儿们的快乐程度也随之发生变化。

知识把充满不确定性的局面变成一场高风险的躲猫猫游戏。没错，太空飞行可不是闹着玩的事，宇航员要冒着生命危险。但是，宇航员所面临的不确定性和婴儿没什么两样——当双手打开的那一刻，他们都得弄清楚谁会出现在对面。

无论是婴儿还是宇航员，都希望不确定因素是安全的。我们喜欢从远处观看狩猎活动，喜欢坐在家里舒服的沙发上琢磨《怪奇物语》（*Stranger Things*）中人物的命运或阅读斯蒂芬·金（Stephen King）的最新小说——谜团即将揭开，凶手的面纱即将揭开。可是，当我们不知道凶手是谁，不知道故事的结局，悬念仍悬而未决的时候，我们的热血就开始沸腾。举个例子，《迷失》（*Lost*）和《黑道家族》（*The Sopranos*）就是这种电视剧，它们的结局都是戛然而止的。

换句话说，当不确定性缺乏边界时，人们就会变得极度不适。倘若任由这种对未来不确定性的恐惧在你的脑海中发酵，恐惧感就会越来越强。"恐惧来自不知道该期待什么，以及你觉得对即将发生的事情缺乏控制感。当你感到无助时，你会比知道事实更觉得恐惧。如果你不知道该担心什么，那么所有事物都令人感到不安。"哈德菲尔德写道。

要确定该担心哪些事物，就应该遵循《星球大战》系列中尤达大师的金玉良言："恐惧须有名状，方可驱除。"我发现，必须用铅笔（如果你热衷于技术的话，也可以用钢笔）写下它们。问问自己："最坏的情况是什么？据我所知，这种情况发生的可能性有多大？"

写下你担心的事物及已知和未知的不确定因素，然后一一剖析它们。当你揭去未知事物的神秘面纱，把"未知的未知"变成"已知的未知"，你就能拔去它们的"毒牙"。它们的面纱褪下以后，你就会清楚地看到自己到底在害怕什么，发现不确定性，往往比你所害怕的事物要可怕得多。你还将意识到，无论发生什么事情，对于你而言最重要的事物多半依旧存在。

还有，千万别忘了事物都有好的一面。除了考虑最坏的情况，你还要问自己："最好的结果是什么？"消极的想法比积极的想法更能使我们产生共鸣。按心理学家里克·汉森（Rick Hanson）的说法，大脑消极起来就像钩毛搭扣，积极起来则像特氟龙不沾涂层。除非你同时考虑最好和最坏的情况，否则的话，你的大脑会引导你走向看似最安全的道路，也就是不采取任何行动。不过，正如一句中国谚语所说的那样，当断不断，反受其乱。西方谚语用"彩虹尽头有一罐黄金"来形容那些难以实现的梦想，而当这样的梦想在彩虹那端等待你时，你更有可能迈出通向未知事物的第一步。

确定了什么东西真正值得警觉之后，你可以采取措施减轻风险，方法是从火箭科学的规则手册中调用两个规则——冗余和安全边际。现在，让我们一起研究这两点。

为什么冗余不是多余的

在日常生活中，"冗余"一词是贬义的，但在火箭科学中，是否有冗余可能就决定了是成功还是失败，而成败关乎生死。航空航天领域中的"冗余"是指创建备份，以避免因某个故障点而危及整个任务的情况出现。宇宙飞船的设计要满足一个条件：即使出了故障，它也能正常运行，也就是"有故障而不失效"。你开的汽车后面有一个备用轮胎，前面有一个紧急制动装置，也是同样的道理。如果你的车胎没气或者刹车失灵，就得靠这些备用装置收拾烂摊子。

例如，SpaceX的"猎鹰9"号（Falcon 9）火箭配备了9个引擎。这些引擎彼此之间有充足的隔离空间，即使某个引擎发生故障，航天器也能完成任务。最重要的是，引擎的设计决定了它只会"优雅地"失效，不会损害其他组件并危及航天任务。在2012年"猎鹰9"号的一次发射中，其中1个引擎在飞行过程中失灵，其他8个引擎却持续轰鸣。飞行计算机关闭了有故障的引擎，并调整了火箭的飞行轨道，把引擎故障也考虑在内。火箭继续爬升，将它的货物运送到轨道。

航天器上的计算机也使用冗余装置。在地球上，电脑往往免不了崩溃或死机，而在有压力的太空环境中，计算机发生故障的概率有增无减，因为计算机在太空中要经历无数振动、冲击、变化的电流和波动的温度。正因为如此，航天飞机的计算机是4倍冗余的，即飞机上有4台计算机在运行着同样的软件。这4台计算机会通过一个多数投票系统就下一步动作进行单独投票。如果其中一台计算机发生故障，开始乱输出数据，其他3台计算机就会投票将其排除在外（没错，伙计们，火箭科学比你想象的更民主）。

冗余装置要正常工作，就必须独立运行。一架航天飞机配备4台计算机，这听起来非常棒，但由于它们运行着相同的软件，所以只要一个软件出现错误，4台计算机就会同时瘫痪。因此，航天飞机还配备了第5个备用飞行系统。该系统安装有一款不同的软件，而这款软件由不同于其他4款软件的分包商提供。如果某个一般性的软件错误使4台相同的主计算机瘫痪，则备用系统将启动，并会将航天飞机送回地球。

尽管冗余是一种很好的保险措施，但它同样遵循收益递减定律。额外的冗余增加到某种程度之后，就会无谓地增加设备的复杂性、重量和成本。波音747飞机当然可以有24台引擎而不是4台引擎，但这样你就得花上1万美元才能乘坐从洛杉矶到旧金山的狭窄经济舱座位。

过度的冗余还会适得其反,不仅无法提高可靠性,反而对其造成影响。冗余设备增加了额外的故障点。如果波音747飞机上的各台引擎没有正确隔离,那么一台引擎发生故障就有可能损害其他引擎;而每增加一台引擎,风险也会随之增加。这样的风险促使波音公司得出一个结论:引擎数量越少,事故发生的风险就越低。于是波音777飞机上只安装了2台引擎,而不是4台。正如我们在之后的章节中将看到的那样,冗余所提供的安全性能是显而易见的,但这可能导致人们做出草率决定。他们可能会错误地假设:即使出了问题,也会有一个故障保护装置保驾护航。换句话说,冗余不能代替优秀的设计。

想想看,在你自己的生活中,存在哪些冗余现象?你们公司的"紧急制动装置"或"备用轮胎"在哪里?若你的团队损失了一个有价值的成员、一家重要的经销商,或者一个重要的客户,你将如何应对?如果你的家庭失去了收入来源,你会怎么做?即使某个组成部分失效,整个系统也必须能够继续运行。

安全边际

除了将冗余考虑在内,火箭科学家还通过打造安全边际来解决不确定性难题。例如,他们建造的宇宙飞船比表面看上去的更结实,隔热层厚度也超过标准要求。这些安全边际保护着宇宙飞船,以防充满不确定性的太空环境比预想中更恶劣。

随着风险上升,安全边际也应该随之增加。发生故障的概率高吗?如果发生故障,代价会不会很高?回到我们之前的讨论,这扇"门"是单向的还是双向的?如果你要做出不可逆转的单向决策,就要留出更高的安全边际。

我们为宇宙飞船所做的决定大多是不可逆转的。飞船发射后，就没有机会召回它上面的硬件了。所以，我们在飞船上使用的工具必须是多用途的，就跟双向门差不多。

让我们暂时回到"火星探测漫游者"计划。该项目于2003年向火星发送了两台探测器——"勇气"号和"机遇"号。当探测器降落在火星表面时，我们即将发现的事物存在着巨大的不确定性。所以，我们采用了"瑞士军刀"法。

在为火星登陆行动做计划时，我们把各种不同的工具放在探测器上，尽量把它们变得灵活多能。我们的探测器安装了能够观察火星表面的摄像头，能够对土壤和岩石成分进行分析的光谱仪，能够进行近距离观察的显微成像仪，还有一个像锤子的研磨工具可以使岩石内部结构暴露出来。我们还可以操控探测器检查不同地点，只不过它的行进速度实在太慢，每天大约行进2米的距离。

在这两辆探测器的着陆点，我们看到了火星轨道飞行器拍摄的区域快照，对将会出现的情况有所了解。但是，正如史蒂夫·斯奎尔斯所言，我们对这两个着陆点的期望是"完全、彻底、绝对错误的"。所以，我们学会了借助探测器上的工具来解决火星给我们带来的难题，而不是我们预期中的难题。

如果宇宙飞船上的工具用途广泛，它们就可以用来实现远远超出其预期用途的功能。2006年3月，"勇气"号的右前轮失灵，操控"勇气"号的导航员便将它倒着开，直至其服役结束。"好奇"号火星探测器同样也发生了机械故障，导致其钻头失效。工程师们发明了一种新方法，用探测器上仍能正常运行的部件来钻孔。他们在地球上用另一台与"好奇"号一模一样的探测器成功地测试了新的钻探技术，然后向"好奇"号发出指令，在火星上进行试验，效果非常好。

同样的方法拯救了执行登月任务的"阿波罗 13"号航天飞机上的宇

航员。在月球附近，这架航天飞机的氧气罐爆炸，指挥舱中的电力和氧气供应耗尽。所以3位宇航员必须离开指挥舱，进入登月舱，用登月舱作为返回地球的救生船。但是，登月舱是一个小型蜘蛛形航天器，只能供两名宇航员在月球表面和轨道航天器之间往返。3个人坐在登月舱里呼吸，导致舱内迅速充满二氧化碳，十分危险。指挥舱里有可以吸收二氧化碳的方形过滤罐，但它们不适合月球舱圆形的过滤系统。在地面的帮助下，宇航员想到了一个办法，用管状袜子、胶带和其他随手找到的物品，把那个方形罐子塞到了圆形过滤系统里——方枘终于入了圆凿。

这里有许多适合我们所有人的重要经验。在面对不确定性的时候，我们经常为自己的不作为编造借口，比如"我不够格""我感觉还没做好准备""我没有找到合适的联系人""我没有足够的时间"，等等。除非找到一种保证可行的方法，否则我们不会开始行动（最好是一份令人满意的工作，而且月薪达6位数）。

但是，绝对的确定性犹如海市蜃楼。在生活中，我们必须以不完善的信息为基础，用粗略的数据做决策。"当探测器在火星着陆时，我们并不知道自己在做什么。"斯奎尔斯承认道，"以前没人这样做过，你又怎么知道自己在做什么呢？"如果我们的团队拖延决策，等到选择以完全清晰的方式自动呈现出来（即拥有关于登陆地点的完善信息，然后设计出一套完美的工具），那我们就永远无法到达火星。若有其他人愿意与不确定性共舞，或许他们早就在我们冲向终点线之前把我们打败了。

正如神秘主义诗人鲁米（Rumi）所写的那样，唯有迈开步伐，路才会出现在前方。尽管威廉·赫歇尔不知道自己会发现天王星，但他还是迈开步伐，打磨望远镜，并阅读天文学入门书籍。青少年时期的安德鲁·怀尔斯无意中看到了一本关于费马最后定理的书籍，他不知道自己的好奇心会将他带往何方，但他还是迈开了步伐。尽管史蒂夫·斯奎尔斯不知道他的"空白画布"会引领他发现火星，可他还是迈开步伐，去寻找那块画布。

秘诀就在于：在看到一条清晰的道路之前，你就要开始行走。迈开你的步伐吧，尽管前方会遭遇卡住的轮子，坏了的钻头，以及爆炸的氧气罐。

迈开你的步伐吧，因为如果你的轮子卡住了，你可以学会倒着走，又或者，你可以用胶带来阻止灾难发生。

迈开你的步伐吧，当你习惯行走时，你会看到自己对黑暗的恐惧感慢慢消失。

迈开你的步伐吧，因为正如牛顿第一定律所描述的那样，运动中的物体会保持运动状态。一旦你迈开步伐，就会一直走下去。

迈开你的步伐吧，因为你的小小步伐最终会变成巨大的飞跃。

迈开你的步伐吧，如果有帮助的话，可以带上一袋花生，让它给你带来好运。

迈开你的步伐吧，行走不是因为容易，而是因为它很难。

迈开你的步伐吧，因为这是前进的唯一方式。

请访问网页ozanvarol.com/rocket，查找工作表、挑战和练习，以帮助你实施本章讨论过的策略。

第2章 第一性原理
每次革命性创新背后的要素

> 原创性在于回归本源。
> ——安东尼·高迪（Antoni Gaudi）

"标价过高"一词不存在于绝大多数硅谷创业者的词汇表中。

可是，当埃隆·马斯克去购买火箭，准备把宇宙飞船送上火星时，他体验到了惊人的价格。在美国市场上，两枚火箭的售价高达1.3亿美元。这还只是运载火箭的价格，不包括宇宙飞船本身，而飞船上的载荷会进一步增加发射总成本。

所以，马斯克觉得他应该去俄罗斯试试运气。他去了几趟俄罗斯，购买退役的洲际弹道导弹（上面的核弹头已被拆除）。他与俄罗斯官员的会面离不开伏特加助阵，每两分钟双方都要举杯庆祝（祝酒词无非是"为太空干杯！为美国干杯！为美国开发太空干杯！"）但是对于马斯克来说，当俄国人告诉他每一枚导弹将花费他2000万美元时，欢呼变成了嘲笑。尽管马斯克很富有，但火箭的成本实在太高，他根本没那么多钱创办太空公司。他知道，他必须另辟蹊径。

马斯克出生在南非。从孩提时代起，他就一直在进行变革，使一个个行业屈从于他的意志。在12岁的时候，他编出了人生第一款电子游戏程序，并卖掉了它。17岁那年，他移民到加拿大，后来又移居美国，在宾夕法尼亚州立大学主修物理和商业。然后，他退出了斯坦福大学的博士课程，与弟弟金巴尔（Kimbal）共同创办了一家专门提供在线城市指南的公司Zip2。当时埃隆·马斯克身无分文，买不起一套公寓，只能在办公室的蒲团上睡觉，洗澡问题也只能在当地的基督教青年会（YMCA）解决。

1999年，28岁的马斯克把Zip2卖给了康柏公司（Compaq），马上就变成了千万富翁。然后他拾起筹码，把它们放在一张新的赌桌上。他将出售Zip2所得的收益用来创建网上银行X.com，后来X.com更名为PayPal。当PayPal被eBay（亿贝）收购时，马斯克轻而易举地获得了1.65亿美元。

在这笔交易敲定前几个月，马斯克就已经在里约热内卢的海滩上晒太阳了。但他并没有打算退休，也没有闲着翻阅丹·布朗的最新小说。不，马斯克在海滩上想看的是《火箭推进技术原理》（*Fundamentals of Rocket Propulsion*）。这位PayPal的创始人正在执行一项任务，他要把自己变成"火箭人"。

航天工业在鼎盛时期是创新的前沿。可是马斯克想进入这个行业时，各家航空航天公司已经陷入了无可救药的境地。航天工业是与科技相关的稀有产业，该产业违背了摩尔定律。这一定律是以英特尔联合创始人戈登·摩尔（Gordon Moore）的名字命名的，根据该定律，计算机的性能呈指数级发展，每两年翻一番。20世纪70年代的一台电脑能够占满整个房间，而如今它装进了你的口袋里，且计算能力要强大得多。但是，火箭技术推翻了摩尔定律。"我们都知道，明年的软件肯定会比今年好，"马斯克说，"但火箭的价格实际上每年都在大幅上涨。"

马斯克不是第一个发现这一趋势的人，但他是率先采取行动解决这个问题的人之一。

他创立了太空探索技术公司，简称SpaceX。他给公司定下了一个大胆的目标：殖民火星，使人类成为跨行星物种。然而，马斯克虽说财力雄厚，却还没有足够的钱在美国或俄罗斯市场上购买火箭。他向风险投资家推销SpaceX，但他们实在难以说服。马斯克解释说："太空距离地球上几乎任何一家风投公司的舒适区都很远。"他拒绝让朋友投资，因为他认为SpaceX的成功概率只有10%。

马斯克意识到，自己的方法存在严重缺陷，于是打算放弃。不过他并没有真的放弃，而是决定回到第一性原理——亦即本章的主题。

在我解释第一性原理思维的工作机制之前，首先我们要探讨该思维的两种障碍。你将了解到，为什么知识会成为一种缺陷而非一种美德；你将了解到，罗马帝国的一位道路工程师是如何最终决定了NASA航天飞机的宽度；你还将发现那些无形的规则会阻碍你前进，然后学习如何摆脱它们。我会阐述一家制药行业巨头和美国军方如何使用同样的策略来抵御威胁，为何拯救你公司的最好方法就是扼杀它。我们将探讨创新的关键为什么是做减法而不是做加法，并探讨一个心理模型如何让你的生活变得简单。在本章结尾，你将学会一些实用的策略，把第一性原理思维运用到你自己的生活中去。

我们一直都是这样做的

《动物屋》（*Animal House*）是我最喜欢的电影之一。影片开头，镜头推向一尊电影虚构人物埃米尔·费伯（Emil Faber）的雕像，他的身份是电影故事所在地大学的创始人。雕像上刻着一句极其老套的名言，而这句名言引述自费伯——知识是个好东西。这句话明显是在恶搞现实生活中的那些高校创始人，他们都觉得必须在自己的名字下面刻上一句鼓舞人心的座右铭。撇开其中的嘲讽意味不谈，费伯的话无疑是正确的。以我为例，我就是一个靠知识为生的知识工作者，恰恰符合他这番话的意思。

知识是一种美德，但知识同样的特质也会把它变成一种缺点。知识塑造架构，扩充认知；它创造出框架、标签、类别和镜头，而我们正是通过这些工具去看待世界的；它的作用相当于迷雾、Instagram滤镜，以及一种充满诗意的格局，让我们生活在其中。众所周知，我们很难突破这些格局，理由很充分：因为它们很有用。它们为我们理解这个世界提供认知的捷径，使我们更有效率和生产力。

但是如果我们不小心，知识也会扭曲我们的视野。举个例子，如果我们知道火箭的市场价格是天价的话，就会以为只有强大的政府和拥有巨量现金的特大企业才能制造火箭。不知不觉中，知识可能会让我们成为惯性的奴隶，而惯性思维只会产生常规结果。

我刚开始在法学院教书的时候，有件事让我觉得奇怪：学院要求我的学生们在大一选修刑事诉讼课。这是一门困难的课程，需要学生在其他方面有坚实的基础。有一天吃午饭时，我向一位老教师请教这个问题。他放下一直在看的报纸，不屑一顾地说道："我们一直都是这样做的。"几十年前，某个人决定以这种方式设置课程，却成为人们现在持之以恒的理由。从那时候起就没有人提出质疑，问问为什么这样做或为什么不能这样做。

现状就像是一块磁力超强的磁铁。人们反对事物存在其他可能性，却安于现状。如果你对这一情况有任何怀疑的话，不妨看看那些描述我们想方设法避免变化的习语，比如"得过且过""因陋就简""切勿中途而废""敷衍了事"，等等。

即使在火箭科学这样的先进行业中，惯性思维也有着巨大的力量。这种思维被称为"路径依赖"，即我们以前做的事情决定了我们下一步要做的事情。

举个例子，为航天飞机提供动力的引擎是人类有史以来创造出的最复杂机器之一，而它的宽度居然是由2000多年前罗马帝国的一位道路工程师决定的。是的,你没看错。航天飞机引擎宽4英尺8.5英寸(约143.51厘米),因为这是犹他州到佛罗里达州铁路的宽度。而那条铁路的宽度借鉴的是英国电车轨道的宽度,英国电车轨道的宽度则是根据罗马人建造的道路宽度设计的,也就是4英尺8.5英寸。

我们大部分人所使用的键盘布局设计得非常低效。因为在现有键盘布局投入使用之前,如果你打字太快,打字机就会卡住。QWERTY布局(以键盘头6个字母命名)就是专门为了降低打字速度而发明的,目的是防止机械按键卡住。此外出于营销目的,组成"打字机"这个英文单词(也就是typewriter)的字母被放在了最上面一行,这样销售人员就能够迅速打出品牌名称,从而演示机器是如何操作的了(你可以试一试)。

当然,机械按键卡住如今已不再是个问题,我们也无须尽快打出"打字机"的英文单词。然而,尽管市面出现了效率更高也更符合人体工学原理的键盘布局,QWERTY布局仍占据主导地位。

变革的代价可能很大。举个例子,假如我们放弃QWERTY布局,选择另一种键盘布局方式,我们就得重新学习打字(尽管如此,还是有一群人做出了转变,并且认为这样的努力是值得的)。有时候,变革不仅没让事情变好,反而变得更糟;但更多时候,即使变革带来的好处远远超过代价,我们还是坚持惯常做法。

既得利益也使我们更倾向于维持现状。进入《财富》(*Fortune*)杂志世界500强排行榜的公司,其高层人员更倾向于逃避创新,因为他们的薪酬与短期季度业绩挂钩,倘若要开辟一条新的道路,短期业绩就会暂时受到影响。"当一个人的薪水取决于他所不了解的某件事情时,那他就很难搞懂这事。"作家厄普顿·辛克莱(Upton Sinclair)说道。

如果你是20世纪初底特律的一名马匹饲养员,就会认为你的竞争对手是其他饲养员,因为他们能够养出更强壮、速度更快的马。如果你在

10年前经营一家出租车公司,你会认为自己的竞争是其他出租车公司。如果你从事机场安保工作,就会认为主要威胁来自一个鞋里藏炸弹的家伙,所以你会让所有人都脱掉鞋子,以"解决"恐怖主义问题。

在上述每一种情况中,过去淹没了未来。撞上冰山之前,船一直向前行驶。

研究表明,随着年龄的增长,我们变得越来越受规则约束。日复一日,年复一年,我们总是老调重弹,做同样的工作,跟同样的人交谈,保持相同的产品线。我们的人生本应不同,却总是有着相同的结局。

惯性越大,越难摆脱。既定的做事方法会掩盖其他可能性。"一条道路建好以后,就会出现一种奇怪的现象:交通变得越来越繁忙,在道路上行走的人逐年增多。还有些人则靠维修和维护道路为生,并使道路保持活力。"罗伯特·路易斯·史蒂文森(Robert Louis Stevenson)写道。

我们的做事流程和惯例就像是交通变得越来越繁忙的道路。2011年,一项对100多家美国和欧洲公司的调查显示,在过去15年里,企业所需的流程数量、垂直层数量、界面结构数量、协调机构数量和决策审批数量,已从50%增加到350%。

问题就出在这里。顾名思义,流程是一种守旧的做法,它是为了应对过去的难题而制定出来的。如果我们把流程当作一份神圣的契约,不对其提出质疑,那它就会阻碍事物向前发展。随着时间的推移,过时的流程便阻塞了我们组织的大动脉。

然后,遵守这些流程成为成功的标杆。"我们经常听到初级领导者为不好的结果找理由。"杰夫·贝佐斯(Jeff Bezos)说,"比如他们会说:'呃,我们是按流程办事的。'如果你不小心提防的话,流程就会变成大麻烦。"不过,你无须把标准操作流程扔进碎纸机,使公司变得混乱不堪。相反,你需要养成一个习惯,像贝佐斯那样问自己:"是我们主导流程,还是流程主导我们?"

必要时,我们要忘记自己所掌握的知识,重新开始。正因为如此,解决了延续数百年的费马最后定理的安德鲁·怀尔斯说道:"如果你想成为数学家,记性太好可不是什么好事。你需要忘记上一次处理问题的方式。"

总而言之,埃米尔·费伯的观点是正确的。知识确实是个好东西,但知识的作用应该是给人们提供信息,而不是起约束作用;知识应该启发智慧,而不是蒙蔽心智。只有让现有的知识不断进化,我们的未来才能变得越发清晰。

知识的专制性只是问题的一部分。我们不仅受限于自己过去所做的事情,还受到其他人所做事情的束缚。

别人就是这样做的

遗传基因注定了我们喜欢随大流。几千年前,人类的部落必须行动一致,因为这关乎生死存亡。如果我们不按规矩行事的话,就会被其他人排斥、拒绝甚至见死不救。

在现代世界,绝大多数人似乎渴望标新立异,我们认为自己的品位和世界观与芸芸众生不同。我们也许会承认我们也对其他人的选择感兴趣,但我们会争辩说,决定是我们自己做的。

研究结果表明,事实并非如此。在一项有代表性的研究中,实验对象先观看一部纪录片,然后接受一次小型测验:"那位女士被捕时,有多少名警察在场?她穿的衣服是什么颜色?"测验是单独进行的,他们没有看到其他实验对象的答案。几天后,他们回到实验室,重新接受测验。这一次,他们能看到其他实验对象的答案。但研究人员玩了一个小把戏,他们故意改错了一些答案。

大约70%的情况下，实验对象更改了他们的正确答案，并接受了测试小组其他成员给出的错误答案。即使研究人员告诉实验对象这个小组给的是错误答案，仍有大约40%的实验对象在重新测验时坚持错误答案，只因为虚伪的社会认同感实在过于强大。

倘若我们抵制这种顽固的、墨守成规的做法，就要在情感上承受巨大压力。一项神经学研究表明，特立独行的做法会激活大脑的杏仁核，并产生研究报告中作者所说的"独立的痛苦"。

为了避免这种痛苦，我们口口声声地说要独树一帜，实际上却成了他人行为的副产品，正如一句中国谚语所说的——一犬吠影，百犬吠声。

企业把它们的"避雷针"安装在雷电上一次击中的地方，然后等待雷电再次光临："这方法成功过一次，所以我们再做一次吧。"一次又一次，一次又一次。让我们开展同样的营销活动，采用和那本获得巨大成功的大众爱情小说同样的写作手法，拍摄《速度与激情》（*Fast and Furious*）的第17部续集。我们总以为同行和竞争对手知道的比我们多，我们往往喜欢复制粘贴他们的做法，尤其是在形势不明朗的情况下。

这种策略可以在短期内奏效，但从长远来看，它会成为灾难的导火索。时尚风潮变化无常，潮流总是短暂的。随着时间的推移，仿品竞相上市，原创产品就过时了。某个人的荣耀之路可能是另一个人的灾难之路；相反，某个人灾难之路可能会成为另一个人通往荣耀的道路。Friendster和Myspace这两家社交网站都以失败告终，但脸书（Facebook）的市值在2019年年中已超过了5000亿美元。

当然，学习别人已经掌握的东西非常重要，毕竟模仿是我们最早的老师。循规蹈矩教会我们一切东西，比如如何行走，如何系好鞋带，等等。只要花不到20美元买一本书，你就能知道别人花一辈子才搞懂的道理。然而，学习和盲目模仿之间有着很大的区别。

你不能复制粘贴别人的成功方式。你不可能从美国里德学院退学，坐在书法课教室里，吃着摇头丸，学学禅宗佛教，在你父母的车库里开个商店，然后就指望成为下一个苹果公司的创始人。诚如沃伦·巴菲特（Warren Buffett）所言："商界最危险的6个字就是'人人都这样做'。"这种"有样学样"的做法导致人们竞相争夺热门市场，边缘市场的竞争则要小得多。"当你试图改进现有技术时，你就是在跟前人进行一场智力比赛，这场比赛可不容易。"谷歌探月工厂X的负责人阿斯特罗·泰勒（Astro Teller）说。

马斯克开始购买火箭时，他就发现自己身处这场比赛中，他的思路受到了前人做法的影响。于是他决定重新开始物理学训练，从第一性原理中找原因。

在继续写下去之前，我要先谈谈马斯克这个人。我发现，他的名字能够引发人们的激烈争议。有人认为他是现实生活中的钢铁侠、全世界最有趣的人、满怀热忱的创业者，愿意付出比别人更多的努力来推动人类前进；而有的人则形容他只是硅谷的半吊子，他的公司号称要拯救世界，却经常以倒闭收场；还有人说他爱出风头，经常放纵地用他的推特（Twitter）账户编造一些关于未来的故事（这些故事也让他自己陷入了监管的困境中）。

我不属于这几类人。我认为，无论我们中伤还是盲目崇拜马斯克，都会对他构成伤害。但是，他运用第一性原理思维颠覆了无数行业，把自己的幻想变成了现实。如果我们没有学习他的这种思维方式，就会对我们自己构成伤害。

回到第一性原理

最早提出第一性原理思维的人是亚里士多德，他把它定义为"认知事物的第一基础"。法国哲学家和科学家勒内·笛卡尔(René Descartes)将其描述为"系统性地怀疑你可能怀疑的一切事物,直到你获得无可置疑的真相"。你不应把现状视作绝对不变的,而是应该敢于大刀阔斧地改变它。你不应让其他人的愿景塑造你前进的道路,而应该放弃对这些愿景的所有忠诚。你要破解现有的假设,直至找出基本组成部分,就好像你在丛林中砍出一条道路那样。

除此以外的一切都是可以商量的。

第一性原理思维方式让你能够看到隐藏在每个人眼皮子底下、看似显而易见的真知灼见。哲学家亚瑟·叔本华(Arthur Schopenhauer)有言:"能者达人所不达,智者达人所未见。"当你运用第一性原理思考时,就会从一个演奏别人歌曲的翻唱乐队转变为一名艺术家,从事艰苦的创造性工作。你从作家詹姆斯·卡尔斯(James Carse)所谓不敢逾越边界的"有限玩家",变成跨越边界的"无限玩家"。

在俄罗斯疯狂"血拼"后空手而归的马斯克顿时醒悟了。他意识到,购买别国火箭的做法犹如扮演翻唱乐队的角色,他只是一名"有限玩家"。在回国的航班上,马斯克对陪同他前往俄罗斯的航空航天顾问吉姆·坎特雷尔(Jim Cantrell)说:"我觉得我们可以自己造一枚火箭。"马斯克给坎特雷尔看了一张电子表格,上面有他一直在计算的数字。坎特雷尔回忆道:"我看着表格,说:'这也太夸张了吧!'原来这就是他一直向我借阅火箭科技方面书籍的原因。"

"我喜欢从物理学的角度来看待事物。"马斯克在后来的一次访谈中解释说,"物理学教会你根据第一性原理做出推理,而不是通过类比进行推理。"类比式推理就是几乎丝毫不差地模仿或模拟他人。

对于马斯克来说,运用第一性原理意味着从物理定律开始,问自己需要哪些条件才能把火箭送入太空。他把火箭拆分成最小的子部件,也就是它的基础原材料。"火箭是用什么做的?"他问自己,"航空航天级铝合金，加上一些钛、铜和碳纤维。"然后他又问自己："这些材料在大宗商品市场上值多少钱？"结果证明，火箭的材料成本约为通行价格的2%左右，这个比例太令人震惊了。

这种价格差异是航天工业的外包文化造成的（至少部分如此）。航空航天企业将原材料采购外包给分包商，分包商再层层外包。马斯克解释说："你得往下走四五层，才能找到真正做实事的人，比如切割金属、聚合零件等。"

于是，马斯克决定自己切割金属，从零开始建造下一代火箭。穿过SpaceX的工厂走廊，你会注意到工人在做着从焊接钛合金到组装飞行控制电脑等所有事情。在SpaceX，大约80%的火箭组件是由内部制造的，这使公司能够更严格地控制成本、质量和进度。由于外部供应商数量很少，SpaceX可以以创纪录的速度将想法付诸实施。

下面我们讲一个例子，证明自主生产的好处。SpaceX的推进动力部负责人汤姆·穆勒曾要求一家供应商制造发动机气门。"他们报价25万美元，且需要花1年时间。"穆勒回忆道。他回复供应商："不，今年夏天我们需要它，并且价格要很低很低。"供应商说了句"祝你好运"就走了。于是，穆勒的团队自行制造气门，成本只有供应商报价的若干分之一。到了夏天，那家供应商打电话给穆勒，询问SpaceX是否还需要气门，穆勒回答说："我们已经制造出了合格产品，正准备试飞。"SpaceX负责与NASA联络的员工迈克·霍卡恰克（Mike Horkachuck）惊讶地发现，穆勒这种做法在整个公司里都很普遍。他说："这种方法别具一格，因为我几乎没听说过NASA的工程师在外包设计和决定设计方案时谈论过零部件的成本。"

SpaceX在原材料采购方面也很有创意。公司一名员工在eBay上以2.5万美元的价格购买了一台二手经纬仪——一种用来追踪和校准火箭的设备，因为他发现全新的经纬仪价格实在太高了。另一名员工从工业废品场采购了一块巨大的金属，用来做保护火箭的前椎体整流罩。经过测试合格之后，廉价的二手部件也能像昂贵的新部件那样发挥作用。

SpaceX还借用了其他行业的零部件。它没有使用昂贵的设备来制造舱门把手，而是采用了浴室隔间的门闩部件；它没有设计昂贵的定制版宇航员安全带，而是采用赛车安全带，后者更舒适也更便宜。SpaceX的第一枚火箭用自动取款机的同类计算机取代专业航天计算机，前者仅需5000美元，而后者高达100万美元。与宇宙飞船的总体成本相比，这些削减下来的成本似乎并不多，"当你把它们全部加起来的时候，成本就相差很大了。"马斯克说道。

这些廉价的部件中，有很多其实更加可靠，例如SpaceX火箭所使用的喷油嘴。绝大多数火箭引擎采用莲蓬头设计，靠多个喷嘴将燃料喷射到火箭的燃烧室，而SpaceX采用所谓的枢轴引擎，即只有一个喷嘴，看起来像花园里浇花用的软管喷嘴。这种喷嘴成本较低，也不太可能造成燃烧不稳定。要知道，燃烧不稳定可能会导致火箭科学家所称的"意外快速解体"，也就是大众所说的"爆炸"。

第一性原理思维方式促使SpaceX对火箭科学领域另一个根深蒂固的假设提出质疑。几十年来，绝大多数将宇宙飞船送入外层空间的火箭都无法重复使用。当它们将飞船送入轨道之后，就会坠入大海或在大气层燃烧，后续发射又要造一枚全新的火箭。这就相当于每次飞往宇宙的商业航班结束后，都将飞机烧掉。现代火箭的制造价格与波音737差不多，但乘坐737飞机要便宜得多，因为喷气式飞机可以反复执行飞行任务。

显然，该问题的解决方案就是让火箭也能同样反复使用。正因为如此，NASA的航天飞机零件是可以重复使用的。将航天飞机送入轨道的固体火箭助推器会从航天飞机分离，利用降落伞降落到大西洋，然后被回收并翻新。载有宇航员的轨道飞行器也在每次任务结束后飞回地球，重新用于执行未来的飞行任务。

为了使火箭具有可再用性，产生更大的经济效益，必须尽可能达到"快速"和"完整"这两个要求。"快速"意味着完成任务后的调查和翻修时间保持在最短水平。经过快速检查和加油之后，火箭应该能够马上起飞，就像飞机在一趟飞行结束后检查和加油一样。完整的可再用性则是指航天飞机所有零部件是可重复使用的，任何硬件都不会被丢弃。

但对于航天飞机来说，可再用性既不快速，也不完整，检查和翻修费用高得惊人，尤其考虑到航天飞机的飞行频率不高。航天飞机的检查、翻修和加油需要经过"120多万道不同流程"，花上好几个月的时间，而且成本超过建造一艘新的航天飞机。

如果用类比法进行推理，你会得出一个结论：重复使用航天飞机的想法是不可行的，它不适用于NASA，所以我们也用不上。但这种推理存在缺陷——反对重新使用航天飞机的理由源自单一的案例研究对象，即航天飞机本身。然而问题在于航天飞机本身，而非所有可重复使用的航天器。

火箭是分级的，多级火箭互相叠加在一起。SpaceX的"猎鹰9"号火箭共有两级。第一级是一段14层楼高的箭体，上面安装了9台引擎。第一级火箭使航天器脱离地心引力，从发射台升空，进入太空。然后，第一级箭体分离并脱落，第二级火箭接管飞行。第二级火箭只有一台引擎，它点火后继续推动航天器升空。第一级火箭是"猎鹰9"号最昂贵的部件，约占整个发射任务成本的70%，所以即使只有第一级火箭得以回收和有效再利用，也能节省大量资金。

但是，火箭的回收和再利用可不是一件容易的事情。第一级火箭必须与航天器分离，做一个直体后空翻，其中3台引擎点火以减缓速度，找到通往地球着陆点的路径，然后轻轻地把它的巨大箭体竖立在地面上。借用SpaceX一份新闻稿里的话，这一过程就像"在风暴中心让一根橡胶扫帚在你手上保持平衡"。

2015年12月，"猎鹰9"号一级火箭将航天器送入轨道后，成功完成了在坚硬地面上直立着陆的壮举。贝佐斯旗下的私营航天公司蓝色起源公司（Blue Origin）将它的"新谢泼德"号（New Shepard）火箭送入太空后，其可重复使用的助推级箭体也成功返回地球。从那时起，这两家公司都翻新和重复使用了许多回收后的火箭级，然后把它们重新送回太空，这些火箭级就像被授予合格证书的二手汽车。曾经的疯狂实验正在变成例行程序。

第一性原理思维方式所产生的创新，使蓝色起源和SpaceX大大降低了太空飞行成本。举个例子：SpaceX开始把NASA的宇航员送到国际空间站的时候，每次飞行要花费纳税人1.33亿美元，而过去发射航天飞机的成本为4.5亿美元，前者还不到后者的三分之一。

SpaceX和蓝色起源处于这样一种状态——他们是这个行业的新来者。新来者的优势在于可以挥洒创意，内部既不存在固有思想，也不存在确立已久的做法和遗留的传统。没有过去的束缚，他们可以把第一性原理作为火箭设计的驱动力。

我们绝大多数人享受不到这种优势，无可避免地会受到自身已知事物和先驱者经验的影响。逃避自己的设想是一件棘手的事，尤其是在我们无法察觉它们的情况下。

来自无形规则的阻力

作家伊丽莎白·吉尔伯特（Elizabeth Gilbert）讲述过一个关于伟大圣人的寓言。这位圣人带领他的信徒们冥想，但就在信徒们进入禅定之时，他们被一只猫打乱了。那只猫"在庙宇中穿行，时而喵喵叫着，时而发出咕噜声，干扰在场的所有人"。于是圣人想出了一个简单的解决办法：在冥想过程中，把猫绑在一根杆子上。这个解决方案很快就变成一种仪式，大家先把猫绑在杆子上，然后再开始冥想。

这只猫最终死了（自然老死），随之而来的是一场宗教危机。追随者们该怎么做？猫没有绑在杆子上，他们怎么可能冥想呢？

这个故事说明了我所谓的无形规则，即那些僵化成规则的不必要习惯和行为。无形规则不像有形的书面规则。书面规则出现在标准操作流程中，可以修改或删除。

正如我们在上文所看到的那样，成文的规则可能会抗拒变革，但无形规则却更加顽固。他们就像是沉默的杀手，在我们意识不到的情况下限制了我们的思维。它们把我们变成一只困在斯金纳箱（Skinner box）里的老鼠，一次次地按压同一根杠杆，只不过这个箱子是我们自己设计的，我们随时都可以冒险冲出去。我们完全有能力在没有猫的情况下冥想，但我们没有意识到这一点。

然后，我们为强加在自己身上的规则辩护，导致事情变得更糟。我们常说可以用不同的方式做事情，但我们的供应链、软件、预算、技能、教育背景还有其他一切一切，都不允许我们这样做。正如俗话说的那样，为自己的局限性辩解，就永远摆脱不了局限性。

阿兰·阿尔达（Alan Alda）曾说过："对事物的假设是你看待世界的窗口，每隔一段时间要把窗户擦亮，否则光线就照不进来了。"（这句名言常被误认为是阿西莫夫说的。）在你自己的世界里，什么是寓言中那只影响冥想的猫？过去哪些不必要的事物会蒙蔽你的思想，阻碍你的进步？有哪些事情仅仅因为你周围的人在做，所以你假设自己必须做？你有能力质疑这个假设，并用更好的东西取代它吗？

我们过去常常假设餐厅需要桌子、固定的厨房和实体店，而质疑这些假设之后，我们发明了快餐车。我们过去常常假设押金和实体店是录像租赁行业的必要条件，而质疑这些假设之后，奈飞（Netflix）横空出世。我们过去常常假设推出新产品需要银行贷款或风险资本的资助，而质疑这些假设之后，Kickstarter和Indiegogo这样的众筹平台脱颖而出。

可以肯定的是，你不能质疑自己在人生中所做的每一件事。惯例使我们摆脱了每天数以千计的决定，假如没有惯例的话，光是做这些决定就会让我们累得精疲力竭。举个例子，我每天午饭都吃同样的食物，沿同一条道路去上班。在时尚、音乐和室内设计方面，我经常采用类比法进行思考，并且复制别人的决定[我的客厅装修风格有克雷特—巴雷尔（Crate & Barrel）产品目录的既视感]。

换句话说，第一性原理思维方式应该用在最重要的地方。为了把聚集在你心灵窗口上的薄雾擦掉，并暴露出那些支配你人生的无形规则，请花一天时间质疑你心中的假设。针对每一个承诺、假设和预算项目，问问你自己：如果这不是真的，那又如何？我为什么要这样做？我能把它摒弃掉，或者用更好的事物取代它吗？

如果你发现自己有各种理由来维持某种事物的现状，请务必小心。"只要提出不止一个理由，你就是在尝试着说服自己去做些什么。"作家兼学者纳西姆·尼古拉斯·塔勒布（Nassim Nicholas Taleb）说道。

你要找到当前支持自己做某件事的证据，而非历史证据。许多无形规则是为了解决某些问题而制定的，可这些问题当下已经不再存在（就像寓言中的那只猫）。病原体离开很久之后，免疫反应仍然发挥作用。

揭露无形规则的最佳方式就是违反这些规则。倘若你觉得自己不可能登月，就去实现一次看似疯狂的想法；倘若你觉得自己不配加薪，就去要求上司给你加薪；倘若你认为自己得不到某份工作，就去大胆申请吧。

你会发现，就算没有那只猫，冥想也是有可能进行下去的。

第一性原理思维并不只是为了找到某种产品或实践做法（比如火箭

或冥想仪式）的基本组成部分，并创造出新的事物；你还可以借助这种思维方式寻找内心的"原材料"，打造出新的自己。相应地，这也要求你去冒险。

你为什么要去冒险

史蒂夫·马丁（Steve Martin）第一次表演单人脱口秀时，讲笑话有一种经过验证的公式。每个笑话都有它令人尴尬的笑点。下面是一个关于火箭科学的例子：

问：NASA是如何组织公司聚会的？

答：在行星上组织啊。

但马丁并不满足于标准公式。令他烦恼的是，一个笑点背后的笑声往往是自动发生的，就像巴甫洛夫（Pavlov）的狗听到铃声就会分泌唾液一样。每当喜剧演员抛出笑点，观众会本能地大笑起来。更重要的是，如果笑点没有引发大笑，喜剧演员就只能尴尬地站在那里，知道他的笑话失败了。马丁认为，对于喜剧演员和观众来说，笑点是一种糟糕的喜剧表演方式。

所以马丁回到第一性原理。他问自己：如果没有笑点会怎样？如果我制造了张力，却又从不释放张力，会有什么样的效果？他决定不迎合满足观众的期望，而是反其道而行之。他相信，不讲笑点，笑声会来得更加强烈。观众可以选择什么时候笑，而不会被某个噱头逗乐。

然后，马丁做了所有伟大火箭科学家所做的事情——他验证了自己的想法。有一天晚上，他走上舞台，对观众说，他要表演"鼻子贴麦克风"这个常规节目。他慢条斯理地把鼻子贴在麦克风上，退后一步，然后说："非常感谢大家。"

没有任何笑点。观众默不作声地坐着，对马丁不按传统喜剧套路表演感到震惊。可是，当观众领悟马丁的表演时，笑声便随之而来。用马丁的话来说，他的目标是让观众"无法描述什么让他们捧腹大笑"。换句话说，就像亲密朋友融入彼此间后，幽默感所产生的那种无助的眩晕状态，你必须在现场才能体会到。

对马丁的第一性原理方法，人们的最初反应是奚落。一位支持单人脱口秀传统表演方式的评论家写道："我们必须告诉这名所谓的'喜剧演员'，笑话应该有笑点。"另一位评论家形容买票看马丁的表演是"洛杉矶历史上最严重的错误"。

史上最严重的错误很快就变成了最有利可图的事情。观众和评论家终于明白了马丁的笑点，他也成为单人脱口秀界的传奇人物。

但后来，他做了一件令人难以想象的事情——马丁放弃了这份事业。

马丁意识到，作为一名单人喜剧演员，他已经做到了自己所能做的一切。如果继续干下去，他的喜剧创新将与现状相差不大。为了拯救他的艺术，马丁选择了放弃。

《加州靡情》（Californication）里的红辣椒乐队（Red Hot Chili Peppers）提醒我们，毁灭也孕育着创造。马丁的职业生涯非但没有凋谢，反而得以蓬勃发展。离开单人脱口秀行业之后，他参演了无数部电影，还录唱片、写书和写剧本。他获得了一座艾美奖、一座格莱美奖和一座美国喜剧奖的奖杯。在不同的舞台上，他不断地学习，抛弃已有成就，再重新学习。

马丁所做的事情难度有多大，我是有亲身体验的。当我第一次开博客和播客、冒险写学术性法律文章的时候，一位在法学院担任教授的好朋友警告我说："你正在毁掉你的学术地位。"

他的话让我想起了道纳·马尔科瓦（Dawna Markova）所写的一句诗："我选择去冒巨大的风险，只为了让我的人生像种子一样，迎来花朵绽放的下一刻。"当我们照镜子时，我们就是在给自己讲故事。这是一个关于我们是谁、我们不是谁、我们应该做什么和不应该做什么的故事。

我们告诉自己：我是一个严肃的学者，而严肃的学者不为公众发博客或播客。我们告诉自己：我是一名严肃的喜剧演员，而严肃的喜剧演员不会放弃自己蒸蒸日上的单人脱口秀事业。我们告诉自己：我是一位严肃的创业者，而严肃的创业者不会把自己的净资产投入到风险极大、几乎不可能成功的太空冒险领域中。

这样的说法存在某种确定性，让我们感受到重要和安全，让我们觉得自己很受欢迎。它把我们和上一辈的严肃学者、喜剧演员及创业者联系在一起。

但是，这样做就不是我们塑造故事，而是故事塑造了我们。随着时间的推移，故事成为我们的身份。我们不会改变故事，因为改变它意味着改变了我们的身份。我们害怕失去一切我们努力打造的事物，担心别人会笑话我们，害怕自己做傻事。

和其他所有人一样，关于你的意义的故事只是一个故事、一次叙事或者说一个传言而已。如果你不喜欢这个故事，你可以改变它。更好的是，你可以完全抛弃它，重新写一个故事。"为了脱胎换骨，向新的生命周期演变，一个人必须学会放弃。"作家阿娜伊斯·宁（Anais Nin）写道。

史蒂夫·乔布斯（Steve Jobs）就是在不情愿的情况下放弃的。1985年，他被迫离开了他与别人共同创立的苹果公司。尽管被免职时他很痛心，但回首这段往事时，乔布斯说这是"我人生的最佳经历"。被解雇后，乔布斯挣脱了个人成就扣在他身上的枷锁，被迫回到第一性原理。乔布斯说："成功的负重感被从头开始的轻松感所取代，使我进入了人生中最具创造力的时期之一。"他开启了创意之旅，先是创办了电脑公司NeXT，然后加入皮克斯（Pixar）公司，使这家电影公司规模达到数十亿美元，取得了巨大成功。然后，他于1997年回归苹果公司，发布了一系列革命性产品，比如iPod和iPhone。

我的朋友提醒我不要冒险进入畅销书写作领域，对于我来说，拒绝朋友善意的建议令我不安。在写作过程中，我时不时会产生巨大的怀疑，觉得自己找错人了，或者应该坚持走老路。但如果我那样做，你就看不到这本书了。

我们总有一种错觉，以为自己最重要，因而不采取行动改变自己。但不作为的风险其实要大得多，只有改变现状，我们才能到达想要去的地方。你必须"碳化和矿化，这样才能远离最后一丝自我"，作家亨利·米勒（Henry Miller）写道。

当你拿自己的重要性去冒险时，你不会改变原来的自己，反而会发现自我。当一切尘埃落定时，美丽的东西就会升腾而起。

有一家餐厅完全采用了这个想法。

破坏的艺术

2005年，厨师格兰特·阿卡茨（Grant Achatz）和他的生意伙伴尼克·科科纳斯（Nick Kokona）在芝加哥创立了阿利尼亚餐厅（Alinea），创造了全世界最佳的烹饪体验。阿卡茨说："我迫切地想向世界证明我可以料理好食物。"阿利尼亚的星星之火很快就照亮了美食界。餐厅主打的30多道菜式以一种被描述为"食用魔术表演"的体验取悦了客户，饕餮过后，它们继续在食客的脑海和味蕾中形成长时间共鸣。

阿利尼亚餐厅获得普遍的赞誉，领到了一家餐厅可以领到的所有奖项。2011年，它成为芝加哥头两家赢得米其林三星称号的餐厅之一，同时也是美国仅有的9家米其林三星餐厅之一。2015年，阿利尼亚餐厅开张10周年，这也是它最赚钱的一年。

庆祝活动正在紧锣密鼓地准备，但对于阿利尼亚来说，传统的聚会是不够的，科科纳斯想到了另一种类型的庆祝方式——破旧立新。

在一次采访中，科科纳斯回忆起他在一家著名餐厅就餐的经历。那顿晚餐很丰盛。但几年后他再次回到那家餐厅时，却感到非常失望。"同一个地方，同样的椅子，菜式也大致一样。为什么它这么差劲？是我的原因吗？我变了吗？或者世界正在改变？"当然，答案是两者兼而有之。

"如果你拥有一家成功的公司，要改变它其实会更难。"科科纳斯解释道，改变航向所需的惯性实在太强，尤其是在你处于行业佼佼者地位的时候，"很难做出渐进式改变，有时候你需要摧毁它，然后更好地重建它"。

科科纳斯和他的厨师合作伙伴阿卡茨将这句话牢记在心，他们对破坏产生了强烈的兴趣。他们决定大胆发挥创意，使餐厅从内到外脱胎换骨。阿利尼亚关门歇业了5个月，并花费上百万元资金对餐厅和菜单改头换面。这些变化使"阿利亚斯曾经那种无菌和严控氛围得以缓解，那种氛围让人感觉阿利亚斯餐厅是世界上最舒适的手术室"，一位美食评论家如此说道。改造后的新餐馆提供同样的美食，但同时也融入了大量乐趣和娱乐性。

美食家们称这家新餐馆是2.0版本的阿利亚斯。但是，科科纳斯和阿卡茨只是称它为阿利亚斯。餐厅已经过破坏和重建，但它的核心身份和创始人致力于运用第一性原理思维的做法一直保持不变。

重点在于，如果没有致力于正确的思维过程，破坏本身是不够的。"如果一间工厂被拆除了，但是建造工厂的合理性依旧存在，那这个合理性就会促使另一间工厂矗立起来。"罗伯特·皮尔西格（Robert Pirsig）在《禅与摩托车维修艺术》（*Zen and the Art of Motorcycle Maintenance*）中解释道，"如果一场革命摧毁了一个系统化的政府，但形成该政府的系统思维模式完好无损，那这些模式就会自我复制。"除非你改变了基本的思维模式，否则无论你破坏多少次，看到的都是同样结果。

要改变基本思维模式，需要聘请合适的员工。在面试潜在团队成员时，科科纳斯不想"聘请那些有20年餐饮行业工作经验的人"。太多经验会变成思维的包袱，阻碍第一性原理思维方式。科科纳斯担心，经验丰富的员工看一眼餐厅，心里就会想着白色的桌布。

如果你想改变一个行业，在行业外寻找人才是合理的做法。你会发现，行业外的人才不会被那些束缚思维的无形规则（比如白色桌布）蒙蔽双眼。在创立初期，SpaceX经常聘请来自汽车和手机行业的员工。这些领域技术更新速度很快，需要快速学习和适应，而这恰恰是第一性原理思考者的标志。

史蒂夫·马丁和阿利尼亚餐厅最了不起的地方在于，当他们成为行业翘楚的时候，他们却拿起一把大锤砸向自己。我们大多数人无法忍受马丁和阿利尼亚所做的事情，当事情进展顺利时，我们往往安于舒适的现状，而不是颠覆现状。

不过，回归第一性原理的过程比你想象的要容易得多。如果你无法使用真实的破碎球，可以试着想象自己手里有这样一种武器。

我像破碎球般闯入

肯尼思·弗雷泽（Kenneth Frazier）的故事具有典型的美国色彩。弗雷泽是一名看门人的儿子，他在费城的一个工薪阶层社区长大，一步步爬上人生的巅峰。他先后毕业于宾夕法尼亚大学和哈佛大学法学院，然后加入制药业巨头默克公司（Merck）担任顾问，最终成为该公司的首席执行官（CEO）。

与绝大多数企业高管一样，弗雷泽也希望在默克公司促进创新。但是，与大多数只要求员工创新的高管不同的是，弗雷泽要求他们做以前从未做过的事：摧毁默克公司。弗雷泽让公司高管扮演默克主要竞争对手的角色，想一些能够让默克破产的点子。然后，他们又调换角色，重新做回默克公司的员工，制定出能够避免这些威胁的战略。

这被称作"扼杀公司"演习。正如此次演习的策划者丽莎·博德尔（Lisa Bodell）所说的那样："要打造未来的企业，你必须改掉当下存在的坏习惯、陋习和禁忌。"这些习惯很难被打破，因为我们经常采用相同的内部观点。博德尔说，这就好比尝试着"对自己进行精神分析"。我们离自己的问题和弱点太近了，很难客观地对它们进行评估。

"扼杀公司"演习会迫使你改变观念，扮演对手的角色，对你公司的规则、习惯和流程不屑一顾。演习参与者必须运用第一性原理思维方式，使用新的神经通路，并想出超越陈词滥调的独特见解。说出"让我们跳出固有思维模式"是一回事，真正打破思想常规又是另外一回事，因为后者要从竞争对手的角度检验你的公司或产品，想方设法摧毁它。这种以公司之外的视角来观察自身弱点的方法使用我们意识到，我们可能到了火烧眉毛的时候，变革的紧迫性显而易见。

美军也在军事演习中采用某种版本的"扼杀公司"演习，即所谓的"红队测试"（red-teaming），这是"冷战"时遗留下来的词。在模拟战争中，红队扮演敌人的角色，想方设法破坏蓝队的任务。红队会暴露出蓝队在计划和任务执行过程中的缺陷，促使其在任务开始之前解决问题。"红队测试"培训官帕特里克·利内维格（Patrick Lieneweg）少校告诉我，这个过程在另一种军事等级环境中起到了减轻群体思维的作用,"它挑战主流观念,测试假想情况,提出关键问题,有效提高了思维品质"。

贝佐斯在亚马逊也采取了类似做法。当电子书开始对亚马逊的实体图书业务构成威胁时,贝佐斯接受了这一挑战,而不是回避它。他告诉一位同事,"我希望你一往无前,就好像你的使命是让每个卖书的人失业一样",也包括让亚马逊本身卖不出书。这个演习形成的商业模式最终把亚马逊推向了电子书市场的顶峰。

我曾把某种版本的"扼杀公司"演习运用到我的法学院课堂。在我的独裁主义政权课程上,我会告诉学生,现代独裁者是如何放弃他们的前辈所实施的公开镇压策略的。如今的独裁者往往通过民主选举上台,然后通过看似合法的手段削弱民主。他们以民主为幌子,隐藏独裁主义策略。尽管我会提醒我的学生,没有哪个国家能够免受这些隐秘独裁主义威胁的影响,就连美国也不能免俗,但我感觉到,这些讲座从未真正引起过共鸣。我的学生们认为,独裁主义只发生在落后、遥远的土地上,在一些腐败无能的国度。

所以,我决定不按常理出牌。

我扔掉了我的讲稿,要求学生们做一个思想实验:扮演一个有抱负的独裁者角色,想出摧毁美国民主的方法;随后再要求他们变换角色,制定出能够防范最严重威胁的措施。

原理是这样的:当我们抽象地谈论如何保护民主时,做这件事的紧迫性还不够强,毕竟美国的民主制度已经显示出极大的适应力。但是当我们站在独裁者的立场上,真正制定出摧毁民主的策略时,制度中的弱点就会暴露出来。只有当我们意识到制度的脆弱性时,才能认识到保护它的必要性。

"扼杀公司"演习并不仅仅适用于特大型企业或法学院课堂。在日常生活当中,你也可以运用不同版本的演习方式,提出以下问题:

- 为什么我的老板会让我升职?
- 为什么这位准雇主不聘用我的做法是合理的?
- 为什么客户从竞争对手那里购买产品的决定是正确的?

回答这些问题时,千万不要像在参加一场可怕的面试。"请告诉我你的弱点"这样的问题往往会引起自吹自擂(比如回答:"我工作太过努力了。")。相反,站在别人的立场上,想象对方可能会拒绝你升职,拒绝聘请你,或者从你的竞争对手那里购买产品。问问你自己:他们为什么会做出这样的选择?

不是因为他们愚蠢,不是因为他们是错的、你是对的,而是因为他们看到了你没看到的东西,或者坚信某种你不相信的东西。你无法用千篇一律的答案来改变他们的世界观或信仰。一旦你能很好地回答这些问题,那就可以转换观点,找到方法来防御这些潜在的威胁。

但是,你并不永远需要一个真实或假设的破碎球才能回归第一性原理。有时候,一把"剃刀"足以完成使命。

奥卡姆剃刀

据传,NASA用了10年时间,花费数百万美元开发了一款圆珠笔,它能在零重力和极端温度环境下工作。苏联人则在太空中使用铅笔。

这个关于"书写工具"的故事纯属虚构。铅笔尖容易断掉,碎屑会进入角落和裂缝里。在地球上,这可能问题不大,但在宇宙飞船上就有问题了。断掉的铅笔尖可能会进入关乎任务成败的设备中,或者四处飘浮,进入宇航员的眼球。

但这个虚构故事的寓意依然成立。正如爱因斯坦所说的那样,一切事物都应该"尽可能简洁",这就是所谓的奥卡姆剃刀原理。我承认,这叫法听起来很不吉利。就像是一部廉价的深夜恐怖电影,但实际上,它是以14世纪来自奥卡姆的哲学家威廉的名字命名的一个心理模型。该模型通常被表述为一条规则:用最简单的问题解决,才是正确的方案。

巧的是,这种通俗描述是错误的。奥卡姆剃须刀原理是一种指导原则,而非必须遵守的规则。它想表达的也并非不惜一切代价追求简单事物,相反,它只是对简单事物的一种偏爱而已,其他所有事物都是平等的。卡尔·萨根说得没错:"当你面对两个同样能用数据解释清楚的假设时,那就应该选择较简单的假设。"换句话说,"当你听到蹄声响起时,应该立刻想到马,而不是独角兽"。

冗杂的事物往往会妨碍第一性思维,而奥卡姆剃刀的作用就是去除冗杂。最优雅的理论建立在最少的假设之上。火箭科学家大卫·穆里(David Murray)写道,最优雅的解决方案"采用最少元素来解决最大数量的问题"。

简单的事物是最复杂的,例如,牛顿运动定律就如诗歌般简约。以他的第三定律为例:物体间的作用力和反作用力相等。在人类实现飞行的几个世纪前,这个简单的定律就解释了火箭是如何进入太空的——随着火箭的燃料质量减少,箭体升入太空。

"我们对某种事物的了解越深,"彼得·阿蒂亚(Peter Attia)向我解释道,"它就变得越不那么复杂。这是理查德·费曼的经典教义。"阿蒂亚曾是一名机械工程师,后来转行做了医生,并成为延长人类自然寿命和健康寿命领域的专家。他说,如果你在看医学方面的科研论文,"会看到作者用一些类似于'多层面的''多因素的''复杂的'词语来解释他们当下对该课题的理解",这时他们要表达的基本意思是,"我们还不完全了解自己在谈论的东西"。但是,当我们真正了解某种疾病或流行病的成因时,"它往往会很简单,而且不是多因素造成的"。

简单事物的失效点也较少,复杂事物更容易失效。这一原则既适用于火箭科学,也适用于商业、计算机编程和人际关系。每当你把某个系统变得复杂时,就给它多增加了一层失败的可能性。正如"阿波罗8"号的安全主管所说的那样,这艘飞船有560万个部件,"即使其中99.9%的部件可靠运行,也还有5600个部件是存在缺陷的"。

简约化还能降低成本。"宇宙神5"号(Atlas V)火箭将包括军用卫星和火星探测器在内的许多物体送入太空,它使用了多达三种类型的发动机,这些发动机用于飞行任务的不同阶段。这种复杂设计增加了开支。"大致来讲,工厂成本和所有运营成本都增加了两倍。"马斯克解释说。

相比之下,SpaceX的"猎鹰9"号配备了两个具有相同直径的火箭级,它们的发动机也是完全一样的,都用相同的铝—锂合金制造。这种简约设计能让人们以较低成本实现大批量生产,同时也提高了发动机的可靠性。更重要的是,与其他垂直化组装火箭(即组装地与发射地在同一位置)的航空航天公司不同,SpaceX是水平化组装火箭的。这种组装方式使得SpaceX可以使用常规仓库,而无须建造一座"摩天大楼",更不用说建筑工人悬挂在18米的高空所带来的安全问题了。"我们所做的每一个决定都考虑到了简单性……如果能够减少部件数量,那出故障的部件就会更少,需要购买的部件也就更少。"马斯克说。

俄罗斯人对用于向国际空间站运送船员和货物的"联盟"号(Soyuz)运载火箭采用了类似的办法。宇航员克里斯·哈德菲尔德写道,"联盟"号被认为比NASA的航天飞机更可靠。部分原因在于它"操作起来要简单得多"。另一名宇航员保罗·内斯波利(Paolo Nespoli)则是这样说的:"我们可以从俄罗斯人身上学到很多东西。有时候,做得越少越好。"

无论是火箭、企业还是你的简历,任何系统中的"杂音"都会降低其价值。人们总抵抗不住诱惑，想增加更多东西，但是积木塔堆得越高，它就越容易倒。"任何一个看似聪明的笨蛋都能够把事情搞得更大、更复杂，"经济学家E.F.舒马赫（E. F. Schumacher）引用了一句常被人们误解的爱因斯坦名言，"可反其道而行之则需要一些天分和很大勇气。"

在火箭科学领域，33岁的航空航天初创企业Accion创始人兼CEO纳塔利亚·贝利（Natalya Bailey）正是反其道而行之的先锋人物。贝利出生在美国俄勒冈州纽伯格市，小时候，她总是躺在家外面的一张蹦床上，凝视着夜空的星星。有一次在一群常见的闪烁的星星中，贝利发现一些亮光在天空中缓慢移动。后来她了解到，那些是燃料耗尽的火箭级。贝利告诉我："这让我大开眼界。"

那个躺在蹦床上看星星的小姑娘，最终决定攻读航空航天工程学士学位和航空推进技术博士学位。在受教育期间，她对使用电能作为动力的火箭产生了兴趣。贝利告诉我："所有火箭的工作原理都是一样的，即扔掉某些东西，作为飞船向前推进的动力。"她指的是运用牛顿第三运动定律。对于传统化学燃料火箭来说，那种东西就是燃烧的气体。但对于以电力发动机作为动力的火箭来说，这种东西则是离子——带电荷的分子。

化学燃料火箭能顺利地将航天器送入轨道，因为它们可以迅速产生大量推力。相比之下，电力推进的速度要慢得多，但它的节能效果是化学燃料的10~100倍。电能用起来也更安全，因为它无须使用有毒的推进剂或高压罐。作为博士论文的一部分，贝利开始设计微型电推进发动机。这项研究成为她和别人共同创立的航空航天公司Accion的基础，该公司名取自《哈利·波特》（Harry Potter）系列中的一种觉醒魔法。

卫星被送入轨道后，Accion的发动机就被点燃。发动机的尺寸有一副纸牌那么大，可以推动像冰箱一样大的卫星，使飘浮着的卫星绕轨道移动。配备了这些发动机的卫星可以在轨道上停留更长时间，避免与环绕地球的近18000块人造碎片和垃圾相撞。这项技术还有可能有助于将宇宙飞船推进到其他行星。有了Accion的技术,只要宇宙飞船进入地球轨道,你就可以用鞋盒大小的发动机和燃料系统——而不是巨大的燃料箱,把它带到火星。

贝利就像她的火箭发动机,谦逊且低调,但有着巨大冲击力。SpaceX和蓝色起源公司专注于研发火箭发动机,而贝利和她的团队专注于研发那些火箭带入太空的卫星的发动机。

这些例子表明,简单的事物也可以很强大,但不要把"简单"和"容易"混为一谈。正如许多杰出人物的名言所说的:"如果我的时间更充裕些,我会写一封更加言简意赅的信件。"我们钦佩牛顿定律和Accion发动机的简单,但我们没有看到,这些科学家们付出了巨大努力,才达到去繁从简的境界。

物理学有一种方法,能够迫使火箭科学家采用奥卡姆剃刀原理。在航天器设计中,重量和空间是两项重要指标。航天器越重,设计和发射成本就越高。火箭科学家们要不断地问自己:我们如何才能把这个部件放到那个部件里面去呢?他们把多余的东西去掉,将系统简化到无法再简化的最小值,在不影响任务的情况下使一切尽可能简单,从而实现部件之间的完美契合。

如果你想振翅高飞,就得把身上的重物扔掉。我们可以再次从阿利尼亚餐厅那里获得一些线索。阿卡茨说,他和科科纳斯开这家餐馆的时候,"采用了很多创新手段,其中之一就是看着菜单或摆在我们面前的一道菜,然后问自己:'就这样了?我们还能做些什么?我们还能加点什么东西,把这道菜变得更美味?'"但是随着时间的推移,他们改变了做法。"现在,"阿卡茨说道,"我们不断问自己:'我们能减少些什么?'"米开朗基罗(Michelangelo)也是以同样方式从事雕塑的,正如他所说的,"雕塑家的最高境界就是去掉多余的东西"。

为自己描绘一幅关于未来的生动图画，把画板上多余的东西抹去。这幅画长什么样？就像一位富有创新精神的CEO所做的那样，问问你自己："如果你还没有聘请这名员工，没有安装这台设备，没有实施这套流程，没有买下这家公司，或者没有推行这一策略，你今天还会做同样的事吗？"

就像所有锋利物体一样，奥卡姆剃刀有利也有弊。在某些情况下，复杂的解决方案会带来更理想的结果。面对一些微妙和复杂情况时，千万不要用奥卡姆剃刀理论来印证人类对简单性的渴望。H.L.门肯（H. L. Mencken）提醒我们，切勿把简单的解决方案与"简洁、貌似有道理却错误"的解决方案混为一谈。即便你追求简单，也要对那些使事物复杂化的新事实持开放态度。正如英国数学家兼哲学家阿尔弗雷德·诺斯·怀特海（Alfred North Whitehead）所说的那样："力求简单，但切勿迷信之。"

削减是为了保持整体，减少是为了增加，约束是为了释放。

削减就是回到原点去寻找初心，其作用在于提醒你：你所需要的东西并不在竞争对手的方案或偶像的人生故事中等着被你发现——其实你已经找到它了。

回到第一性原理，意味着减少那些扰乱思维的假设和过程。而一旦做到这点，那就是时候释放你的思想了，这是你可以支配的最复杂、最具创新性的工具。

请访问网页ozanvarol.com/rocket，查找工作表、挑战和练习，以帮助你实施本章讨论过的策略。

第3章 发挥你的想象力
借助思想实验实现突破

> 当我审视自己和我的思维方式时,我得出了一个结论:天生的想象力对于我来说的意义大于积极吸收知识的能力。
>
> ——阿尔伯特·爱因斯坦

如果我追逐一束光,结果将会怎样?16岁那年,阿尔伯特·爱因斯坦开始思考这个问题,而此前,他刚从一所强调死记硬背、缺乏想象力、扼杀创造性思维的德国学校辍学。爱因斯坦的下一个求学目的地是一所崇尚改革的瑞士学校,该校以约翰·海因里希·裴斯泰洛齐(Johann Heinrich Pestalozzi)的教学原则创立,他倡导通过可视化手段学习。

到了学校后,爱因斯坦把裴斯泰洛齐的教学原则付诸实践,想象自己追逐一束光。他认为,如果他能够追上那束光,就可以看到一条静止的光束。该想法与麦克斯韦关于电磁场振荡的方程式相矛盾,造成爱因斯坦自称的"精神紧张状态"。这种状态持续了10年时间,最终催生了狭义相对论。

后来,爱因斯坦又想到了另一个问题:一个在封闭房间里自由落体的人是否能感受到自己的重量?正是这个问题,产生了广义相对论。

这个问题后来被爱因斯坦称为"我这辈子最快乐的想法",那是他在瑞士专利局的办公桌旁做白日梦时想到的。作为专利局办事员，爱因斯坦培养了自己的想象能力。他的工作是评估专利申请，这要求他能够想象每项发明在实践中的运作方式。在这项新的思想实验中，他得出结论：那个自由落体的人感受不到自己的体重，反而会认为自己是在零重力环境中飘浮。这个结论反过来让他有了另一个重大发现：自由落体时重力加速度和下降加速度是相同的。

爱因斯坦几乎把他所有的重要成就归功于这些思想实验。在有生之年，他想象出了诸多场景，比如"雷击和移动的火车，加速的电梯和坠落的油漆工，失明的甲壳虫在弯曲的树枝上爬行"，等等。爱因斯坦充分发挥自己的想象力，颠覆了根深蒂固的物理假设，巩固了自己作为公众理想中最受欢迎的科学人物之一的形象。

这章讲述的是思想实验的力量。你会发现激发创造力的关键为何是不作为，发现绝大多数工作环境如何破坏人们的创造力而非促进创造力。你会了解到，为什么要将苹果和橘子进行比较，什么使牛顿成为校园里最不受欢迎的教授。我会告诉你，一名8岁小孩提出的一个简单问题是如何使一位作家身价达10亿美元的，而一款革命性的跑鞋和一首有史以来最伟大的摇滚歌曲之一，有哪些共同之处。在这过程中，你会认识一些科学家、音乐家和创业者，他们采用一种叫组合游戏的技巧来创作突破性作品，你还将学会如何把该技巧运用到你自己的生活中。

思想实验室

在流行文化中，思想实验与爱因斯坦密切相关，但实际上，思想实验至少可以追溯到古希腊时期。从那时起，它们就跨越各个学科，在哲学、物理学、生物学、经济学等领域取得重大突破。它们为火箭提供动力，推翻政府，发展进化生物学，解开宇宙的奥秘，创造出富有革新精神的企业。

思想实验构建了一个平行宇宙，在这个宇宙中，事物的工作原理截然不同。正如哲学家肯德尔·瓦尔顿（Kendall Walton）所说的那样，思想实验要求我们"想象特定的虚构世界作为某种情景设置。当你运行、执行或只是想象它们时，就会产生特定的结果"。通过思想实验，我们把日常思维置之度外，从现实生活的被动观察者变成主动干预者。

假如大脑有一条尾巴，那么思想实验就能让它摇摆起来。

思想实验既没有精确的流程，也没有可以复制的秘诀。公式和规则与第一性原理思维相对立，所以每一种经过精心设计的思想实验都是独一无二的。在这一章中，我将帮助读者为进行思想实验创造合适的条件，但我的本意旨在引导，而非加以限制。

一说起科学家，我们脑海里往往会出现那些穿着实验室制服的人，他们智力超群，在荧光灯照亮的实验室里透过最先进的显微镜观察事物。但对于许多科学家来说，思想实验室远比现实世界的实验室更重要。火箭将航天器发射升空，而同样的，思想实验能够"引爆"我们的神经元。

以著名的塞尔维亚裔美国发明家尼古拉·特斯拉（Nikola Tesla）为例。他的思想实验强化了他的想象力，产生了如今为我们的生活提供动力的交流电系统。特斯拉在他脑海里发明和测试新事物。"在纸上画出草图之前，整个想法会在我脑海里运转一遍。"他说，"我不急于着手具体工作。当我有一个想法时，我马上依靠想象力把它塑造成型，然后在脑海中改变装置的结构，加以完善，并将设备操作一遍。是在脑海中运行涡轮机还是在店里实际测试它，对我来说完全不重要。"

莱昂纳多·达·芬奇（Leonardo da Vinci）也做过同样事情。众所周知，他用笔记本进行思想实验，以素描的方式画出从飞行器到教堂等各种工程设计图案。这个设计过程是在脑海中完成的，而非实际建造出来。

下面这句话听起来有点令人震惊：我们只要思考，就能取得突破性的成就，不用上谷歌搜索信息，不用看励志类书籍，不用求助讨论组或民意调查，无须从自封的人生导师或收费高昂的顾问那里寻求建议，更无须抄袭竞争对手。这种从外部寻求答案的做法阻碍了第一性原理思维，因为这种做法使我们更关注事物当前的状态，而不是它们未来的可能性。

思想实验把这种向外寻求答案的做法内在化，即只向你自己和你的想象力寻求答案。爱因斯坦说过："纯粹的思想可以掌控现实。"思想可以反驳某种论点，说明为何有些东西管用，有些东西不管用，并照亮前进的道路——所有这些都无须进行任何真正的实验。

我们来思考下一个例子：在一个没有空气阻力的世界里，如果你同时从同样的高度扔下一个比较重的保龄球和一个比较轻的篮球，哪个球会首先触地？亚里士多德认为，较重的物体会比较轻物体下落得更快。该理论延续了两千年，直至一位名叫伽利略·伽利雷（Galileo Galilei）的意大利科学家登上历史舞台。伽利略生在一个墨守成规的时代，他与那个世界格格不入。他对不同学科的专制教条提出了挑战，其中以他倡导的"太阳中心说"最为著名。该学说认为，太阳系的中心是太阳，而非地球。

伽利略也挑战了亚里士多德的理论。伽利略认为，加速度不会随着质量的增加而增加。于是，他爬上比萨斜塔的顶端，扔下两个不同重量的物体。当两个物体同时触地时，他高兴地笑了起来，取笑亚里士多德。

实际上，他并没有这样做。

事实证明，这一幕完全是最早期的伽利略传记作者编造的虚构故事。当代绝大多数历史学家认为，伽利略只是做了思想实验，并没有真的去比萨斜塔扔东西。他想象一枚很重的炮弹和一颗较轻的火枪子弹被绑在一起，形成一个复合系统，同时掉落地面。如果亚里士多德的理论是正确的，那么，这个复合系统的下坠速度比炮弹要快，因为前者的重量更大。但是，这也意味着复合系统中重量较轻的火枪子弹应该比较重的炮弹下坠得慢。换句话说，如果亚里士多德的理论是正确的，较轻的火枪子弹应该会成为复合系统下坠的阻力，导致其下降速度低于较重的炮弹。

这两种假设都不可能是正确的，因为复合系统的下坠速度不可能在比炮弹快的同时又比它慢。该思想实验表明亚里士多德的理论存在前后矛盾之处，可以被取代。通过思想实验，我们可以不花分文就废除一种备受尊崇的理论，为新的理论腾出空间。

几个世纪后，伽利略的思想实验被应用在月球上。1971年，在"阿波罗15"号执行任务期间，宇航员大卫·斯科特（David Scott）站在月球表面，从同一高度扔下了一把锤子和一根羽毛。两者以相同的速度下坠，同时触碰月球表面。官方的科学报告称这一结果是"令人欣慰的"，原因在于"观看此次实验的人数及宇航员归途顺利与否，完全取决于该理论的有效性"。

在所有思想实验中，好奇心都是最重要的。好奇心促使伽利略进行思想实验，更促使斯科特在月球表面检验其有效性。然而对于普罗大众来说，好奇心不是一种伟大的美德，而是一种致命的恶习。

好奇心杀死了薛定谔的猫

猫能否同时处于生死叠加的状态？这是奥地利物理学家埃尔温·薛定谔（Erwin Schrödinger）通过一项著名的思想实验提出的问题。他做这个实验的目标是扩展量子力学所谓"哥本哈根诠释"的范围。根据哥本哈根诠释的说法，量子粒子（比如原子）存在于不同状态的组合或叠加中。换言之，量子粒子既可以同时处于两种状态，也可以同时处于两种位置。只有当有人观察到粒子时，它才会变成许多可能的状态之一。

薛定谔将哥本哈根诠释应用在一只猫的身上。在他的思想实验中，一只猫被放置在一个密封的盒子里，里面装着一小瓶有毒的放射性物质，当放射性物质开始衰变时，就会随即释放出来。如果你相信哥本哈根诠释的话，在盒子打开之前，猫就处于一种生死叠加的状态。只有当有人打开盒子时，猫才会呈现生或死的状态。

当然，该结果是完全反常的，但它恰恰是施罗德格思想实验的重点——以走逻辑极端的方式来反驳和挑衅哥本哈根诠释，从而证明其不合理。

但是，这个思想实验还产生了另一个结论：杀死猫的不是毒药，而是好奇心。多管闲事者打开盒子，想看看里面到底有什么，就像孩子在圣诞节前的晚上偷偷打开礼物一样，正是这种行为杀死了猫。

在英语中，有一个成语专门用来表述这个观点：好奇心杀死了猫。俄罗斯人的说法则更具戏剧张力："好奇的芭芭拉在市集上被人撕掉了鼻子。"

根据维基百科，这些成语是"用来提醒人们，不必要的调查或实验存在危险"。无论是对于猫还是对于俄罗斯市场的参与者来说，好奇心都是令人讨厌或极为不便的。那些问问题或提出思想实验的人不满足于现状，他们不仅是讨厌的捣蛋鬼，而且极其危险。正如好莱坞著名制片人布莱恩·格雷泽（Brian Grazer）及其合著者查尔斯·菲什曼（Charles Fishman）在《压榨式提问》（*A Curious Mind: The Secret to a Bigger Life*）所写的那样："有些小孩张口就问：为什么天空是蓝色的？这种孩子长大后，会问更多具有破坏性的问题，比如：为什么我是农奴，而你是国王？太阳真的绕地球转吗？为什么黑皮肤的人是奴隶，而白皮肤的人能够做他们的主人？"

我们之所以不鼓励好奇心，另一个原因在于这需要承认自己无知。若我们问一个问题，或者提出一个思想实验，就意味着我们不知道答案，所以我们很少有人愿意这样做。由于担心别人觉得我们很蠢，我们认为大多数问题简直太简单了，不值得去问，于是就不做这件事。

更重要的是，在这个"快速行动、打破一切"的时代，好奇心似乎是一种不必要的奢侈品。随着"清空收件箱"思潮的兴起，以及人们专注于喧嚣的生活节奏和执行力，效率似乎才是答案。它照亮了前进的道路，让我们明白人生匆匆，要赶紧做待做清单里的下一件事情。另一方面，提问题是极其低效的。如果它们无法立刻产生答案，就不太可能在我们已经过度繁忙的日程表中占据一席之地。

我们顶多在口头上鼓励好奇心，但在实践中却反其道而行之。企业设立"创造力日"来促进创新，组织的活动包括内部员工进行幻灯片演讲、高价请外部演讲者演讲等。但在接下来的364天里，一切恢复如常。员工会因墨守成规而得到奖励，那些对原有流程提出质疑的人反而不受重视。有人对16个行业的员工进行了一项调研，结果发现，"尽管65%的人说好奇心是产生新创意的必要条件，但几乎相同比例的人觉得自己无法在工作中提出问题"。在同一项调研中，虽然84%的受访者说他们的雇主书面上鼓励员工保持好奇心，但60%的员工在实践中遭遇障碍。

我们没有把好奇心变成常态，而是等到危机来临时才变得好奇。只有在被解雇时，我们才开始思考其他职业规划；只有我们的企业被一位年轻、斗志昂扬、充满渴望的竞争对手扰乱时，我们才会把员工召集起来，花几个小时做些"创造性思考"，但这样做只是徒劳。

为了寻找答案，我们依赖相同的方法、同样的头脑风暴法和同样陈旧的神经通路。难怪，由此产生的创新根本不是创新，它们充其量只是稍微偏离现状罢了。看看历史上那些被自身臃肿结构压垮的巨型企业或官僚机构，你就会发现，它们其实都缺乏好奇心。

对结果的恐惧是我们逃避好奇心的另一个原因。当我们害怕可能看到的结果时，就不会问一些棘手的问题（正因为如此，人们不愿意看医生，因为他们害怕诊断结果）。更糟糕的是，我们担心自己可能根本找不到任何结果，也就是我们的求索毫无结果。这会把整个思想实验变成对时间的巨大浪费。

我们还认为，思想实验需要做复杂的思想训练或者靠天赐的灵感。我们告诉自己，如果这个问题值得问的话，某个比我们聪明得多的人一定早就问过了。

但是天才并不垄断思想实验——没有被选择的少数。你不需要拥有像爱因斯坦那样仿佛通了电的乱糟糟卷发，就可以进行思想实验。你可能没有意识到，但是我们都是实验者，这些实验都潜伏在我们的潜意识中。

调查和实验看似不必要，可它们恰恰是领悟事物真谛所需的。乔治·萧伯纳曾说过："很少有人一年思考两三次以上。我每周思考一两次，就在国际上赢得了声誉。"萧伯纳知道，忙碌和创造力是彼此对立的，你不可能在清空收件箱的同时产生突破性想法。你得未雨绸缪，现在就变得好奇起来，而不是在危机不可避免地出现的时候。

好奇心也许杀死了薛定谔的猫，但它也许也能救你一命。

终身幼儿园

"为什么我现在看不到这张照片？" 1943年，埃德温·兰德（Edwin Land）和他的家人一起在美国新墨西哥州的圣达菲度假。兰德是宝丽来公司（Polaroid）的联合创始人，也是一位摄影爱好者，当时他给自己3岁的女儿詹妮弗拍了照。那时候，即时显影照相技术还没有面世，底片必须在一个暗室里进行制作和处理，然后人们才能见到成品，这一周期耗时几天。按流行的说法，詹妮弗问了他父亲一个问题，彻底改变了照相技术的面貌。尽管关于到底发生了什么，现在这个故事也有不同说法。

"为什么我现在看不到这张照片？"兰德把女儿的疑问牢记在心。但是，他面临着一个很大的约束因素：巨大的暗室无法装进一个小小的照相机里。他费了很大周折去思考这个问题，并最终进行了一次思想实验：如果相机里装有一个小储藏室，里面装着暗室里用来冲洗胶片的化学物质，会有什么效果？这些化学物质分散在一张负片上，并释放到正片乳胶层，最终形成图像。

兰德花了几年时间完善这项技术，思想实验最终引领他发明了即时摄影技术。有了这项新技术，从按下快门到拿到一张照片，只需几秒钟时间，而不是几天。

虽然对于大多数成年人来说，思想实验不会自然而然地发生，但我们在孩提时代就掌握了这项技能。在世界用事实、备忘录和正确答案把我们塞满之前，我们被真正的好奇心所打动。我们怀着敬畏之心凝视着这个世界，不会把任何事情视为理所当然。我们无忧无虑，不知道所谓的社会规则，把世界看作我们的思想实验对象。我们对待生活的态度不是假设我们知道（或应该知道）答案，而是表现出学习、实验和吸收的欲望。

我最喜欢的一个例子就是：在幼儿园里，孩子们专心画画，一位老师在教室里四处走动，检查孩子的画作。"你在画什么？"他问一个学生。那个女孩回答说："我在画上帝。"老师深感震惊，因为幼儿园的标准课程并没有教孩子们画上帝。他说："但没人知道上帝长什么样啊。"女孩回答说："他们一会儿就知道了。"

孩子们凭直觉掌握了一个大多数成年人无法理解的宇宙真理：世间

一切都只是游戏，一场宏大且奇妙的游戏。在儿童流行读物《哈罗德的紫色蜡笔》（*Harold and the Purple Crayon*）中，4岁的主人公具有通过画画来创造事物的能力。前方没有道路时，他就画一条路；没有月亮照亮道路时，他就画一个月亮；没有树可爬时，他就画一棵苹果树。在整个故事中，他的想象力创造了事物。

思想实验就是你自己的现实扭曲力场，你自己选择的冒险游戏，你的紫色蜡笔。

紫色蜡笔是爱因斯坦最喜欢的科学工具，甚至成年之后仍然随身携带着它。正如他给一位朋友写信时说的那样："在巨大的奥秘面前，你我永远表现得像充满好奇心的孩子。"几个世纪前，据说艾萨克·牛顿曾形容自己就像"在海边玩耍的孩子……而展现在我面前的是完全未探明的真理之海"。

虽然爱因斯坦和牛顿保住了孩子般的好奇心，但大多数人却失去了它。我们墨守成规的教育制度旨在培育大量产业工人，承担部分责任（正如"没有人知道上帝长什么样"）。我们天生的好奇心也被忙碌、善意的父母所抑制，他们认为一切重要事项皆有定论。可想而知，一位父亲遇到埃德温·兰德这种情况时，会恼羞成怒，斥责女儿的问题太过荒谬，对女儿说："耐心点，詹妮弗！等会儿照片就好了。"又或者，一位忙碌的母亲忽略了16岁的爱因斯坦的追光实验所体现的天赋，对儿子说："回你的房间去，阿尔伯特，别在这儿疯言疯语。"

随着时间的推移，我们进入成年，助学贷款和房贷压力加大，我们的好奇心被自满所取代。我们把聪明的冲动视为美德，而把顽皮的冲动视为恶习。

但是，顽皮和聪明应该是互补的，而非相互对立。换一种说法，顽皮可以成为通往聪明的入口。詹姆斯·马奇（James March）在他的开创性文章《愚蠢的技术》（*The Technology of Foolishness*）中写道：

"顽皮是一种故意暂时放宽规则的做法，以探索制定其他规则的可能性。"他认为，个人和组织"需要不带任何充分理由的做事方式，这种做法方式不常用得上，一般情况下也不会用得上，但有时用得上"。只有对自己的信仰采取一种游戏的态度，我们才能挑战和改变它们。

在"思想实验"一词中，关键字是"实验"，这样的组合应该可以降低风险。思想实验在你头脑的受控环境中建立了一个沙盘，如果实验失败，什么坏事都不会发生，也没有附带损伤或溢出效应。在实验初期，你不是为了完成实验，更不用对实验加以完善，所以你不太可能被自己的假设、偏见和恐惧感束缚。

重拾孩子般的好奇心可以提高创造力，有大量的研究可以证明这一点。然而，若有人要求我们像孩子一样思考，这就像是命令我们在暴风雨中不被大雨淋湿。

好消息是，你完全可以重拾孩子般的好奇心，而无须重返童年或患上彼得潘综合征（Peter Pan syndrome）。唤起内心的童真并不难，就像假装自己是7岁小孩一样。这个建议听起来很奇怪，但却很实用。有人做了一项实验，请实验参与者把自己想象为拥有空闲时间的7岁小孩，结果发现，在关于创造性思维的客观测试中，他们的表现更加好。为此，致力于"将看似不同的研究领域进行非常规混合和匹配"的麻省理工学院媒体实验室（MIT Media Lab）设立了一个叫"终身幼儿园"的部门。

心灵比我们想象中更具可锻造性。如果我们假装生活是一个漫长的读幼儿园的过程，我们的心灵也可能会保持童真。

●

这个阶段，你可能会想：如果思想实验没有意义，如果它是一个更适合孩子玩的游戏，那做思想实验有什么用？如果思想实验做不了，那它和不切实际的幻想有何区别？

　　思想实验的目的不是找到"正确答案"，至少在实验初期不是为了找答案。它并不像你读高中时上的化学课，每次实验的结果都是预先确定的，没有为好奇心或意料之外的见解留下空间。如果没有得到正确的结果，你就只能留在实验室里摆弄试管和烧杯，而你的同学早就看电影去了。爱因斯坦进行思想实验的重点不是想出一种能够真正靠近光束的方法。相反，他的实验是为了开启一个不带任何先入之见的调查过程，这个过程可以时常带来出乎意料的深层次认识。

　　进行一场思想实验也能带来突破，即使这场实验产生不了任何结果。正如沃尔特·艾萨克森（Walter Isaacson）所写的那样，幻想可能是"通往现实的道路"。这有点像从纽约开车到夏威夷。不可能？没错。在遇到太平洋这一巨大阻隔之前，你会在旅途中发现深刻的新见解吗？绝对会。这场旅行的目的是帮助你摆脱"自动驾驶模式"，让你的头脑接受其他可能性。

　　记住，思想实验是起点而非终点，这个过程是杂乱无章的。正如我们在下一节中所看到的那样，答案通常会在你最不经意的时候出现。

多做点无聊的事情

　　我记不清上一次感到无聊是什么时候了。

　　我刚起床便抓起手机，把早上该看的消息通知翻一遍。正当我开始滚动阅读各类信息时，我突然领悟了一个真谛——我记不清上一次感到无聊是什么时候了。

　　"无聊"已经跟我的家庭录像机和邦乔维乐队的磁带一起，成为过往时光的纪念品。以前每天早上醒来，我就躺在床上，心不在焉地幻想一番，然后才重新回到现实当中，可这样的日子已经一去不复返了。在等待理发的时候，我不再转动拇指；在咖啡店排队等候的时候，我也不再与陌生人攀谈几句。

我对"无聊"的定义就是大量不受干扰的松散时间，并曾经对其避而远之。无聊能够唤起我们的回忆，让我们想起当初自己因为做白日梦而被老师惩罚。对于过去的我来说，无聊好比是一杯由焦躁、不耐烦和绝望勾兑而成的苦涩鸡尾酒。我曾经以为只有无聊的人才会感到无聊，所以我用各种各样的活动充实（不是"塞满"）自己的每一天、每一刻。

我知道，失去无聊感的人不止我一个。每天，我们切换着各种社交媒体，查看电子邮件，获取最新新闻，所有这些都在20分钟内完成。与无聊所带来的不确定性相比，我们更喜欢这些令我们分心的事物所带来的确定性（我不知道自己一个人的时候该干什么，而且我并不想找到这个问题的答案）。在2017年的一项调查中，大约有80%的美国人说他们没有花一丁点的时间去"放松或思考"。

在难得的宁静时刻，我们几乎总会产生内疚感。当消息通知发出100分贝的警报声以寻求注意时，我们就觉得非要偷偷地看它们一眼才行——这样我们就不会错过信息了。我们没有主动采取行动，而是花了大部分时间甚至大部分人生去做防御。我们用同样令人分心的事物来安慰自己，可它们最终使我们感觉更糟。

我们的反应好比火上浇油，而不是把火扑灭。我们发送的每一封邮件都会产生更多的电子邮件，每条Facebook信息和每条推文都给了我们一个再次使用应用软件（App）的理由。这是一种西西弗斯式的折磨——我们永无休止地将一块巨石推上不可能到达的山顶。

但与无聊相比，我们更喜欢这种折磨。在2014年的一项研究中，研究人员将大学生年龄的被试者安置在一个房间里，拿走了他们所有的物品，让他们自行其是，并告诉参与者花15分钟时间思考。那可是15分钟呀！正因为如此，研究人员给了那些互联网喂养大的被试者一个选择：如果愿意的话，为了避免晃神，他们可以按下一个按钮给自己来一下电击。在这项研究中，67%的男性和25%的女性选择电击自己，而非不受干扰地坐着思考（有一名参与者在15分钟内给了自己190次电击）。

这个想法真够"雷人"的。

换言之，"无聊"现在处于一种濒临绝种的状态，这并不是一个好趋势。如果没有无聊，我们的创造力就会因为没有派上用场而退化。"我们淹没于大量信息之中，与此同时，我们又渴望智慧。"生物学家E.O.威尔逊（E. O. Wilson）说。如果我们不花时间去思考，不停顿下来去理解和深思，就无法找到智慧或形成新的想法。最终，我们还是继续采用了首先进入脑海的解决方案或想法，而不是继续研究问题。但是，那些值得解决的问题是不会立即产生答案的。作家威廉·德雷谢维奇（William Deresiewicz）说过："首先进入脑海的想法永远不是最好的想法。最初的想法别人也能想到，它是我们经常听说的想法，往往属于传统思维。"

无聊时，我们似乎在浪费生命，但事实恰恰相反。在一项研究中，两位英国研究人员经过几十年的调查，得出一个结论，即无聊"应被视为一种合理的人类情感，它对于学习能力和创造力至关重要"。陷入无聊之后，我们的大脑不再对外部世界产生反应，而是听从内心感受。这种心态释放出我们已知的最复杂工具，把大脑从收敛模式转换为发散思维模式。当心灵开始漫游和做白日梦时，我们大脑中的默认模式网络便自动连接了起来，而一些研究表明，该网络在发挥创造力方面起关键作用。

俗话说得好，音符间的沉默造就了音乐。

艾萨克·牛顿曾经是校园里"最不受欢迎的教授"，因为"他会在演讲中途停下来思考创意,而且停顿时间可达好几分钟",而他的学生只能等待他回过神来。在停顿期间,似乎没有什么事情发生,但千万不要被表象欺骗。即使是在晃神的情况下,大脑仍处于活跃状态。"当你盯着看太空的时候,"亚历克斯·索勇—金·庞(Alex Soojung-Kim Pang)写道,"大脑消耗的能量只比你在解答微分方程时所消耗的能量略少一些。"

那么,全部能量都到哪里去了?你的思绪看似在毫无关联的主题之间漂移,但你的潜意识在勤奋工作、巩固记忆、建立关联、把新主题与旧主题结合起来,形成新的组合体。"潜意识"一词是对我们部分大脑的侮辱,因为这部分做了大量的幕后工作。

当我们坐着不动的时候,就像一根能够吸引想法的磁力棒。正因为如此,人们经常用"顿悟""灵光一闪"或"神来之笔"这样的词语来形容"尤里卡"(eureka)时刻——"尤里卡"是希腊语"我发现了"的意思。思想似乎在空闲的时候变得活跃,而不是在艰苦劳动的时候。爱因斯坦在做白日梦时得到了启示:一个自由落体的人不会感觉到自身重量,广义相对论由此产生。丹麦物理学家尼尔斯·玻尔(Niels Bohr)想象自己"坐在太阳上面,所有行星都穿在一根极细的绳子上,围绕太阳转动,并发出嘶嘶声",他由此想象出了原子的结构。据说,阿基米德著名的"尤里卡"时刻就是在他洗澡放松的时候想到的。

有这样一个电视广告:上班时间,一群企业高管们挤进淋浴间,其中一个人问道:"我们为什么在淋浴间开会?"老板回答说:"呃,我在家淋浴时经常灵光乍现。"

"淋浴时灵光乍现"可谓老生常谈了,因为这个方法很管用。哈勃空间望远镜(Hubble Space Telescope)曾有一块镜片发生故障,其修复方式就是某个人在淋浴时凭空想象出来的。哈勃望远镜于1990年发射,任务是拍摄高分辨率的太空影像。但是它的一面镜片存在瑕疵,导致拍摄的图片模糊。要修复望远镜，宇航员必须深入望远镜内部。作为一颗距离地球表面几百英里、绕地球运行的卫星，这并不是一件容易做到的事情。NASA工程师詹姆斯·克罗克（James Crocker）入住德国一家酒店时，偶然发现了一个可调节的淋浴头，它可以延长或缩回，以适应不同的淋浴高度。这是克罗克的顿悟时刻。他为哈勃望远镜想到了一个类似的解决方案，用可延伸的机械臂靠近望远镜里那些看似无法接近的部件。

这些对事物真谛的顿悟看似毫不费力，但它们是长期缓慢酝酿的产物。一次突破始于提出一个好问题，对答案孜孜不倦的追求，以及无所事事几天、几周甚至几年时间。研究表明，蛰伏期（也就是你感觉停滞不前的那段时间）能够提高人们解决问题的能力。

正如我们早先所看到的那样，安德鲁·怀尔斯在证明费马最后定理之后，成为数学界的名人。按照怀尔斯的说法，停滞不前是"这个过程的一部分"，但他说，"人们不习惯这样，他们觉得压力很大"。他经常陷入停滞不前的困境中，每当此时，他都会停下来，让自己的头脑放松一下，去湖边散个步。他解释说："散步有非常好的效果，因为你处于这种放松的状态，与此同时你也允许自己的潜意识工作。"怀尔斯知道，心急喝不了热粥，你得时不时远离问题，才能给答案腾出空间。

散步是许多科学家的工作方式之一。特斯拉在布达佩斯的城市公园散步时想到了交流电动机；达尔文在英国肯特郡老家附近一条被称为"沙路"的砾石小路上行走时思考一些难题，并用脚踢着沿路的石头。物理学家沃纳·海森堡（Werner Heisenberg）在深夜走过丹麦哥本哈根的一个公园时想出了不确定性原理，在那之前的两年里，他一直感到沮丧，因为他的方程式可以预测量子粒子的动量，但却不能预测它的位置。有一天晚上，他突然领悟了：如果方程没有问题呢？如果这种不确定性实际上是量子粒子所固有的呢？带着这个问题散了很长时间的步之后,海森堡逐渐走入了答案的核心。

有些科学家则通过音乐挖掘他们的潜意识。例如,爱因斯坦通过拉小提琴破译宇宙的乐谱。一位朋友回忆道:"他思考复杂问题时,时常会在厨房拉小提琴到深夜,即兴创作旋律。然后在演奏过程中,他会突然兴奋地宣布:'我明白了!'似乎问题的答案在音乐中凭灵感找到了他。"

许多有创造力的人也喜欢靠无所事事激发创意。作家尼尔·盖曼(Neil Gaiman)说,这些创意"来自做白日梦",它们"漂流而来,正当你闲坐在那里的时候"。有人向盖曼请教如何才能成为一名作家,他的回答很简单:"做点无聊的事情。"斯蒂芬·金同意这个说法:"对于处于创新困境的人来说,无聊是一件很好的事情。"

一位名叫乔安妮的女人因为无聊而出版了自己的处女作。1990年,她坐火车从曼彻斯特前往伦敦,火车晚点了4个小时。在等火车的时候,一个故事在她脑海中"完全成形",那个故事讲的是一个小男孩上魔法学校的经历。这4个小时的延误最终让笔名为J.K.罗琳(J. K. Rowling)的乔安妮因祸得福,她的《哈利·波特》系列让全世界数百万名读者着迷。

从某种意义上说,罗琳是幸运的。她的顿悟时刻发生在智能手机问世之前,所以在等待火车时,她不必对消息通知严防死守,但我们现在不得不主动将无聊引入生活中。例如,比尔·盖茨(Bill Gates)每年都要前往美国西北部一处偏僻的小屋,进行为期一周的静修,他将那周称为"思考周"。没错,你猜对了,盖茨设立"思考周"的目的就是在没有任何干扰的情况下思考。耐克公司联合创始人菲尔·奈特(Phil Knight)在他的客厅里放了一张椅子,专门用来做白日梦。

我决定追随他们的脚步,打破我和手机之间的相互依赖,并主动重燃我与无聊之间失去已久的恋情。我开始有意识地每天抽出空闲时间,坐在躺椅上，除了思考什么都不做（这有点像把自己调成"飞行模式"）。我每天花20分钟、每周花4天时间坐在桑拿房里，手里只拿一支钢笔、一张纸。在桑拿房里写作，是不是很奇怪？是很奇怪，但我近来的某些最佳创意都是在那个孤独、令人窒息的环境中想出来的。

这听起来很简单。在公园里散步，淋浴，以及坐在桑拿房里或椅子上做白日梦。但这个过程中并无魔法，至少不是霍格沃茨魔法学院教的那种魔法。如果硬要说有魔法的话，那就是有意划出一定时间，停下忙碌的脚步去反思自己，用内心的沉默去对抗当下的混乱。

在一个追求及时行乐的时代，这个习惯听起来有点不合时宜。但创造力往往有如轻声细语，而非一声巨响。你必须有足够的耐心去倾听轻声细语，而且有足够的洞察力在它出现时感知它。正如诗人莱内·马利亚·里尔克（Rainer Maria Rilke）所写的那样，如果你留意某个问题足够长时间，"就会在不知不觉中接近答案"。

下次你感到无聊的时候，务必抵抗住诱惑，不要主动去看数据或做一些"有成效"的事情。无聊也许是你能做的最有成效的事情。

无聊有另一个好处。它让你的大脑在截然不同的对象（比如一只苹果和一只橘子）之间自由地建立连接。

把苹果和橘子进行比较

我从中学开始学习英语，过程中很多英语俗语使我感到困惑，而最让我困惑的一个俗语的字面意思是"把苹果和橘子进行比较"（comparing apples and oranges），实际含义是"风马牛不相及的事物"。第一次在大学里听说这个俗语时，我呆住了。我认为，苹果和橘子的共同点多于差异点（亲爱的读者，此时此刻你可能想转过身去，把目光移开，因为我要把苹果和橘子进行对比了）。两者都是水果，都是圆的，都略带刺激性的味道，大小差不多，而且都生长在树上。

NASA艾姆斯研究中心（Ames Research Center）的斯科特·桑福德（Scott Sanford）对苹果和橘子进行了更深入的对比。他用红外光谱法对比了一只澳洲青苹果和一只脐橙的光谱，结果发现这两种水果惊人地相似。该研究起了一个带嘲讽意味的标题，叫作《苹果和橘子的比较》（*Apples and Oranges: A Comparison*），并发表在讽刺性科学杂志《不可思议研究》（*Improbable Research*）上。

尽管苹果和橘子之间有相似之处，但这个俗语却流传甚广，因为我们很难看到看似不同或不相关事物之间的联系。在我们的个人生活和工作中，我们只会对苹果和苹果作对比，或者对橘子和橘子作对比。

专业化是目前流行的趋势。在英语世界里，"通才"（generalist）是指博而不精之人。希腊谚语说，一个人"懂得的手艺越多，反而会家徒四壁"。韩国人认为，一个"有12种天赋的人没饭吃"。

这种态度代价很大，它阻断了不同学科思想的交融。我们停留在人文学科或自然科学各自的领域内，从不接受彼此的观念。如果你是英语专业的，量子理论对你有什么用？如果你是工程师，何苦去读荷马（Homer）的《奥德赛》（*Odyssey*）？如果你是医科学生，何必去学习视觉艺术？

上面最后一个问题成为一项研究的课题。36名一年级医科学生被随机分成两组，第一组在费城艺术博物馆上了6节课，学习观察、描述和解读艺术作品。研究人员将这组学生与没有上艺术课的另一组学生进行对比，研究开始和结束时，两组学生都进行了测试。结果发现，与对照组不同，受过艺术培训的那组学生的观察技能显著提升，比如更善于解读视网膜疾病的照片。这项研究表明，光是通过艺术培训，就可以帮助医科学生成为更好的临床观察者。

事实证明，生命并非发端于隔离的环境。比较相似的事物，我们学不到太多东西。生物学家弗朗索瓦·雅各布（Francois Jacob）曾说过："创造就是重组。"几十年后，乔布斯也表达了同样的观点："创造力就是将事物联系在一起。当你问那些有创造力的人，他们是如何创造新事物的时候，他们会感到有点愧疚，因为他们并没有真正创造出新事物，他们只是见识比较广罢了……他们经验更丰富，或者与其他人相比，他们对自己的经验思考得更深入。"

换言之，想要打破条条框框，实现创造性思考，你就得多找几个"条条框框"。

爱因斯坦称其为组合游戏，他认为这是"创造性思维的本质特征"。组合游戏需要让自己去接受各种思想，求同存异，把苹果和橘子合并重组成一种全新的水果。采用这种方法，"整体不仅大于各组成部分的总和，而且与各组成部分的总和大相径庭。"物理学家、诺贝尔奖得主菲利普·安德森（Philip Anderson）如是说。

为了促进思想的交叉融合，享有盛誉的科学家经常会培养不同的兴趣爱好。例如，伽利略之所以能够发现月球上的山脉和平原，不是因为他有一台高级望远镜，而是因为他接受过绘画方面的训练，这使他明白月球上明亮和黑暗的区域代表什么。莱昂纳多·达·芬奇的艺术和科技灵感也来自其他方面，也就是他对大自然的好奇。他自学了各种自然科目，比如"牛犊的胎盘、鳄鱼的下巴、啄木鸟的舌头、脸部肌肉、月光、阴影边缘等"。爱因斯坦提出广义相对论的灵感来自18世纪苏格兰哲学家大卫·休谟（David Hume），后者首先对空间和时间的绝对性提出了质疑。在1915年12月的一封信中，爱因斯坦写道："没有这些哲学研究成果，可能我无法断言相对论会诞生。"爱因斯坦首次接触到休谟的研究成果，是通过一个叫奥林匹亚科学院的组织，该组织由一群致力于组合游戏的朋友建立，他们当时在位于瑞士伯尔尼的爱因斯坦家中碰面，讨论物理学和哲学问题。

达尔文在构思进化论的过程中，灵感来自两个截然不同的领域：地质学和经济学。在19世纪30年代出版的《地质学原理》（*Principles of Geology*）中，查尔斯·莱尔（Charles Lyell）提出一个观点：山脉、河流和峡谷是经由一个缓慢的过程进化形成的，这一过程发生在漫长的时间里，地表侵蚀、风和雨不断改变地球的面貌。莱尔的理论违背了传统观点，后者将这些地质特征完全归因于像诺亚大洪水那样的灾难性事件或超自然事件。达尔文在随"贝格尔"号（Beagle）环球航行时阅读了莱尔的著作，并将其地质理念应用于生物学。正如火箭科学家大卫·穆里所说的样，达尔文认为有机物质"随着无机物质的进化而进化。随着时间的推移，每一个后代的微小变化累积起来，形成新的生物附属器官，比如眼睛、手或翅膀"。达尔文还从18世纪末的经济学家托马斯·马尔萨斯（Thomas Malthus）那里获得灵感。马尔萨斯认为，人类的增长速度往往会超过食物等资源的积累速度，从而形成生存竞争。达尔文认为，这种竞争推动了进化过程，使那些最能适应环境的物种生存下来。

组合游戏也是伟大音乐家的标志。著名音乐制作人里克·鲁宾（Rick Rubin）要求他的乐队在制作专辑时不听流行歌曲。鲁宾说，他们"最好能从世界上最伟大的博物馆获取灵感，而不是从目前的'公告牌'（Billboard）排行榜上找"。例如，铁娘子乐队（Iron Maiden）的音乐结合了莎士比亚戏剧、历史和重金属等多种看似不相干的元素。皇后乐队（Queen）的《波希米亚狂想曲》（*Bohemian Rhapsody*）被认为是有史以来最伟大的摇滚乐歌曲之一，它就像一块音乐三明治，以芭蕾作为开头和结尾，中间则将硬摇滚和歌剧融为一体。

大卫·鲍伊（David Bowie）则是另一个跨领域的杂家。在写歌词时，他使用了一款名为Verbasizer的定制开发的电脑软件。他将来自报刊文章、日记等的内容输入软件，软件把这些信息剪切成单词并混合起来进行匹配。"最终,你得到的是一个真正的万花筒,里面各种含义、主题、名词和动词彼此碰撞。"鲍伊说。然后,这些组合将成为他创作歌词的灵感来源。

组合游戏还产生了许多突破性技术。拉里·佩奇(Larry Page)和谢尔盖·布林(Sergey Brin)采纳了学术界的一个观点,即"学术论文被引用的频率表明了它的受欢迎程度"。他们将该观点应用于搜索引擎,创建了谷歌网站。众所周知,乔布斯借鉴了书法的书写方式,为麦金塔电脑(Macintosh)创造了多种字体和非等宽字体。奈飞公司联合创始人里德·哈斯廷斯(Reed Hastings)受到健身房采用的模式的启发——"您可以每月支付30或40美元,并按您所需的次数锻炼"。由于租借《阿波罗13号》录像带时产生了大量滞纳金,哈斯廷斯感到很沮丧,所以他决定将同样的模式应用于影像租赁行业。

耐克的第一双跑鞋也是模仿家电行业的。20世纪70年代初,美国俄勒冈大学的跑步教练比尔·鲍尔曼(Bill Bowerman)想寻找性能良好、适用于不同地面的鞋子。那个时候,鲍尔曼指导的运动员穿带金属钉的跑鞋,这种鞋缺乏适当的附着力,而且会损坏跑道表面。

某个周日的早晨,在吃早餐的时候,鲍尔曼的眼神飘向厨房里的一台旧华夫饼烤盘。他看到烤盘上那个格子状的图案,心想,如果把这个图案翻转过来,他就可以发明一款不带鞋钉的鞋子了。他抓起烤盘,把它带到车库,开始制作模具。经过一系列实验之后,耐克的"华夫底训练鞋"(Waffle Trainer)诞生了。这是一款具有革命性意义的运动鞋,鞋底由橡胶制成,具有良好的摩擦力,抓地表现更出色,很适合在跑道表面使用。如今,从鲍尔曼的厨房拿来的那台华夫饼烤盘就摆放在耐克总部的一个展柜里。

上述这些例子表明,某个行业的变革可能始于另一个行业的创意。大多数情况下,两个行业不会完美契合。但是,只要进行比较和融合,就会激发新思路。

如果我们看不到各种想法之间的相似之处，就无法把它们结合起来。据说，生物学家托马斯·H.赫胥黎（Thomas H. Huxley）在读了《物种起源》（*On the Origins of Species*）之后说："我居然想不到这点，简直愚蠢至极！"苹果和橘子之间的关联性似乎显而易见，但这只是事后诸葛亮的说法。达尔文是从经济学家马尔萨斯和地质学家莱尔那里获得的灵感，而那个时代还有很多人读过他们两个人的著作。但是，既研究物种又读过马尔萨斯和莱尔的著作，并且能够把三个领域结合起来的人很罕见。

这些例子表明，要让苹果和橘子建立起关联，你必须先收集它们。你收集的东西越多样化，输出的信息就越有趣。不妨拿起一本杂志或图书，去看某个你一无所知的话题；参加不同行业的会议，观察周围不同职业、背景和兴趣爱好的人。不要去谈论天气或重复一些无谓的陈词滥调，而是问他们："您在做的事情中，哪些最有趣？"下一次，当你发现自己陷入缺乏创造力的困境时，问问自己："其他行业以前面临过哪些类似问题？"举个例子，约翰内斯·古腾堡（Johannes Gutenberg）发明印刷机时遇到了一个难题，于是他借鉴其他行业的经验，比如葡萄酒生产商和橄榄油生产商——他们采用螺旋压榨机来提取果汁和橄榄油。古腾堡采用了同样的产品概念，欧洲的大众传播时代由此开启。

组织机构可以从皮克斯那里得到启示。皮克斯是著名的创意工作室，曾推出过众多卖座大片，比如《玩具总动员》（*Toy Story*）和《海底总动员》（*Finding Nemo*）。该公司鼓励员工每周最多花4个小时参加公司下属的"皮克斯大学"的专业发展课程，这些课程包括绘画、雕塑、杂耍、即兴表演和肚皮舞。尽管它们对电影制作不会产生直接影响，但皮克斯知道，创意来自看似不相关的事物。如果你继续收集苹果和橘子，花点时间研究它们，很快就会想到关于新品种水果的创意。

组合游戏的原理不仅适用于创意,也适用于人。我们在下一节中将会看到,当不同学科的人组合到一起时,就会产生1加1大于2的效果。

关于孤独天才的谬论

"这些探测器太复杂了,没人能懂。"

说这话的人居然是史蒂夫·斯奎尔斯,这也许会让你觉得很惊讶。斯奎尔斯是2003年"火星探测漫游者"计划的首席研究员,他领导的团队负责想象探测器的样子,设计探测器上的仪器,并操控它们在火星表面工作。但即使是在斯奎尔斯看来,探测器"结构也太过复杂,任何一个人都无法完全掌握"。火星探测器不是单打独斗的成果,而是集体智慧的结晶。

我们经常盲目崇拜那些在车库里忙碌的孤独天才,包括在自己车库里摆弄华夫饼烤盘的鲍尔曼,在自己车库里打造了第一台苹果电脑的乔布斯。这种故事讲起来很吸引人,但就像大多数故事一样,它们都会产生误导作用,让人们误解了事物是如何运转的。

最佳创造力并不是在完全孤立的环境下形成的,突破性发现几乎都离不开团队协作。牛顿有这样一句名言:"如果说我比别人看得更远些,那是因为我站在巨人的肩膀上。"这些"巨人"带来不同的观点,带来他们自己的"苹果"和"橘子",团队的智慧对它们进行比较和建立联系。

企业家兼作家弗朗斯·约翰逊(Frans Johansson)把这一现象称为"美第奇效应"(Medici effect),它指的是15世纪时突发的创造性活动。当时,富有的美第奇家族在佛罗伦萨聚集了许多有成就的人。那些人来自各行各业,有科学家、诗人、雕刻家、哲学家等。当这些人聚在一起时,新的创意蓬勃迸发,如繁花盛开,为文艺复兴的到来铺平了道路。

一次火星探测任务将科学家和工程师聚集在一起,团结协作,从而产生了美第奇效应。按太空探索领域的流行说法,科学家和工程师往往合二为一,但是其实他们属于截然不同的职业。科学家是试图理解宇宙运作方式的理想主义者,而工程师们则更加务实,他们必须设计出能够实现科学家愿景的硬件,同时还要努力解决现实难题,比如有限的预算和时间。

对立的事物并不总是相互吸引的。斯奎尔斯写道,每次执行任务时,"理想主义、不切实际的科学家"和"固执、注重实际的工程师"之间总会剑拔弩张。如果任务成功,这种剑拔弩张的态势就能营造一种创造性的氛围,使科学家和工程师都发挥出最佳水平;但如果任务失败,"它就会变成一种酸性物质,侵蚀团队协作精神,直至其腐烂殆尽"。

组合游戏是使这种关系发挥作用的关键所在。科学家学一些工程学,工程师学一些科学。这种方法是斯奎尔斯的优先考虑事项。他解释说:"如果你走进会议室,参加我们每天的战术规划会议。会议室里有十几名科学家和十几名工程师坐在一起,你就算在那里坐上1个小时,也搞不清楚到底谁是科学家,谁是工程师。"这个团队融合得很好,科学家和工程师通晓彼此的语言和目标,你几乎分辨不出两者之间的差异。

你也许会认为,如今的职场环境完全能促进这种融合。现代职场人坐在开放式办公室的小隔间中,并通过电子邮件和Slack等软件联系,他们可以不间断地相互协作。也许是时候进行一场新的文艺复兴了,这种复兴将被称为"Slack效应"。

但先别急,在下结论之前,请先思考一项研究的结果:研究人员将实验对象分成三组,并要求他们解决一个复杂的难题。第一组完全独立工作,第二组持续进行互动,第三组则在互动和独立工作之间交替。

第三组的表现最为出色。研究人员称："间歇性互动提高了集体的智力。"独立工作和互动之间的循环提高了第三组的平均分，同时也使该小组更频繁地找到最佳解决方案。重要的是，小组中表现最差的人和表现最好的人都从间歇性互动中受益。这些结果表明，知识是双向流动的，一个人得出的结论会被另一个人吸纳。

现代职场环境大多类似于第二组，即存在持续的互动，对于发挥员工创造性而言，这并非最理想的环境。研究表明，人际互动很重要，但独立思考的时间也同样重要。创造的过程可能是令人尴尬的。阿西莫夫写道："每产生一个好的新创意，都会伴随着成千上万个愚蠢的想法，这些想法你自然不想展示出来。"人们应该具备培养独到见解的能力，并且能够聚在一起交流这些见解，然后回去独自工作，在独处与协作之间循环。该模式与我们之前探讨过的专注和无聊周期相似。

说到提高创造力，"认知多样性"不仅仅是一个时髦用语。认知多样性就好比让你大脑中的"科学家"和"工程师"协同工作，这是很有必要的。但是，还有另一个层面的认知多样性经常被人们忽视。

初心

19世纪60年代，由于蚕虫染上一种疾病，法国的丝绸工业受到了威胁。化学家让—巴蒂斯特·杜马（Jean-Baptiste Dumas）要求他的学生路易斯·巴斯德（Louis Pasteur）解决这个难题。巴斯德犹豫不决，他抗议道："可我从来没有治疗过蚕虫！"杜马回答说："这样更好。"

我们大多数人都不会像杜马那样做，而是本能地驳回像巴斯德这种行外人的意见，心想，他们不知道自己在说什么，他们没有参加过相关的会议，他们没有必要的背景，他们不合适。

然而，正是由于上述原因，外行人的观点才有价值。

杜马的回答表明，第一性原理思维与专业知识通常存在相反关系。行内人的身份或薪资可能取决于现状，而外行人与现状不存在利害关系。当你没有被现状压得透不过气时，就更容易无视传统观念。

举个例子：我们不妨思考大陆漂移地质论。该理论认为，各大陆原本是一体的，但随着时间的推移，它们逐渐分裂并漂离。大陆漂移理论由阿尔弗雷德·魏格纳（Alfred Wegener）所独创，而魏格纳是一名气象学家，与地质学不沾边。地质专家起初宣称大陆漂移理论太过荒谬，他们认为大陆是稳定的，不会产生移动。地质学家R.托马斯·张伯伦（R. Thomas Chamberlain）这样总结地质界内部人士的集体情绪：“如果我们要相信魏格纳的假设，就必须忘记过去70年来学到的一切，从头开始。”魏格纳的理论将颠覆行业内人士在地质学领域奠定的根基，所以他们固执己见。出于类似的原因，当约翰尼斯·开普勒（Johannes Kepler）发现行星绕椭圆形而非圆形轨道运行时，伽利略变得犹豫不决。正如天体物理学家马里奥·利维奥（Mario Livio）所说的那样，"伽利略仍然是古代理想美学的囚徒，认为行星轨道必须是完全对称的"。

爱因斯坦的成功秘诀是从限制其他物理学家的智力监狱中逃离出来。在发表狭义相对论论文时，他是瑞士专利局的一位名不见经传的职员。作为物理学界的行外人，他能够打破集体知识体系，即牛顿关于时间和空间是绝对的学说。他写了一篇论文讲述狭义相对论，文章标题为《关于移动体的电动力学》（*On the Electrodynamics of Moving Bodies*），内容丝毫不像典型的物理论文。它只引用了少数几位科学家的姓名，而且几乎没有引用现有作品。以学术标准而言，这是一种高度非常规的举动。爱因斯坦的例子说明，创造一场革命意味着超越渐进式的改进，不拘泥于引用过去的著作。

其他例子不胜枚举。马斯克是火箭科学的后进者，他是通过阅读教科书了解火箭科学的；贝佐斯从金融界转战零售业；哈斯廷斯曾是一名软件研发人员，后来他创立了奈飞公司。这些不速之客站在现有体系之外，能够更清晰地看到它的缺陷，并认识到它的方法已经过时。

在禅宗佛教中，这一原则被称为"初心"（shoshin）或"初学者之心"。正如铃木俊隆（Suzuki Shunryu）禅师所写的那样："初学者之心充满各种可能性，而在行家心中，可能性少之又少。"正因为如此，负责耐克许多大型广告活动的韦柯广告公司（Wieden+Kennedy）鼓励员工每天都要"露拙"，从初学者的角度解决问题。

一位新手打造了一名10亿美元级别的作家。当J.K.罗琳向各家出版社送去《哈利·波特》一书的手稿时，所有出版社一致认为这本书不值得印刷。她的手稿被许多出版商拒之门外，直到它来到布鲁姆斯伯里出版社（Bloomsbury Publishing）董事长奈杰尔·牛顿（Nigel Newton）的办公桌上。牛顿看到了这本书的潜力，而他的竞争对手与之擦肩而过。

他是如何做到的？秘密就在他爱读书的8岁女儿爱丽丝身上。奈杰尔·牛顿把部分书样给爱丽丝看，爱丽丝一口气看完后，缠着他要更多内容。她说："爸爸，这本书好看得不得了！"爱丽丝的话说服了她的父亲，牛顿给罗琳开了一张2500英镑的支票，作为获得她这本书版权的小部分定金。接下来的事情大家都知道了。

牛顿之所以能靠《哈利·波特》赚得盆满钵满，是因为他愿意听取自己女儿的意见。虽然爱丽丝是出版业的行外人，但她是这本书的目标受众之一。

这并不是说所有创意都来自初学者。相反，在创意生成的过程中，专业知识非常重要。但是，专业人士不应该完全孤立地工作，去他的所谓"孤独天才"吧！专业人士也能够从间歇性的合作中受益，尤其是在业余人士参与到这种合作中的时候。

思想实验无须由博学多识的天才设计出来，它所需要的只是你收集"苹果"和"橘子"的欲望，耐得住无聊，潜意识里对"苹果"和"橘子"进行比较和关联，并且愿意向其他人展现新成果，无论对象是你工程师团队的科学家还是你8岁的女儿。

既然我们已经更接受思想实验，那就是时候充分发挥你的想象力，开始"探月"了。

> 请访问网页ozanvarol.com/rocket，查找工作表、挑战和练习，以帮助你实施本章讨论过的策略。

第4章　探月思维
挑战"不可能"的科学与企业

　　爱丽丝："不用试了，没用的，人总不会以为自己能做那些不可能完成的事情吧。"

　　白王后："我敢说，你没有练习过太多次。我像你这么大的时候，每天要练习半个小时。为什么呢？有时候，我在早餐前就坚信自己可以做6件不可能完成的事情。"

　　——《爱丽丝镜中世界奇遇记》（*Through the Looking-Glass*）

　　作者刘易斯·卡罗尔（Lewis Carroll）

　　查尔斯·尼莫（Charles Nimmo）是一个不太可能被选中的试验对象。尼莫是新西兰利斯顿郊外的一位牧羊人，他自愿参加了一个保密项目，该项目涉及一个神秘的飞行物体。早期在美国加州和肯塔基州的试飞中，这个物体被许多观察者误认为是不明飞行物。美国电视新闻网（CNN）对此进行了报道，它也成为当地报纸的头条新闻，《阿巴拉契亚新闻速递报》（*Appalachian News-Express*）的标题为《天空中的神秘物体吸引了当地人》。

　　全世界有40多亿人无法使用我们许多人习以为常的一项技术——高速互联网，尼莫便是其中一员。互联网和电网一样具有革命性，一旦你插上电源，就能让自己的生活充满活力。根据德勤会计事务所

（Deloitte）的一项研究，若为非洲、拉丁美洲和亚洲提供可靠的互联网接入服务，将会"使这些地区的国内生产总值额外增加2万多亿美元"。互联网的接入可以帮助人们摆脱贫困，拯救生命。而在尼莫的例子中，互联网还可以提供与天气相关的信息，这对于牧羊人来说至关重要。尼莫需要知道什么时候天气干燥，这样才能给羊除去粪污和碎毛。

用廉价、可靠的互联网接入来照亮世界，并不是一件容易的事情。卫星互联网价格高昂，由于信号来自绕地球轨道运行的卫星，需要传送很长距离，因而会产生明显的传输延迟，导致信号微弱。陆基手机信号塔通常信号传输范围有限，而且在许多人烟稀少的农村地区很难产生经济效益，即使在新西兰这样的发达国家也是如此。严峻的地理环境，如山脉和丛林，也会妨碍基站向目的地传输信号。

尼莫是一个大胆项目的首位测试对象。该项目旨在提升世界范围内的互联网接入率，它是X公司（此前被称为"Google X"实验室）的独创产物。这家充满神秘色彩的公司致力于研发突破性技术，它创新的目的并不是谷歌，而是创造下一个谷歌。

为了解决互联网接入问题，"X客"们（X公司的研发人员）进行了一个疯狂的思想实验：可不可以使用热气球？

他们想象一个网球场大小的热气球，形状像巨型水母，在海拔1.8万米左右的平流层盘旋，这个高度不受天气和空中交通的影响。热气球载着多台装在聚苯乙烯盒子里的计算机，计算机靠太阳能供电，将互联网信号传送到地面上。

你可能想知道为什么这本书出现了一个关于热气球的故事，因为这是一种可以追溯到18世纪的原始技术，毕竟热气球不是火箭科学。然而，一位前"X客"说，热气球其实"比火箭科学要难得多"。由于热气球很容易被风吹得到处飞，所以要实现这个思想实验，必须要像操控帆船一样操控热气球，这样才能捕捉到正确的气流。当气球不断移动时,地面上也很难实现可靠的连接。

X公司解决这个问题的方案是创建一个热气球网络,它们呈菊花链结构,协同工作,确保可靠的连接。当一只热气球离开时,另一只气球就会取代它。这些热气球将在空中停留好几个月,然后再返回地球,被回收使用。

这个疯狂的项目有一个相当疯狂的名称——"潜鸟计划"(Project Loon)。在向牧羊人尼莫提供互联网接入并完成其他测试任务后,热气球继续飞行将近5000万千米。2017年年初秘鲁遭遇灾难性洪水袭击,洪水影响了数十万人,摧毁了秘鲁全国各地的通信,网络热气球赶来参与救援。不到72个小时,"潜鸟计划"的热气球就出现在现场,开始向数万名秘鲁人提供最基础的互联网连接。同年晚些时候,飓风玛丽亚肆虐波多黎各,"潜鸟计划"以热气球为动力,向岛上受灾最严重的地区提供了互联网接入服务。"潜鸟计划"是探月思维的产物,这项突破性的技术为一个大难题带来了彻底的解决方案。

这一章探讨的是探月思维的力量,它适用于类似"潜鸟计划"之类的大胆项目。我们将探讨为什么历史上最伟大的成就都源于探月思维。我将会阐述为什么你应该像苍蝇而不是蜜蜂那样做事,为什么你应该去猎杀羚羊而不是老鼠。你会发现,简单的一句话就可以提高创造力;你还会发现,实现一个大胆的目标首先要做些什么,以及为什么要后退一步才能勾勒出通往这个目标的道路。

探月思维的力量

月亮是我们最古老的伙伴。在地球存在于宇宙的大部分时间里,月亮一直陪伴着我们。正如罗伯特·库尔森(Robert Kurson)所写的那样,月球"控制地球的潮汐,为迷路者指引方向,发起秋收,激发诗人的灵感"。自从人类的祖先第一次抬头望向天空，月亮便吸引了我们，呼唤我们内心一种原始的本能，去探索家乡以外的地方。但对于我们大部分人来说，月亮一直是遥不可及的事物。

本书开篇提到，肯尼迪总统发表演讲时展望了人类的未来，选择登月作为新前沿。他似乎在期待一个奇迹。"阿波罗"号宇航员吉恩·塞尔南（Gene Cernan）回忆，肯尼迪要求他的国家"做大多数人认为不可能的事，包括我自己也认为不可能的事"。罗伯特·柯尔（Robert Curl）回忆说，在不到10年时间里把人类送上月球，这样的承诺是如此难以置信。柯尔曾是莱斯大学的教授，肯尼迪发表演讲那天，他也是听众之一。他说："他居然真的提出了这个想法，我觉得很惊讶。"

著名的NASA飞行主任吉恩·克兰兹（Gene Kranz）——在电影《阿波罗13号》中这一角色由埃德·哈里斯（Ed Harris）扮演——当时也被肯尼迪的大胆承诺吓了一跳。克兰兹和他的同事们"曾经目睹火箭失去平衡而倾斜，失去控制或爆炸"，所以对于他们而言，"把一个人送上月球的想法似乎太过于雄心勃勃了"。但是，肯尼迪清楚地意识到前面的困难。"我们之所以选择在10年内登月及做其他事情，并不是因为它们很容易，而是因为它们很难。"肯尼迪说。他就是不愿意让自己祖国的未来被现实所左右。

这是人类第一次真正意义上的登月。但是，早在尼尔·阿姆斯特朗和巴兹·奥尔德林（Buzz Aldrin）在月球上行走之前，人类就一直在做类似探月的努力。当我们的祖先开辟出一条通往世界未知角落的道路时，他们就是在"探月"。火的发现者、车轮的发明者、金字塔的建造者、汽车的制造者，他们都在做探月式的努力。奴隶争取自由，妇女争取投票权，难民为了寻求更美好的生活而走向遥远的海岸，这一切都是探月式的努力。

我们天生就是喜欢"探月"的物种，只不过大部分人已经忘记了这一点。

"探月"迫使你根据第一性原理做出判断。如果你的目标是做微小的改进,那就可以保持现状;但如果你的目标是做出10倍改进,就必须改变现状。探月思维使你跟你的竞争对手处于不同阵营,而且往往是完全不同的阵营,使那些老牌玩家和惯例做法落后于潮流。

举个例子:如果你的目标是提高汽车的安全性,你可以逐步改进汽车的设计,从而在事故中更好地保护人的生命。但是如果你的目标是消除所有的事故,就必须从头开始,质疑所有的前提条件,包括开车的驾驶员。这就是第一性原理,它为研究自动驾驶车辆的可能性铺平了道路。

还可以想想SpaceX的探索计划。如果该公司的目标仅仅是将卫星送入地球轨道,那就没有理由用与众不同的方法行事,而是可以依靠NASA自20世纪60年代以来一直使用的技术,也没理由把火箭发射成本降低到十分之一。可SpaceX就是这样做了,因为探月思维才是它的目标,开拓火星的雄心壮志迫使SpaceX采用第一性原理思维方式去改变现状。

政治战略家詹姆斯·卡维尔(James Carville)和保罗·贝加拉(Paul Begala)讲过一个故事,故事的主角是一只狮子,它面临着捕猎老鼠还是羚羊的选择。"狮子完全有能力捕捉、杀死和吃掉一只田鼠。"他们说,"但事实证明,这样做所需的能量超过了老鼠本身所含的卡路里。"相比之下,羚羊的体型比田鼠大得多,所以"它们要用更快速度和更大力量去捕捉羚羊"。但是,羚羊一旦被捕获,就能为狮子提供好几天的食物。

你可能已经猜到,这个故事正是人生的缩影。我们大多数人都去捕猎老鼠而不是羚羊,我们认为老鼠是有把握捕捉的动物,而捕捉羚羊需要花力气去探索。老鼠到处都有,羚羊却很少见。更重要的是,我们周围的人都在忙着捕鼠。我们认为，如果我们决定去追羚羊，可能会因为追不到而挨饿。

所以我们不敢创立新公司，因为我们觉得自己无法承担风险。我们不敢申请升职，以为某个比我们能力更强的人会得到晋升。如果别人看似不合群，我们就不会主动约他。我们想赢怕输。心理学家亚伯拉罕·马斯洛（Abraham Maslow）在1933年就指出："人类的故事，就是男男女女妄自菲薄的故事。"

如果肯尼迪遵循这种心态，他的演讲内容就会截然不同（而且会无聊得多）。他可能会说："我们选择把人类送入地球轨道，让他们绕着地球转啊转，不是因为这具有挑战性，而是因为鉴于当前技术，这样做是可行的。"（顺便说一句，这正是NASA在20世纪80年代决定要做的事情。稍后我们将做深入讨论。）

切勿好高骛远，这是伊卡洛斯（Icarus）的神话的寓意。伊卡洛斯的父亲代达罗斯（Daedalus）是一名工匠，他用蜡为自己和儿子做了翅膀，以逃离克里特岛。代达罗斯提醒他的儿子要跟随他的飞行路线，不要飞得离太阳太近。你可能已经知道接下来发生的事情了：伊卡洛斯无视他父亲的提醒，朝太阳飞去。翅膀融化了，伊卡洛斯往下坠，命丧大海。

这个神话的寓意很明显：飞得太高，翅膀就会融化，然后死于非命；那些遵循预定路线和服从指示的人才能逃离岛屿并生存下来。

但是正如赛斯·戈丁（Seth Godin）在他的著作《伊卡洛斯骗局》（*The Icarus Deception*）中所阐述的那样，这个神话还有另一部分你可能没有听说过的情节。除了告诉伊卡洛斯不要飞得太高，代达罗斯还告诉他不要飞得太低，因为海水会毁掉他的翅膀。

任何一名飞行员都会告诉你，飞行高度生死攸关。当你飞得很高的时候，如果引擎发生故障，你可以操纵飞机滑翔到安全的地方。但如果高度很低，继续飞行的可能性（正如人生的可能性）就小得多了。

那些"高空飞行"的企业往往业绩更加出色。在《出奇制胜：在快速变化的世界如何加速成功》（*Smartcuts*）一书中，沙恩·斯诺（Shane Snow）对他所做的相关研究进行了总结："从2001年到2011年，倘若对50个最富理想主义色彩的品牌（企业创建这些品牌是为了崇高的目标，而不仅仅是短期的利润）进行投资，则盈利水平比标准普尔（S&P）指数基金的盈利要高出400%。"为什么会这样？因为探索思维更符合人性，也能吸引到更多投资者。我们不妨拿大多数硅谷公司有限的雄心壮志开个玩笑——一家著名的风投企业创始人基金（Founders Fund）的企业宣言写道："我们需要能飞的汽车，结果却得到了140个字符。"该公司是SpaceX太空探险计划的第一家外部投资者。

探索思维还能吸引天才。正因为如此，SpaceX和蓝色起源公司能够从传统的航空航天公司中择优挑选出最好的火箭科学家，并且让他们夜以继日地为大胆的工程项目工作。马斯克推销自家公司的卖点就是：工程师们"可以自由地完成他们的工作，即制造火箭，而不是整天坐在会议室里开会，为了一个零部件通过官僚机构的批准而等上好几个月时间，或者疲于应付公司内部的政治斗争"。

你可能会想，互联网亿万富翁创办太空公司轻而易举；为了在太空竞赛中打败苏联，美国国会为登月投入数十亿美元，肯尼迪很容易实现他的登月计划；X公司在谷歌的财力支持下，也很容易实现像"潜鸟计划"这样古怪的想法。可是，当你要经营一家企业，有房贷要还，还要取悦董事会成员时，就不可能考虑"探月"了。

X公司探月队长（没错，这是他的正式头衔）阿斯特罗·泰勒经常听到类似的反对意见，他说："不知何故，社会形成了这样一种观念，即你必须拥有一大笔钱，才能大胆地去做事情。"泰勒对此并不买账："任何人都能承担合理的风险，无论是5人团队还是5万人的公司。"贝佐斯估计会赞同泰勒的说法,他在2015年给亚马逊股东的年度公开信中写道:"如果有10%的机会获得100倍的回报,你应该每次都接受这样的赌注。"但是,即使某件事的成功概率达到50%,无论潜在回报是什么,我们大多数人都不会下注。

没错,有些"探月"的想法太不切实际,在不久的将来难以实现,但你无须实现所有的想法。只要你的想法是均衡的,没有把你的未来押注于某一次"探月"计划上即可。只需一次巨大的成功,就能弥补那些不切实际的想法造成的损失。"如果你下的赌注够多,而且下注的时间足够早,就没有其他人敢赌这家公司。"贝佐斯说。

问题是,探月思维的障碍并非源自金钱或现实难题,而是来自心理上。"没有多少人相信自己可以移动山峦,因此,没有多少人会这么做。"《大思想的神奇》(*The Magic of Thinking Big*)作者大卫·舒瓦茨(David Schwartz)在书中写道,"探月"的主要障碍存在于你的大脑中,而社会几十年来让你形成的条件反射,强化了这一障碍。传统观念诱使我们相信,低空飞行比振翅高飞更安全,惯性滑行比高飞更安全,小小的梦想比胸怀大志更明智。

我们的期望改变现实,成为自我应验的预言。你追求的事物决定了你人生的高度,追求平庸,你充其量也就是个平庸的人。就像滚石乐队(Rolling Stones)提醒我们的那样,你不可能想要什么就得到什么。但是如果你朝着"月球"的正确方向前进,而不是坠向地面,你就会比以前飞得更高。《终结者》(*The Terminator*)和《泰坦尼克号》(*Titanic*)等卖座大片的导演詹姆斯·卡梅隆(James Cameron)说:"如果你为自己设定一个极高的目标,就算失败了,也比其他人的成功来得耀眼。"

很多人不喜欢"探月",因为我们觉得自己天生不是这块料。我们认为,那些飞得更高的人拥有更好的翅膀,不会融化。米歇尔·奥巴马

（Michelle Obama）在2018年的一次采访中驳斥了这种错误想法。"我接触过的政商界要员数量可能超乎你们想象，"她说，"我曾在非营利组织、基金会和企业工作过，我曾在公司董事会任职，参加过多国集团峰会，也曾出席过联合国会议。可以这么说，他们没那么聪明。"

"他们没那么聪明"——他们只是知道我们大多数人从未学到的知识。争夺"羚羊"的人比争夺"老鼠"的人要少得多，其他人都忙着在拥挤且迅速缩小的同一片地域里追逐老鼠，意味着你不得不去"探月"。如果你观望时间过长，或是继续以更高代价追求越来越小的商业利润，其他人就会抢先一步"探月"，让你失业或让你的企业被市场淘汰。

关于我们自身的能力，我们可以选择要告诉自己一个怎样的故事，这只是一种选择。就像其他的选择一样，我们可以改变它。除非我们超越自身认知极限，扩展我们认为实用的知识边界，否则的话，我们无法发现那些阻碍前行的无形规则。探月思维有着巨大的好处，尤其是在现实生活环境与我们的想象格格不入的时候。

请放心，代达罗斯所描述的物理现象是错误的。当你升上高空时，空气会变冷而不是变热，所以你的翅膀不会融化。如果你追求卓越，就得摆脱普通人常见的陈腐思维方式。如果你能够坚持下去，并且从无法避免的失败中吸取教训，最终就会长出翅膀，一飞冲天。

若想长出这双"翅膀"，就要采用一种叫作"发散思维"的策略。我们将在下一节探讨发散思维。

接受不着边际的想法

想象有一个玻璃瓶，它的底部朝向一盏灯。如果你把6只蜜蜂和6只苍蝇放进瓶里，谁会先找到出口？

大多数人认为答案是蜜蜂，毕竟蜜蜂以聪明著称。它们可以学习非常复杂的任务，比如在实验室里，我们可以观察到蜜蜂抬起或滑动盖子来获取糖溶液；它们还可以把自己学到的东西传授给其他蜜蜂。

但是，要从瓶子里寻找出路的时候，蜜蜂就聪明反被聪明误了。蜜蜂喜欢光，由于瓶底靠近光源，它们会不断地撞向瓶底，直到累死或饿死。相比之下，按莫里斯·梅特林克（Maurice Maeterlinck）在《蜜蜂的生活》（*The Life of the Bee*）一书中所写的那样，苍蝇无视"光的召唤"，它们"四处飞来飞去"，直至无意中发现另一端的瓶口，终于恢复自由。

苍蝇和蜜蜂分别代表着所谓的发散思维和收敛思维。苍蝇是发散思维者，它们随意地拍动翅膀，直至找到出口。蜜蜂是收敛思维者，它们把精力集中在看似最明显的出路上，而这种行为最终导致失败。

发散思维是一种方法，它以不带先入之见、自由流动的方式产生不同想法，就像苍蝇在玻璃瓶里四处碰撞一样。在发散思维过程中，我们不去考虑任何限制、可能性或预算，而是随心所欲地接受任何可能出现的想法。我们成为物理学家大卫·多伊奇（David Deutsch）定义的乐观主义者，即相信物理定律所允许的任何事物都是可行的。采用发散思维的目的是形成一系列有好有坏的选项，而不过早地对它们做出判断、限制或从中选择。

在想法形成的最初阶段，正如物理学家马克斯·普朗克（Max Plank）所说的那样，"纯粹的理性主义根本行不通"。爱因斯坦也说过，探索发现"并不是一项适合逻辑思维的工作，即便最终产物是以逻辑的形式出现的"。要激活发散思维，你必须关闭自己内心那道理性思考的阀门——理性思维负责安全、有益的成长行为。抛开电子表格，让你的大脑疯狂运转，探究那些荒谬的事物，触及那些不在你掌控范围之内的东西，使幻想和现实之间的界限变得模糊。

研究表明，发散思维是通向创造力的门户。它提高了人们发现创新解决方案和建立新联系的能力。换句话说，它让你将苹果和橘子进行对比，并关联起来。

以哈佛商学院三位教授的研究为例。他们向实验对象提出了一项艰巨的伦理挑战，研究人员假设了一种情形，在这种情形下人们很难找到符合伦理的做法。他们将实验对象分成两个小组，问第一个小组："你们应该做些什么？"然后又问第二个小组："你们能够做些什么？"那个被问"应该"怎么做的小组专注于最明显的解决方案，而这通常不是最佳方案；但是被问"能够"做什么的那个小组保持了开放的心态，形成了更广泛的可行解决方案。正如研究人员所说的那样，"人们往往会受益于一种'我能够做什么'的心态。在最终做出决定之前，人们要对可行的解决方案进行更广泛的探究"。另一项研究得出了同样的结论。一组实验对象被告知"物体A可能是狗嚼棒"，而另一组实验对象被告知"物体A就是狗嚼棒"，结果第一组实验赋予了这个玩具更多用途。

我们很容易略过发散思维，转而求助于收敛思维，去评估什么是容易的，什么是可能的，什么是可行的。收敛思维就像参加一次多项选择题考试，你只能从几个有限的预定选项中选择，而不能写一个新的答案。就像上述实验中的蜜蜂一样，你认为只有一条出路，那就是朝光源飞去。斯坦福大学商学教授贾斯汀·伯格（Justin Berg）写道："如果仅采用收敛思维，那是很危险的，因为你只依赖于过去的经验，但未来的成功可能与过去的成功有所不同。"

为了验证这一想法，伯格对太阳马戏团（Cirque du Soleil）的演员做了一番研究。他评估了节目创作者和马戏团管理者各自所扮演的角色，前者负责酝酿新马戏节目的创意，而后者决定是否将新节目纳入表演。伯格发现，管理者们非常不善于预测新马戏节目是否会取得成功。他们过度依赖收敛思维，更喜欢传统表演，对新的节目不感兴趣。尽管创作者们高估了自己节目创意的前景，但在判断同事新节目的创造性方面，他们要比管理者准确得多。他们能够借助发散思维，再加上他们与这些创意保持了一定距离，这赋予他们显著的优势。

发散思维并不意味着只想一些令人快乐的事情，就像施展神奇的魔法然后坐看它们发光。我们既需要发散思维的理想主义，也需要收敛思维的实用主义。"创意过程并不只有一种状态，它要在不同的精神状态之间移动。"科学史学家史蒂夫·约翰逊（Steve Johnson）阐述道。之前我提到过，培养创造力的最佳环境就是在独处时刻和协作时刻之间循环往复。关于这两种思维也有一个类似的理念，你应该在苍蝇思维和蜜蜂思维之间循环往复，但你必须按正确的顺序做事情。我们必须先形成想法，然后才能评估和排除它们。如果我们把这个积累的过程缩短，从一开始就考虑结果，就可能会对创意造成束缚。

我们以前都参加过这种会议：人们聚在一张会议桌旁，桌子上到处是喝了半杯的温热咖啡，人们正在用"头脑风暴法"探讨创意，并且"研究各种选项"。但是，所有人都没有探讨想法，反而忙着否定它们，比如"我们以前尝试过那个想法""我们没有预算""管理层是不会批准的"，创意甚至还没开始就已经被腰斩了。结果，我们并没有尝试新事物，而是重复以前做过的事情。我们不应该持"这不可能做到"的态度，从而激发收敛思维；相反，我们要抵制这种倾向，采取发散思维，提出"如果……这是可以做到的"。

我们对大脑的工作原理知之甚少，但根据某种理论，产生创意和评估创意分别发生在大脑的不同区域。例如，在对以色列的海法大学进行的一项研究中，研究人员使用一台脑功能磁共振成像仪来评估大脑不同部位在执行创造性任务的过程中会消耗多少氧气。他们发现，创造力较强的人，其大脑中与评估相关的区域活动有所减少。

由于产生创意与评估创意存在差异，所以很多作家把拟稿与编辑分开。拟稿更适合发散思维,而编辑更适合收敛思维。在为这本书做研究的过程中,我从我能找到的所有来源收集了大量信息,我采用了一个宽泛的"相关"定义,宁滥勿缺,在信息的海洋中遨游。在写本书的初稿时,我也采用了类似方法,没有过分考虑结构、规矩甚至恰当的语法,而只是随意写下一句又一句不通顺的句子。用作家珊农·海尔(Shannon Hale)的话来说,我写初稿的过程就像是把沙子铲进一个箱子里,留待以后建造一座城堡。只有在编辑阶段,我才会激发收敛思维,专注于用我收集的"沙子"有意识地建造"城堡"(顺便说一句,其中大部分"沙子"要被扔掉)。但是,当所有一切都没有头绪时,我们要保持开放的心态,不要让"建造城堡"这个想法支配收集"沙子"的过程。

从一开始就采用发散思维之所以重要,还因为在创意形成的最初阶段,我们很难判断哪些东西有用,哪些东西无用。1783年,本杰明·富兰克林(Benjamin Franklin)观看热气球首次载人飞行时,有人问他:"这种飞行有什么用?"富兰克林说:"它就像是一个刚出生的孩子,谁也无法说它以后会变成什么样子。"撇开飞行的奇迹不谈,生活在18世纪的人,谁能想象热气球终有一天会被用来把一种叫作互联网的神奇技术传播到世界各地呢?

把时间快进到21世纪。不到10年时间,发散思维产生了3种截然不同的火星登陆方式。2003年"火星探测漫游者"发射时,其探测器由气囊包裹;2008年"凤凰"号(Phoenix)火星探测器发射,它采用了腿状着陆装置。但是,这些着陆机制都不适用于2011年发射的"好奇"号,因为"好奇"号重达1吨,携带的有效载荷是前代探测器的10倍,它更像一台悍马越野车。为了让这台又大又重的探测器轻轻地在火星表面着陆,任务团队在探测器背部绑上了一个8引擎喷气发动机组件。该组件在让探测器下降到火星表面后与之脱离,再次加速,然后坠毁在离第一着陆点几百米远的地方。正如NASA工程师亚当·施特尔茨纳（Adam Steltzner）所描述的那样，这个火星探测器的着陆系统类似于"大笨狼怀尔（Wile E. Coyote）绑上了'什么都造公司'（ACME Company）的产品"。[1]

海梅·韦多（Jaime Waydo）是"好奇"号探测器移动系统的设计负责人，她非常喜欢一些异想天开的解决方案。她对我说："我担心的是，我们在安排人做安全的事情，但是安全的答案永远无法改变世界。"

这种扩大事物可能性的信念可以追溯到韦多青少年时期接受的教育。韦多在数学和科学方面有着敏锐的头脑，这给她的数学老师留下了深刻印象。老师告诉她，她应该考虑当一名工程师，韦多问他："工程不都是男生做的吗？""我妈妈上大学的时候，她可以当一名老师，也可以当心理学家，因为女生适合做这些。在她那一代，妇女在职场中有着明确的角色。"韦多向我解释说。

可是，韦多的数学老师鼓励她不必理会工程学中的性别失衡现状，去追求在她看来女性无法企及的理想。后来，她获得机械和航空航天工程学位，毕业后在NASA下属的喷气推进实验室工作，参与设计火星探测器。火箭科学此前由男性主导，而随着韦多的加入，越来越多女性开始在这个行业崭露头角。

有些人喜欢谨慎行事，他们就像蜜蜂那样，以为光源就是逃出玻璃瓶的唯一方向。对这些人，韦多建议他们把做事情的回报牢记心中。倘若潜在回报很大，人们就更容易为了大胆的想法而冒巨大风险，比如用喷气发动机组件将一台悍马车大小的探测器降落到火星表面，或者成就

---

[1] 大笨狼怀尔是动画片《哔哔鸟和大笨狼怀尔》中的角色。"什么都造公司"是动画中虚构的公司名，提供邮寄产品服务，大笨狼怀尔从这家公司购买各种产品来追捕猎物。怀尔将自己捆在火箭上并点燃引信的画面非常经典。——译者注

一番挑战世俗刻板印象的事业。韦多说,在"好奇"号的例子中,回报就是"我们有一辆'悍马'在火星上到处行驶,探索火星,解开太阳系的秘密"。而韦多得到什么样的回报呢?她参与了将三个探测器送上火星的任务,后来又开始研发自动驾驶汽车,这些成就使每个人都为韦多的才能所感动。

如果即使考虑回报,你仍然很难激活自己的发散思维,那下一节内容将给你一个可以用来开拓视野的"喷气发动机组件"。

激荡大脑

20世纪70年代,有个人因为擅长举重物而出名。你可能听说过他,还可能看过一两部他主演的电影,他甚至可能是你所在州的州长。

按照阿诺德·施瓦辛格(Arnold Schwarzenegger)的说法,举重训练见成效的最大障碍是"身体调整得太快"。"如果你每天按相同顺序举重物,那么即使不断增加重量,你还是会发现肌肉长得很慢,然后完全停止生长。只有按肌肉期待的顺序去锻炼,肌肉增长才会变得非常高效。"他写道。

换句话说,肌肉有记忆。在坚持完单调的例行训练之后,它们开始思考:我很清楚你今天会让我经历什么。你要上跑步机跑27~33分钟左右;每周一,你都要做卧推和引体向上,我对你了如指掌,完全能应付得来。为了解决肌肉力量上不去的问题,施瓦辛格采用休克疗法,即趁着肌肉还没适应过来,做不同类型的重复负重练习。

有规律的锻炼容易使人受伤,不规则的锻炼使人灵活。

大脑也是这样运作的。若对大脑不加干涉,它就会寻求阻力最小的思考路径。尽管这条路径可能很轻松,但秩序和可预见性阻碍了创造性的发展。就像施瓦辛格刺激他的肌肉一样,我们也必须唤起和刺激自己的思维。

脑神经的可塑性是真实存在的。你的神经元就像肌肉一样，会由于不适而重新连接和生长。神经可塑性领域的顶尖专家诺曼·多伊奇（Norman Doidge）称，大脑可以"改变自身结构，对活动和心理体验做出反应"。通过不断重复练习，思想实验和探月思维迫使我们的大脑克服日常的出神状态。

正因为如此，"不可能"是诺贝尔奖得主、物理学家理查德·费曼给予别人的最佳褒奖。对费曼来说，"不可能"并不意味着无法实现或荒谬可笑。恰恰相反，它的意思是"哇！这里有令人惊叹的事物，它与我们通常所期望的事实相矛盾，值得我们去了解"。弦理论的共同奠基人加来道雄（Kaku Michio）也赞同这一观点。他说："我们通常认为不可能的无非是工程问题，没有什么物理定律可以阻止它们发生。"

研究结果表明，认知矛盾和创造力之间存在关联性。当我们暴露于心理学家所谓的"意义威胁"（meaning threat）——这是一个难以理解的术语——之时，由此产生的迷失感会促使我们到别处寻找意义和关联性。正如亚当·摩根（Adam Morgan）和马克·巴登（Mark Barden）所写的那样，那些看似矛盾的想法"足以让我们感到困惑，开始把新的神经元突触连接在一起"。在一项研究中，实验对象阅读弗兰兹·卡夫卡（Franz Kafka）的一篇短篇荒诞小说，小说配以同样荒诞的插图，这个做法提高了实验对象识别新模式的能力（换句话说，就是把"苹果"和"橘子"联系起来）。

有一种方法可以激荡大脑并产生奇思妙想，即问自己一个问题：科幻小说是怎样解决这个难题的？科幻小说把我们带入一个与现实大不相同的世界，而我们甚至都没有必要离开家里的沙发。儒勒·凡尔纳（Jules Verne）曾说过："一个人凭空想象出来的任何东西，另一个人可以使之成为现实。"引发"潜鸟计划"热气球驱动互联网的思想实验似乎直接来自凡尔纳的著作《八十天环游地球》(*Around the World in Eighty Days*)。包括《海底两万里》(*Twenty Thousand Leagues Under the Sea*)和《征服者罗比尔》(*Clipper of Clouds*)在内的凡尔纳其他著作,还启发了潜水艇和直升飞机的发明者。第一枚液体燃料火箭发明者罗伯特·戈达德(Robert Goddard)曾为H.G.威尔斯(H.G. Wells)所写的火星人入侵地球的小说《世界大战》(*War of the Worlds*)深深着迷,并决定毕生致力于实现人类的太空飞行。科幻作家尼尔·斯蒂芬森(Neal Stephenson)是贝佐斯的蓝色起源公司的首批雇员之一,他的任务就是幻想出不需要乘坐传统火箭就能进入太空的方法(他想到了很多创意,包括太空电梯和能够驱动航天器的激光)。

科幻小说思维不仅仅适用于重大发明。举个例子,有家公司生产飞机零部件,但它的产品检验流程太过冗长,这主要是因为要把一台摄像机放入一个部件中需要花7个小时。一位行政助理受到电影《少数派报告》(*Minority Report*)的启发,提出了一项思想实验:"为什么我们不能派一只机器蜘蛛进入这个部件,就像电影里演的那样?"公司的首席技术官(CTO)对此很感兴趣。他验证了这个想法,效果非常好。这一简单的修正措施使检验时间减少了85%。

马斯克称,阿西莫夫的著作激发了他对未来的思考。[1]在《基地》系列中,一位名叫哈里·塞尔登(Hari Seldon)的预言家预见人类将进入黑暗时代,并制定了一项殖民遥远行星的计划。马斯克说,他从中吸取的教训就是人类应该"延长文明的时间,尽量减少黑暗时代到来的可能性;而如果黑暗时代真的存在,则缩短黑暗时代的长度"。

和马斯克的遭遇一样,那些声称要把科幻小说变成现实的人往往被

---

[1] 因此SpaceX于2018年2月发射"猎鹰重型"(Falcon Heavy)火箭时,火箭上放着一套阿西莫夫的《基地》(*Foundation*)三部曲。——作者注

贴上"荒唐"的标签。当然了,马斯克的言行使人们更加认为他是一个不可理喻之人。每次他一开口,都会给你一个质疑他的理由。航空航天顾问吉姆·坎特雷尔(Jim Cantrell)回忆说,他初次与马斯克见面时,还认为他疯了。当马斯克第一次考虑殖民火星时,他突然打电话给坎特雷尔,介绍自己是互联网行业的一名亿万富翁,并告诉坎特雷尔,他打算创造一个"跨行星物种"。马斯克提出要开他的私人飞机去坎特雷尔家,但坎特雷尔拒绝了。"跟你说实话吧,"坎特雷尔回忆道,"我想在一个他无法携带武器的地方见他。"于是,他们在盐湖城的机场休息室相遇。尽管马斯克想象的未来听上去很狂野,但也非常诱人。"好吧,埃隆,那我们就组建一支团队,看看这要花多少钱。"坎特雷尔说。

SpaceX的联合创始人汤姆·穆勒也经常对马斯克有同样的看法,他说:"有时候,我觉得马斯克就是个神经病。"他们两人第一次见面时,穆勒是天合集团(TRW)[1]一名郁郁不得志的火箭科学家。穆勒觉得他关于发动机设计的想法受到公司繁杂章程的束缚,所以开始在自家车库设计发动机。马斯克拜访穆勒,问他能否为SpaceX打造一款便宜可靠的火箭发动机。马斯克问他:"你觉得我们能把发动机的成本降低多少?"穆勒回答说:"哦,可能降低到原来成本的三分之一。"马斯克回答说:"我们要降低到十分之一。"穆勒认为这简直是白日做梦。"但最后,实际成本更接近他的目标数字!"他说。

要想在宇宙中留下自己的印迹,你必须足够荒唐,认为自己可以破坏整个宇宙。何谓荒唐?这是一种标签,通常适用于那些所作所为让我们难以理解的人。坚称地球是圆的而不是平的,或者地球绕着太阳转而

---

[1] 天合是一家大型航空航天公司,后来被诺斯罗普—格罗曼公司(Northrop Gruman)收购。——作者注

不是太阳绕着地球转，这些都是"荒唐"至极的想法。当戈达德提出火箭可以在真空中运行时，《纽约时报》对其极尽嘲讽之能事。该报1920年的一篇社论称："那个在克拉克学院拥有'职位'的戈达德教授……似乎缺乏高中生都具备的常识。"（该报后来向戈达德道歉认错了。）

肯尼迪承诺在10年内登月？不可能的。玛丽·居里（Marie Curie）试图打破科学界的性别障碍？荒谬。尼古拉·特斯拉关于用无线系统传输信息的构想呢？科幻小说罢了。

一般情况下，我们"探月"的想法并非不可能实现。如果人们想嘲笑你那些看似天真的想法，或者说你太过荒谬，那就把他们的嘲笑当作荣誉勋章。"大多数非常成功的人对未来的看法至少有一次是正确的，尽管人们都认为他们是错的。"萨姆·阿特曼（Sam Altman）写道，"不然的话，他们将面临更多竞争。"今天是别人的笑柄，明天就变成别人口中的预言家。冲过终点线的那一刻，你才是笑到最后的人。

我们要用探月思维激荡大脑，但这并不意味着我们不用考虑实际情况。有了奇思妙想之后，我们就可以从发散思维向收敛思维转换，将奇思妙想与现实进行碰撞，这就是从理想主义向实用主义转变的过程。在接下来的两节里，我们要向两家已经将这种思维方式制度化的公司学习。

探月型企业

当奥比·费尔滕（Obi Felten）接到X公司负责人阿斯特罗·泰勒打来的电话时，她的日常工作事项中并没有"探月"的规划。费尔滕是一位具有文艺复兴思想的现代女性，博学多识，既能与工程师谈论软件，也能写市场营销计划。她在柏林长大，亲眼目睹柏林墙倒塌，然后去牛津大学读书，获得哲学和心理学双学位。后来她加入了谷歌公司，担任欧洲、中东和非洲的消费市场总监。正当她处于营销事业的巅峰期时，泰勒打来的一通电话改变了一切。

在电话里，泰勒向费尔滕介绍了X公司正在酝酿的一些大胆项目，包括自动驾驶汽车和依靠热气球提供连接的互联网。她问了泰勒几个他之前没有听到过的问题：你正在做的事情是否合法？你跟政府和监管机构谈过了吗？你会与其他公司合作吗？你有商业计划吗？

泰勒回答不上来。"哦，没有人真正思考这些问题。"他回答说，"我们的团队都是工程师和科学家，我们只是在思考如何让热气球飞起来。"

于是费尔滕加入X，来思考实际的问题。X也许是一个"探月"工厂，但它说到底还是个工厂，必须生产有利可图的产品。"我刚到这里的时候，"费尔顿解释说，"发现X是个令人惊奇的地方，员工都是资深的电脑怪才，他们中大多数人从来没有把任何产品带到世界上过。"

纯粹的理想主义者不会成为伟大的企业家。以特斯拉为例，他是有史以来最伟大的发明家之一。"这是个悲伤的故事，他无法把任何研究成果商品化，他几乎无法为自己的研究找到资金。"谷歌联合创始人拉里·佩奇说道。爱迪生（Edison）将特斯拉戏称为"科学诗人"，而尽管特斯拉留下了300项专利的遗产，但他在纽约市一家旅馆去世时却一贫如洗。反思这个故事时，佩奇说道："你得让你的发明真正进入世界，你必须生产产品并靠产品赚钱。"

为了让X的发明进入现实世界，费尔滕被任命为"为探月计划与现实世界接触做准备的负责人"（没错，这是她的真实头衔）。在X的第一年，她领导公司进行了一系列市场营销工作，组建了法务团队和政府关系团队，并为"潜鸟计划"撰写了第一份商业计划书。

当X第一次开始谋划探月式的奇思妙想时，发散思维占主导地位。"在创意形成的早期阶段，科幻小说思维方式有着巨大价值。如果不打破物理定律的束缚,创意有可能成为别人批评的对象。"费尔滕告诉我。

创意是由一群博学多闻的跨学科人才想出来的,这样的团队非常适合进行组合游戏。"最好的想法来自伟大的团队,而不是个别伟人。"费尔滕说。X公司把认知多样性提升到了一个新的水平,该公司的各级别员工包括消防员、女裁缝、钢琴演奏家、外交官、政治家和记者。你可能会看到一位航空工程师和一位时装设计师一起工作,或者一位特种设备的资深操作手和一位激光专家随心所欲地探讨想法。

X的目标是使探月思维成为新的规范。为此,该公司力图不断刺激整个团队的思维"肌肉",其中一种锻炼方式就是"馊主意头脑风暴"。这也许会让你觉得奇怪——为什么要浪费时间在不好的创意上呢?但是,X却通过这些馊主意产生了重大发现。"馊主意好比是创造力的热身运动,如果你不花大量时间去想那些馊主意,就无法想到好的点子。"泰勒说,"好主意和馊主意就好比是表亲,而伟大的想法就是它们的邻居。"

当潜在的"探月"创意开始汇聚成型,发散思维就转化成收敛思维。第一阶段被称为快速评估阶段,即奇思妙想与现实相互碰撞。快速评估小组的工作不仅是产生怪异的想法,还要在X投入资金和资源之前扼杀这些想法。X的菲尔·沃森(Phil Watson)解释说:"我们要问的第一件事是,这个想法可以借助短期内可用技术实现吗?它是否解决了某个大难题最需要解决的部分?"其中只有少数几个创意能够在"大胆和可实现性之间取得适当平衡",通过快速评估,这些想法获得认可,然后进入下一个阶段。

当热气球提供互联网连接的概念进入快速评估阶段时,它的前景显得很黯淡。"我本以为能够很快地证明这个方法行不通,"X的克利夫·比弗尔(Cliff Biffle)回忆说,"但我完全失败了,这真令人气恼。"尽管这个解决方案很激进，但比弗尔意识到，它其实是可行的。

如果一个创意能通过快速评估，那么由费尔滕和其他人领导的不同团队就会接手。这些团队借助科幻小说技术，为这些创意将来转化成既能盈利、又能解决现实世界问题的业务奠定基础。"在一年之内，"费尔滕说，"我们要么把项目风险降到我们已经准备好发展它的程度，要么就叫停该项目。"

在这个降低风险的过程中，依靠热气球提供互联网连接的"潜鸟计划"证明了它的价值。接下来，"潜鸟计划"就要接受初步测试。初步测试的官方名称叫"伊卡洛斯测试"，目的是验证团队雄心勃勃的大胆目标是否可行。"潜鸟计划"的初步测试看上去很有希望。但有个问题：正如伊卡洛斯的翅膀在高空会融化，热气球升空仅仅5天后就会漏气，远低于他们预期中100天的持续传送时间。平常我们开完生日派对后的第二天，庆祝生日用的普通气球便会瘪成很难看的形状，而这些热气球似乎正遭遇同样的漏气问题。当时，"潜鸟计划"的团队取名"代达罗斯"，即以伊卡洛斯父亲的名字命名。他们对比"苹果"和"橙子"，从其他注重防止泄漏的行业寻找灵感。例如，他们研究了食品行业是如何生产膨化零食袋和香肠包装袋的。最终，他们解决了这个问题，经受住了其他"X客"的考验，后者一心想证明这个项目是不可行的。

"潜鸟计划"项目经受住了严格的降风险过程考验，并最终从X"毕业"，其项目成员也获得了实际的"文凭"——成为独立子公司的雇员。X的"毕业生"包括生产自动驾驶汽车的公司、生产无人机的公司及可以用来测量体内葡萄糖水平的隐形眼镜公司。这些创意看上去都像是科幻小说里才有的东西，但X在理想主义和实用主义之间找到了正确的平衡点，使它们成为现实。

而在SpaceX，两位领导人分别是理想主义和实用主义观点的代表。

马斯克通过推特账户随心所欲地发布他的"探月"理念，属于正面的理想主义者，好比是乐队的主唱。然而，SpaceX的幕后工作者却面临着极其艰巨的任务，她不但要接受马斯克的古怪想法，还要将它们变成可付诸实施的企业业务。

她的名字叫格温妮·肖特维尔（Gwynne Shotwell）。她是SpaceX说一不二的总裁兼首席运营官（COO）。十几岁时，肖特维尔决定成为一名工程师，并加入了一个女性工程师协会。在一次小组讨论中，肖特维尔被一名机械工程师深深打动——后者拥有一家专门开发环保建筑材料的企业，这位机械工程师的演讲最终为肖特维尔的工程师生涯开辟了道路。

30多年后的今天，肖特维尔已成为工程界的大拿，负责SpaceX的日常运营工作。该公司的汉斯·科尼格斯曼（Hans Koenigsmann）称，在众多事务中，她作为"埃隆和员工之间桥梁"的角色尤为重要。"埃隆说，我们去火星吧。她说：'好的，我们需要什么才能真正到达火星？'"为了给公司"殖民火星"这一非同寻常的梦想提供资金，肖特维尔在全世界奔走，寻找将商业货物送入地球轨道的机会。在SpaceX还处于婴儿期的时候，她从卫星运营商那里成功地赢得了价值数十亿美元的合同。当SpaceX朝着火星移民的方向努力之时，这些合同为它提供了源源不断的资金。

但另一个重要的问题仍未解决：即使我们想办法到达了火星，又将如何在那里定居？在众多要考虑的事情中，我们的火星拓荒者们首先得开采原材料和冰层，甚至建造地下隧道和住所，以免受长期辐射的影响。

为了能在火星挖掘完美的隧道，我们首先要在地球上完善这项技术。而相应地，我们要从合适类型的钻探公司获得合适类型的钻孔技术。

挖洞公司

众所周知，洛杉矶的交通极其拥堵。在一天中的不同时间点，你可能会在路上拥堵好几个小时，迫使你不得不认真思考一个问题：我的余生是否要在405号高速公路上度过？

如果你是一名典型的城市规划师，负责解决洛杉矶的交通干线拥堵难题，显然你要思考好几个问题。比如，我们该如何鼓励人们使用自行车或公共交通？我们该如何建造更多道路？我们该如何建造合用车道，以缓解高峰时段的拥堵问题？

但是，这些问题解决不了难题，它们充其量只能渐进地改进难题而已。仔细研究之后你会发现，这些问题都缺乏第一性原理思维，它们只是在做一个隐含的假设，即交通拥堵是一个二维难题，需要用二维方案加以解决。

挖洞公司（The Boring Company）[1]并不满足于二维解决方案，而是提出了一项思想实验：如果我们考虑第三个维度，采用空中或地下交通，是否能解决问题？在实践中，这意味着要么采用可飞行的汽车，要么驾驶汽车从地下隧道通过。

如果你像我一样看过很多次《回到未来》（*Back to the Future*）这部电影，那么飞行汽车似乎是最明显的科幻小说式选择方案（电影中有句台词："马路？我们要去的地方不需要马路！"）

飞行汽车听起来很迷人，但它们也存在一些缺点。他们会产生大量噪音，会受到气候条件影响，而且会引发地面行人的焦虑，担心飞行汽车会撞到他们的头。

---

[1] 挖洞公司是埃隆·马斯克创建的一家公司。马斯克因被堵在路上而决定解决地面交通拥堵问题，于是成立了该公司。——译者注

相比之下，地下隧道不受天气影响，而且地面的行人看不见隧道。如果隧道建得够深，则它们的构造和运营所产生的噪音微不足道，对地面无明显影响。与人们的普遍看法相反的是，隧道是地震发生时最安全的地方。隧道内的人可以免受坠落碎片的伤害——在地震期间，坠落的碎片可能会造成重大损害。这是因为隧道的构造与地面不同，它会随着地面晃动而移动。更重要的是，有了地下隧道，你可以从加州的威斯特伍德镇开车到洛杉矶国际机场，这段约16千米的路程只需不到6分钟时间，远远低于路面交通高峰时段所需的60分钟。

但问题在于：隧道的挖掘费用非常高昂，达到每英里几亿美元。光是这一点，就会使财政方面受到限制。

我们先暂停一会儿，发散思维：我们如何才能创建一个解决交通拥堵问题的三维解决方案？让我们在不考虑实际制约因素的情况下探索这个空想的产物。现在，转换成收敛思维，去跟显而易见的财务难题较量一番。

为了使人人都用得起地下隧道，建造隧道的费用必须减少10倍；相应地，这要求隧道挖掘机器变得更有效率。目前，这些机器的挖掘速度比蜗牛慢14倍，主要原因在于过去50年里，隧道挖掘技术并没有改善太多。挖洞公司提出了几个打败蜗牛的想法，包括增加挖掘机的功率输出，提高操作效率以减少停机时间，实现机器自动化以淘汰操作工。该公司还计划回收挖掘出来的泥土，用来建造必要的隧道结构，这可以节省资金，减少混凝土用量，降低对环境的影响。

2018年，芝加哥市打算在奥黑尔国际机场和芝加哥市中心之间建造一条约30千米长的隧道，并选择与挖洞公司进行独家谈判。如果隧道建成，单向行程预计只需12分钟，比现有运输工具快3~4倍，费用是出租车价格的一半。后来，拉斯维加斯紧随其后，与挖洞公司签订了一份合同，在该市会议中心下方修建一条隧道。

时间将告诉我们，挖洞公司是否会赢得这场与蜗牛的赛跑。该公司的项目充满了数不清的工程难题和险恶地质环境带来的复杂因素。但是，这些项目不一定要成功。即使它们败得一塌糊涂，也有可能为一个停滞了几十年的行业带来改善。他们带走的将是无聊的东西，并让该行业变得令人兴奋。

梦想家们善于幻想，却未必善于将幻想付诸现实。在演示文稿上承诺登月是一码事，真正实施登月行动则是另一码事。"谈到未来，"安托万·德·圣-埃克苏佩里（Antoine de Saint-Exupery）曾经写道，"你要做的不是预见未来，而是使未来成真。"无论你的"探月"计划多有创意，你最终还是要引导内心的那个"肖特维尔"把幻想落到实处，想清楚如何才能实现梦想。走向未来之前，往往需要后退一步，而这要求我们采用一种鲜为人知的策略——反溯法。

回到未来

对于我们大多数人来说，为将来作打算意味着预测未来。在企业中，我们要回顾当前部件的供需水平，并推断未来的供需情况。在我们的个人生活中，当前的技能决定了我们能想象自己未来会变成什么样子。

但根据定义，"反溯"并不是从第一性原理开始的。有了预测之后，我们就会往后看，审视眼前的原材料，而不是展望未来的可能性。每当我们预测未来时，总会问："我们能用手上的资源做什么？"通常情况下，现状本身就是问题的一部分。预测未来会把我们有问题的假设和偏见推向未来。在这样做的过程中，现状人为地限制了我们对可行性事物的设想。

"反溯"就是翻转剧本。反溯的目的不是预测未来，而是决定如何实现想象中的未来。"预测未来的最佳手段，就是创造未来。"艾伦·凯（Alan Kay）说。反溯不是让我们的现有资源驱动我们的想象力，而是让我们的想象力驱动现有资源。

反溯法要求我们心怀壮志，并采取可付诸实施的步骤。我们想象出自己的理想工作，并勾勒出一张实现目标的路线图。我们描绘出完美的产品，然后问自己：制造出这样的产品需要付出什么？只有当你面对勾勒出成功蓝图（是当前的成功，而不是以后的成功）的真实前景时，你才会被迫将事实与想象的事物分开。

反溯法使人类第一次真正登上月球。NASA从宇航员成功登陆月球开始向后回溯，以确定到达月球所需的步骤：首先从地面发射一枚火箭，把宇航员送上绕地球轨道，进行太空漫步；然后与绕地球轨道上的目标飞行器会合和对接；再把一艘载人航天器送到月球轨道绕月飞行；最后返回地球。只有当路线图中的这些渐进步骤全部完成之后，NASA才开始尝试登月。

亚马逊也对其产品采取了类似的反溯法。亚马逊员工为尚未问世的产品撰写内部新闻稿，每份新闻稿都起着思想实验的作用，这是关于突破性想法的初步设想。新闻稿描述了"客户问题，当前（内部或外部）解决方案是如何失败的，以及新产品如何取代现有解决方案"。然后，新闻稿被呈现给公司，其隆重程度不亚于成品上市。亚马逊公司的杰夫·威尔克（Jeff Wilke）解释说："只有那些能够清晰表述的产品，我们才会为其提供研发资金。"

新闻稿的表述十分清晰，甚至还包含了一份6页的假定客户常见问题清单。这个做法迫使亚马逊的专家团队将自己放在非专家的位置上，从外行的角度看待产品。为此，他们要提出一些"愚蠢"的问题，并想出答案，而这一切都发生在产品成型之前。

通过反溯法，亚马逊不用花太多钱就能评估创意是否值得继续进行下去。"在新闻稿上迭代，比对产品本身迭代要便宜得多（也快得多！）"亚马逊的伊恩·麦卡利斯特（Ian McAllister）解释说。反溯法也让亚马逊专注于它所看重的客户满意度这个终极目标。在撰写新闻稿时，亚马逊不从成品反溯，相反，它从客户满意度开始反溯。为了达到这个目的，新闻稿包含了一位假想客户滔滔不绝地夸奖该产品的推荐信。但是，这并不是自欺欺人，自以为产品能让所有客户叹为观止。在撰写新闻稿时，亚马逊的员工还会问自己："对第一版产品，客户感到最失望的地方是什么？"

新闻稿一旦写好，就不会被束之高阁，它会在整个产品研发过程中指引团队。在每一个阶段，团队都会问："我们是在打造新闻稿所描述的那种产品吗？"如果答案是否定的，那就是时候停下来反省一番了。任何严重偏离初始轨道的做法，都可能意味着有必要修正航向。

然而，千万不要把新闻稿奉若神明，这一点同样重要。正如创业者兼作家德里克·西弗斯（Derek Sivers）所写的那样，"梦想太过具体，会使你看不到新的方法"。由于你周围的世界不断变化，新闻稿中最初的产品细节可能有一个短暂的半衰期。这些过时的细节不应遮掩产品整体构思的光辉。换句话说，不要坚持死抠细节。

反溯法不仅能让我们仔细审视通往目的地的路径，还能让人清醒地反思现实。我们常常会喜欢某个目的地，却不会喜欢道路。我们不想爬某座山，而只是希望自己已经爬过某座山。我们不想写书，而只是希望自己已经写了一本书。

反溯法让你转身看来时路。如果你想爬一座山，你可以想象自己背着背包训练，在高山徒步旅行以适应低氧环境，爬楼梯以锻炼肌肉，跑步以提高耐力。如果你想写一本书,可以想象自己每天坐在电脑前,在两年时间里字斟句酌,起草一章又一章不知所云的内容,然后润色,调整,再调整(尽管你自己也不喜欢这些文字),却得不到任何认可和赞赏。

如果你完成了这些练习,而且觉得这个想法听起来像是一种折磨,那就到此为止。如果你觉得这其中有任何异常有趣的地方(正如我觉得写作很有趣一样),那么无论如何都要坚持下去。反溯之后,你还得要求自己从这个过程中获取内在价值,而非追求难以捉摸的结果。

准备好路线图之后,现在是时候采用"猴子优先"策略了。

猴子优先

公司刚刚任命你负责一个非常考验胆量的项目。上司说,你必须让一只猴子站在基座上,训练它背诵莎士比亚戏剧的段落。你打算怎么做?

如果你和大多数人一样,那么你首先会建造一个基座。"上司顺道路过,问你事情办得怎么样了时,"泰勒说,"你想向上司炫耀某件事情,而不是提出一长串理由,说教猴子说话真的很难。"你宁愿让上司给自己一点表扬,说:"嘿,漂亮的基座,干得好!"于是你建好基座,等待那只会背诵莎士比亚戏剧的猴子奇迹般地变成现实。

但问题在于:建造基座是最简单的工作。"基座随时可以建,训练猴子才是第一要务,而所有风险和需要学习的东西都来自这项极端艰巨的任务。"泰勒说。倘若猴子学不会说话,那就更别想背诵莎士比亚经典了。如果这个项目有致命弱点,你得预先有所了解。

更重要的是,你在建造基座上面花的时间越多,就越难摆脱不应该做的事情,这就是所谓的"沉没成本"谬论。人类总是不理性地执着于他们所投资的事物。我们投入的时间、精力或金钱越多,改弦更张的难度就越大。我们坚持把一本不好看的书看完,因为我们已经花了一个小时看前几章,或是为了追求一种失调的关系——因为那本书我们已经陆陆续续看了8个月时间。

为了反驳"沉没成本"谬论,我们要把猴子放在首位,也就是先解决"探月"过程中最难的那部分工作。以猴子为重,可以确保你的"探月"计划成功概率增大。然后,再为该项目投入大量资源。

要保持"猴子优先"的态度,你得拥有一套X公司所称的"终止指标",即一套确定何时前进、何时放弃的标准。这套标准必须从一开始就定下来,因为刚开始时你的头脑相对清醒;而在投入情感和资金之后,可能会触发"沉没成本"谬论,影响你的判断。

X公司借助该方法叫停了一个名为"雾号"(Foghorn)的项目。起初,这个项目似乎很有希望。X的一名员工看了一篇科学论文,该论文讲述的是从海水中提取二氧化碳,并将其转化成廉价的液体燃料,这种燃料具有取代汽油的潜力。这项技术听上去像是科幻电影里的东西,所以X一如既往地相信了这个说法。

在把虚构小说变成事实之前,"雾号"团队的成员们设定了一个项目终止指标。当时,汽油的市场价格是最高每加仑8美元。该团队的目标是在5年内用5美元生产相当于1加仑汽油的燃料,为利润率和其他业务支出留出空间。

事实证明,这项技术只是"基座"而已。项目团队发现,将海水转化为燃料的技术相对容易,但"猴子"才真正花成本——海水转化燃料的这个过程成本非常高,尤其是在汽油价格不断下跌的情况下。项目团队成员明白,该项目符合终止标准,于是决定关闭项目。正如项目负责人凯西·汉农(Kathy Hannun)所言,尽管这个决定是痛苦的,但"我们在调查开始时定下的强大的技术—经济模式表明,这是正确的做法"。

建造一个基座的确定性比教猴子说话要大得多。我们不知道如何训练猴子,但我们知道如何建造基座,所以我们选择建基座。在日常生活中,我们花时间做那些我们知道自己擅长的事情,比如写电子邮件和参加没完没了的会议,而不是解决项目中最困难的那部分问题。

建造基座也不是完全没有道理,毕竟这个项目需要猴子站在基座上。制作基座给予我们满足感,让我们觉得自己做了些事情去解决难题,感觉事情有进展,同时延迟了一些不可避免的事情发生的时间。这一切让人觉得很有效率,但事实并非如此。我们建造了一个漂亮的基座,但猴子仍然无法说人话。

容易做的事情往往不重要,重要的事情往往不容易做。

最后,我们可以做出选择。我们可以继续建造基座,等待一只神奇的猴子出现,背诵莎士比亚戏剧(剧透一下:这世上没有这种神奇的猴子)。又或者,我们可以把注意力放在那些重要而不容易做的事情上,试着教一只猴子说话,每次教一个音节。

电影《阿波罗13号》的开头有这样一幕。"阿波罗 11"号任务的后备指挥官吉姆·洛维尔(Jim Lovell)钦佩地看着阿姆斯特朗和奥尔德林在月球表面迈出了他们的第一步。"这根本不是什么奇迹。"洛维尔说,"我们只是决定去月球而已。"

这并非无限乐观主义态度,无限乐观主义是指只要我们敢于做梦,"鹰"号(Eagle)登月舱就会神奇般地在静海基地(Tranquility

Base）[1]着陆。相反，它是乐观主义和实用主义的结合体，即以绝对的胆识将美好幻想与按部就班的蓝图结合起来，使看似荒唐的事物变成现实。萧伯纳曾有一句名言："理性的人让自己适应世界，非理性的人坚持让世界适应自己。因此，所有进步都依赖于非理性的人。"

你要比现在更感性，这就是我送给你的探月思维。毕竟只有在事后看时，突破性成就才会是理性的产物。"任何带来重大突破的想法，在突破发生的前一天，别人都会认为是疯狂的。"航空工程师伯特·鲁坦（Burt Rutan）说——鲁坦设计了第一艘由私人资助的太空航天器。如果把自己限制在现有资源允许的可能范围之内，我们就永远无法达到逃逸速度并创造一个值得为之兴奋的未来世界。

最后，所有的探月思维都是行不通的。除非你决定行动起来。

请访问网页ozanvarol.com/rocket，查找工作表、挑战和练习，以帮助你实施本章讨论过的策略。

---

[1] 静海基地是1969年宇航员尼尔·阿姆斯特朗登月之后为登月点起的名字。——译者注

第二阶段

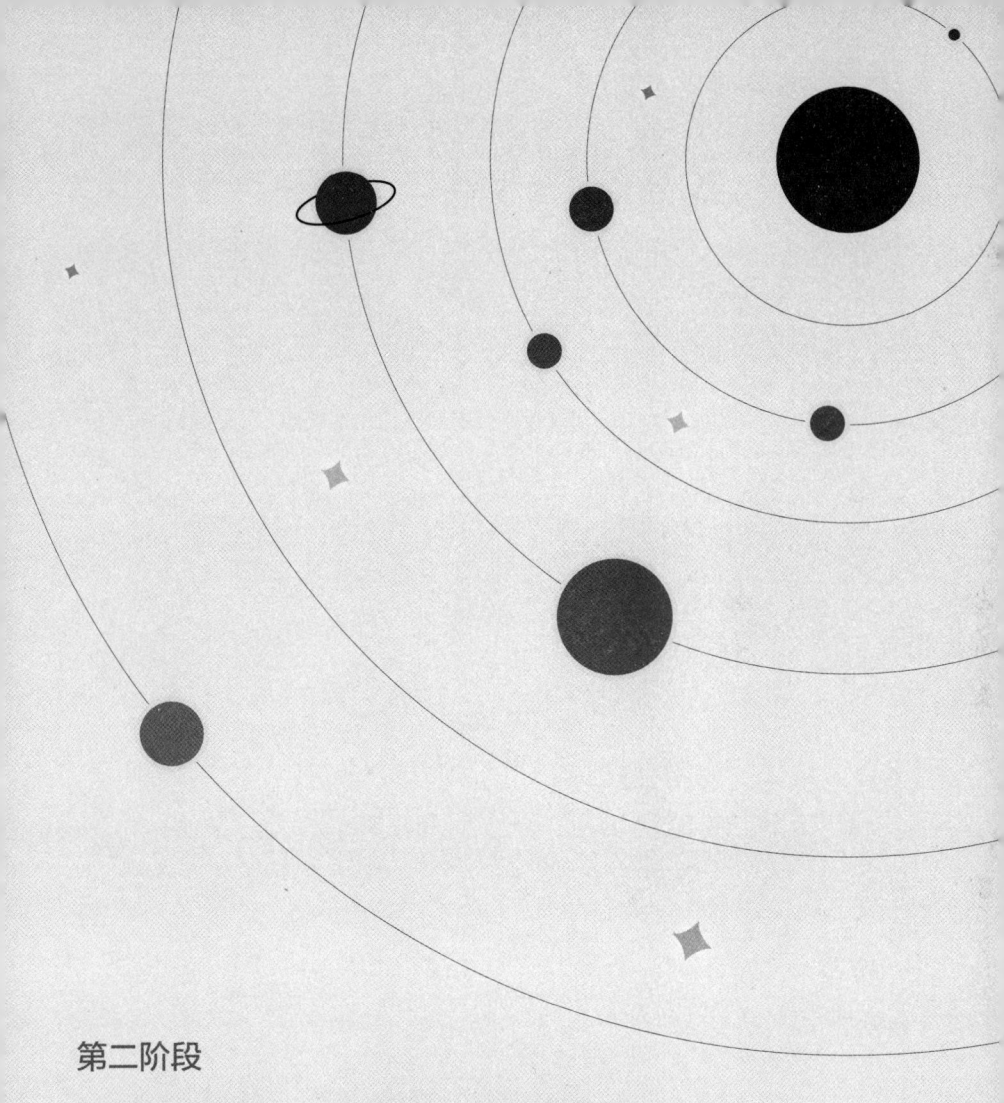

创意推进，实现完美着陆

在本书的第二阶段，你将学习如何推动你在第一阶段所构思的想法。你会找到重构问题以产生更好答案的方法，了解到自证错误是找到正确答案的途径，并且知道如何像火箭科学家那样进行验证和实验，以确保你的探月思维完美着陆。

第 5 章 重构问题
如何重构问题并产生更合理答案

> 清晰定义问题，问题便解决了一半。
>
> ——佚名

登陆火星就好比在宇宙中编排一支完美的舞蹈。NASA工程师汤姆·里弗利尼（Tom Rivellini）解释道："只要有任何一件事情出错，那就完蛋了。"

首先，火星是一个快速移动的目标。根据火星与地球的相对位置，这颗红色行星距离地球0.54亿～4亿千米，以每小时8万多千米的速度绕太阳运行。要在一个特定地点、特定时间登陆火星，无异于在行星间来个高尔夫球的"一杆进洞"。

当地球和火星相互距离最近时，两颗行星之间的旅行时间通常也要6个月。但星际旅行最危险的环节并不来自这6个月，而是来自旅行结束时航天器进入火星、下降和在火星表面着陆（如果运气好的话）那6分钟造成的恐惧感。

在旅程中，火星着陆器装在一个由两部分组成的减速伞里。这是一种类似蚕茧的减速伞，正面有一个隔热罩，另一面有一个背壳。当航天器接触到火星大气时，它以超过音速16倍的速度在太空中飞行。大约6分钟内，它必须将速度从每小时1.9万千米降为0，安全地在火星表面着陆。

当航天器穿越大气层时，其外部温度上升到1400摄氏度以上。隔热罩保护航天器不着火，而大气摩擦使其速度降到每小时1600千米左右。

这个速度仍然很快。在距离火星表面大约10千米的地方，航天器打开一顶超音速降落伞，并扔掉隔热罩。但是，降落伞本身不足以降低航天器的速度。火星大气层很稀薄，它的密度不到地球大气层密度的1%，而降落伞是通过空气分子产生阻力的，空气分子越少，阻力就越小。因此，降落伞只能使航天器的速度降到每小时大约300千米左右。我们需要别的东西来减速，这样航天器就不会以赛车的速度撞击火星表面。

1999年，当我开始为后来成为"火星探测漫游者"计划的运营小组工作时，"别的东西"就是一台三条腿的着陆器。降落伞使航天器的速度降低后，着陆器伸出三条减震腿——这三条腿在旅途中是紧紧叠在一起的。然后，着陆器点燃火箭发动机，并借助雷达向下飞行，用它的三条腿轻轻地、稳稳地接触火星表面。

理论是这样的，但实际上存在一个问题。1999年，"火星极地着陆者"号便采用了这种着陆系统，结果着陆失败。NASA的一个审查委员会得出结论："火星极地着陆者"号可能过早关闭火箭发动机，垂直跌落到火星表面了。

在我们看来，这次事故带来了一个巨大挑战。我们当时正计划使用与"火星极地着陆者"号相同的着陆机制，而该机制刚刚铩羽。我们的项目陷入僵局。

起初，我们提出了一些显而易见的问题，例如，我们如何在"火星极地登陆者"号存在缺陷的设计上进行创新？我们如何才能设计一款更好的三脚着陆器，以确保顺利着陆？但我们发现，这些都不是我们应该问的正确问题。

我们要寻找更好的问题，而不是更好的答案。本章将探讨这一做法的重要性。在本书的第一部分中，你学会了根据第一性原理进行推论，并通过思想实验和探月思维来点燃思路，产生一些激进的方案来解决棘手的问题。但在通常情况下，我们最初构思出来的问题并不是最好的问题，而且我们发现的第一个难题往往也不是最应该解决的难题。

在这一章中，我们将探讨如何忍耐住提问的冲动，并了解找到正确问题而不是解决正确问题的重要性。你会了解到，两个看似简单的问题挽救了2003年"火星探测漫游者"计划，以及亚马逊采用的策略催生出该公司最赚钱的部门。我会阐述你能从大多数斯坦福大学学生都无法应对的挑战中学到什么，以及国际象棋高手看到棋盘上熟悉的局面时为什么会表现不佳。你还会发现，同样的问题如何带给我们一种每天都使用的突破性技术，如何使奥运会赛事发生了革命性变化，以及如何形成一场变革性的营销活动。

先宣判，后裁决

大多数人解决问题的方式让我想起《爱丽丝梦游仙境》（Alice's Adventures in Wonderland）的一幕：红心骑士因被怀疑偷了馅饼而接受审判，在证据提交之后，主持审判的红心国王说："让陪审团考虑作何裁决吧。"不耐烦的红心王后打断国王的话，并反驳道："不，不！先宣判，再裁决。"

在解决问题的过程中，我们本能地想找出答案。我们非但没有谨慎假设，反而大胆做结论；我们不承认问题有诸多成因，反而坚持第一个映入脑海的原因。医生们自以为做出了正确诊断，而这些诊断其实是以他们过去看到的症状为基础的。美国企业的管理层迫切地想表现出果断的决心，争先恐后地为一个尚未有定论的问题提供答案。

但是，这种方法本末倒置了。或者说，这就是先宣判、后裁决的做法。当我们不假思索地启动应答模式时，最终会去追寻那些错误的问题。当我们急于找出解决方案时,就会倾向于自己的判断,相信最初的答案,而更好的答案却被视而不见。倘若先宣判、后裁决的话,裁决结果总是相同的,那就是嫌疑人有罪。正如约翰·梅纳德·凯恩斯(John Maynard Keynes)所说的那样:"产生新想法并不难,难的是摆脱旧想法。"

每当我们熟悉一个难题,以为自己拥有正确答案时,就不再看到其他选项。这种倾向被称为"定势效应"(einstellung effect)。在德语中,"einstellung"的意思是"固定",此处指一种固定的心态或态度,坚持问题的最初框架和最初的答案。

定势效应是我们教育系统遗留的部分产物。在学校里,老师教我们回答问题,而不是重构问题。老师们把这些问题以习题集的形式交给学生——其实更像是塞给学生。"集"字说明了这种方法的弊端所在,即问题是固定的,学生要做的是解决问题,而非改变或质疑它们。一位高中老师丹·迈耶(Dan Meyer)说,一道典型的习题会包含"所有限制条件和已知信息,而且这些条件和信息都是全面预先设定好的"。然后,学生去剖析这个预先包装好、且预先验证过的问题,把它套入到记忆中的公式里,从而得出正确的答案。

这种做法与现实完全脱节。在我们成年人的生活中,问题交到我们手里时,往往是没有完全成型的,我们必须亲自去发现、定义和重新定义它们。但是一旦我们发现了问题,传统教育就开始条件反射地让我们进入回答问题的模式,而不是问自己:是否有更好的问题需要解决?尽管我们嘴上说得好听——寻找正确问题很重要,但在行动上却更倾向于采用过去失败过的策略。

就这样,随着时间的推移,我们变成了一把铁锤,每个难题都像一颗钉子。有人做过一项调研,在来自17个国家的91家公司的106名高管人员中,85%的人同意或强烈赞同一点:他们的企业不擅长定义问题,而这个弱点反过来造成企业成本过高。管理学学者保罗·纳特（Paul Nutt）的另一项研究发现，企业之所以倒闭，部分原因在于它们没有正确定义问题。举个例子，当企业发现广告存在问题时，它们会寻找广告的解决方案，却人为地排除了其他所有可能性。在这项研究中，管理者们只在不到20%的决策中考虑了一种以上的替代方案，这种环境非常不利于创新。"先入为主的解决方案，没有对其他选项做太多探求，是企业失败的根源。"纳特总结道。

以另一项研究为例。研究人员将象棋高手分成两组，让他们解决一个关于象棋的难题。棋手们要使用尽可能少的步数来赢棋。对于第一组棋手来说，他们有两种方案可以赢棋：（1）任何熟练棋手都熟悉的解决方案，能够在5步内将死对手；（2）不那么熟悉、但更好的解决方案，可以在3步内将死对手。

第一组中的很多象棋高手没有找到第二种解决方案。研究人员监测了棋手的眼球转动情况，发现他们花很多时间在棋盘上探求熟悉的解决方案；即使棋手声称自己在寻找替代方案，他们也无法把眼神从自己熟悉的东西上移开。当他们看到熟悉的解决方案时（"锤子"看到了"钉子"），他们的表现立刻降低了3个标准差值。

对第二组研究参与者，研究人员改变了棋局，棋手所熟悉的解决方案不再是一个可用选项。相反，只有最优解决方案才能将死对手。第二组象棋高手没有熟悉的解决方案来分散他们的注意力，于是他们都找到了最佳解决方案。这项研究验证了一句话："当你看到一步好棋时，不要轻举妄动，而是去寻找更好的一步棋。"多位象棋世界冠军对这句话深以为然。

当定势效应成为阻碍，让我们看不清下一步动作时，我们可以通过质疑问题来改变我们对问题的定义。

质疑问题

马克·阿德勒（Mark Adler）打破了人们对工程师的所有成见。他英俊潇洒，富有魅力，脖子上经常挂着一副太阳眼镜——这是他在阳光明媚的佛罗里达州成长所留下的印迹；他经常笑，但也常表现出一些强烈的情感倾向；在业余时间，他驾驶小型飞机去潜水；他说话的语速不亚于他思维的敏捷度。我对他的采访持续了1个多小时，而这期间我最多只能见缝插针地问他3个问题。

1999年"火星极地着陆者"号坠毁时，阿德勒是NASA喷气推进实验室的工程师。记得上文提过，我们的火星项目被搁置了，因为我们计划采用与"火星极地着陆者"号相同的三腿式着陆系统。当时除了阿德勒，参与项目的所有人都受到了定势效应的影响。就像象棋高手一样，我们把注意力集中在熟悉的棋局解决方案上，而在我们的案例中，这个解决方案就是三条腿的着陆器。

但阿德勒想出了一个更值得解决的问题。我问他是怎么想到这个法子的，他告诉我，这"真的真的很简单"。阿德勒认为，我们的问题不是出在着陆器上，而是火星的重力上。我们太过关注一个显而易见的问题，即我们如何才能设计一款更好的三条腿着陆器。阿德勒退后一步，问自己："我们如何才能克服重力，让我们的探测器安全着陆？"使苹果从树上掉下来的那股力量，也会导致航天器与火星表面发生不愉快的相遇，除非你采取措施来缓冲下坠的航天器。

阿德勒的解决方案是放弃三条腿的着陆器设计。相反，他建议使用巨型安全气囊将我们的探测器裹在着陆器里面。着陆器撞击火星表面之前，这些气囊会膨胀起来。在这些白色"大葡萄"的缓冲下，我们的探测器将从大约10米的高度被释放出来，撞击地表，弹跳大约30～40次，最后停下来。

没错，气囊外形很简陋；没错，它们丑得要命——但它们起作用了。1997年，安全气囊成功地将"火星探路者"号（Pathfinder）航天器降落在火星上。阿德勒知道，"它们会起作用的，因为它们以前就发挥过作用"。

阿德勒向喷气推进实验室的火星探险首席科学家丹·麦克利斯（Dan McCleese）提出建议，并问后者此前为什么没有考虑到这样做。麦克利斯说："因为没人支持这样做。"于是阿德勒决定支持该方案。他向喷气推进实验室一些最优秀的人提出了这个想法，并说服他们加入这个计划。在不到4周的时间内，他们借助"火星探路者"号的着陆系统整理了任务理念，如此短的时间创下了任务设计时间的新纪录。这项建议最终成为现实。NASA之所以选择阿德勒的设计，很大程度上是因为它最有可能将航天器安全送上火星。

"每个答案都有一个能够回溯的问题。"哈佛商学院教授克莱顿·克里斯滕森（Clayton Christensen）说。答案通常嵌在问题本身当中，所以构建问题就成为找到解决方案的关键所在。查尔斯·达尔文会赞同这点，他在给一位朋友的信中写道："回头想想，我认为看清问题本质比解决问题要困难得多。"

把问题想象成各种不同的摄像机镜头。装上广角镜头，你就能捕捉到整个场景；装上变焦镜头，你就能拍到一只蝴蝶的特写镜头。"我们不是观察到大自然本身，而是大自然暴露在我们的提问方式中。"量子力学不确定性原理的提出者沃纳·海森堡说道。当我们重构一个问题（也就是改变提问的方式）时，我们就拥有了改变答案的力量。

研究证实了这一结论。有人对多学科发现问题的方式进行了长达55年的汇总分析，发现：问题构建与创造性之间存在显著的正相关。在一项著名研究中，雅各布·盖泽尔斯（Jacob Getzels）和米哈利·契克森米哈莱（Mihaly Csikszentmihalyi）发现，与创造力较低的同学相比，最具创造性的艺术专业学生在准备和探索发现阶段所花的时间更多。根据这些研究人员的说法,对问题的探索并不会随着准备阶段的结束而结束。即使已经花时间从不同的角度来研究问题,更具创造性的人也会带着开放心态进入解决方案阶段,并随时准备对问题的最初定义进行修改。

在我们的火星登陆项目中,阿德勒就像一位更具创造力的艺术专业学生,他会花更多时间来构想问题,并且能够发现其他人都忽略的问题。但是,对那些就连阿德勒都无法预见的问题,又该怎么办呢?

分身

在许多方面,火星是地球的姐妹星。它们是太阳系两颗相邻的行星;火星的季节、转动周期及其轴线倾斜度都与地球相似;虽然火星现在又冷又荒凉,但它过去曾是温暖而潮湿的星球,有证据表明,火星表面曾经存在过液态水。

这些特征使得火星成为太阳系中为数不多的可能出现过外星生命的地方之一,这些生命甚至还可能非常繁荣。1972年,阿波罗登月计划完成最后一次登月之后,火星自然而然地成为人类下一个有待探索的疆域。1962~1973年,NASA发射了一系列"水手"号(Mariner)探测器,从火星轨道上拍摄这颗红色行星的照片。是时候到火星表面一探究竟了。如果NASA的宇航员能像阿姆斯特朗和奥尔德林那样,穿上太空服,带着锤子、铲子和耙子去火星采集样本,那他们早就这么做了。但是在NASA看来,这个选项在财政上是不可行的。因此,NASA退而求其次,被派往火星的不是人类地质学家,而是机器人。

1975年,NASA启动了"海盗"号项目,首次尝试登陆火星。此次任务向火星发射了两个相同的太空探测器,名字起得毫无想象力,分别叫"海盗1"号和"海盗2"号。每个探测器都包含一个轨道飞行器，用于从火星轨道分析火星；还有一个用于研究火星表面的着陆器。到达火星后，轨道飞行器在适当的着陆地点附近侦察一段时间。发现着陆点后，着陆器与轨道飞行器分离，并下降到地面。

"海盗1"号着陆器于1976年7月20日降落火星表面，此时距离"鹰"号着陆静海基地那天刚好7年。同年9月，"海盗2"号登陆火星。两台着陆器的设计寿命为90天，但它们的实际使用时间大大超过了"保修"期。"海盗1"号进行了6年多的科学研究，"海盗2"号则进行了将近4年的科学研究，向地球发回了数万张火星图像。

其中一些图像散布于康奈尔大学空间科学大楼的入口处，我大部分本科求学生涯都是在那里度过的。每天，当我前往大楼四楼的"火星房间"工作室时，都会路过那些图像。每次看到这些图像，我的脸上顿时不自觉地露出大大的微笑。如果用蒙太奇手法把我的大学生活拍成电影，"海盗"号发回的火星图像将成为重要角色。

2000年的某个时候，我正忙着在"火星房间"设计行动方案，模拟我们的探测器登陆火星后所发生的事情——此时，阿德勒关于安全气囊的高明观点刚让我们绝处逢生。我听到走廊里传来史蒂夫·斯奎尔斯靴子的独特声音，他正向我和我的同事走来。我的上司斯奎尔斯带着我们项目的首席调查员走进房间，并宣布他刚和NASA总部的斯科特·哈伯德（Scott Hubbard）通过电话。

在设想最坏情形方面，我的想象力特别活跃。一些悲观的想法立刻出现在我的脑海中。这次出了什么问题？我们又被抛弃了？

但这次并不是坏消息。"火星极地着陆者"号事故发生后，哈伯德负责修正NASA的火星探测项目。他刚刚与时任NASA局长丹·戈尔丁（Dan Goldin）见过面，后者请哈伯德向斯奎尔斯转达一个简单的问题。

"你能造两套吗?"哈伯德在电话里问斯奎尔斯。

斯奎尔斯回答说:"两套什么?"

哈伯德说:"两套有效载荷。"

斯奎尔斯惊得目瞪口呆,问道:"你为什么要两套有效载荷?"

"因为要装两台探测器。"哈伯德答道。

这是一个没有人想过要问的简单问题:我们能否把两个而不是一个探测器送上火星?"火星极地着陆者"号坠毁后,我们的目光太过狭隘,只关注着陆器的问题,一心想用阿德勒的安全气囊设计取代它。但是,风险并不仅仅存在于着陆系统。我们的航天器要穿越6400多万千米的外层空间,而且火星表面上到处怪石嶙峋,强风肆虐,任何随机出现的事物都可能让我们的航天器遭受打击。

戈尔丁这种应对不确定性的解决方案采用了我们早些时候在本书中探讨过的策略——引入冗余。我们不能把所有鸡蛋放在一个篮子里(即一个航天器),寄希望于沿途不会发生意外;相反,我们决定发射两台探测器。即使一台探测器着陆失败了,另一台也有可能成功。更重要的是,根据规模经济理论,第二台探测器的成本会很低。戈尔丁想出这个主意之后,给了阿德勒和喷气推进实验室的另一位工程师巴里·戈德斯坦(Barry Goldstein)45分钟时间来估算第二台探测器的成本。他们计算出两台探测器共需要6.65亿美元,比4.4亿美元的单台价格高出了大约50%。NASA想办法筹到了多出来的2.25亿美元,批准我们造第二台探测器。

就这样,我们的探测器有了一个分身。

这一次,NASA决定给探测器起两个更有创意的名字,并举办了一场"火星探测器起名大赛",邀请美国的学生提交带有起名建议的文章。在一万多名参赛者中,来自亚利桑那州的大学三年级学生索菲·柯林斯(Sofi Collins)脱颖而出。索菲出生在西伯利亚,是个孤儿,后来被一户美国家庭收养。"那里阴暗寒冷，孤单寂寞。"她在建议书中这样描述她住过的孤儿院，"晚上，我抬头望着星光闪耀的天空，感觉就好多了。我梦见自己在天空飞翔。在美国，我可以让自己所有的梦想成真。谢谢你给我的'勇气'和'机遇'。"

新命名的"勇气"号和"机遇"号探测器的主要科学目标，就是确定火星是否曾经有生命存在的痕迹。我们知道，水是维持生命的关键物质，所以我们想找到水曾经流过的地方。两台探测器也意味着科学考察有了双倍保障。两台探测器可以探索两个截然不同的着陆地点。如果其中一个着陆点被证明不具有科考价值，那另一个着陆点可能会挽救局面。

我们为"机遇"号选择了火星赤道附近的梅里迪亚尼平原（Meridiani Planum）。这个地区看起来很有希望，因为它的化学成分、尤其是一种叫作赤铁矿的矿物质，表明该区域曾存在液态水。更重要的是，梅里迪亚尼平原是这颗红色星球上"最光滑、最平坦、风最少的地方"之一，相当于火星上的一个巨大停车场。就着陆地点而言，恐怕很难找到比它更安全的地方了。

随着"机遇"号前往一个富含化学物质的地点，我们为"勇气"号选择了一个包含丰富地形的着陆点——"古谢夫"（Gusev）。古谢夫位于火星的另一面，与梅里迪亚尼平原相对，是一个巨大的陨石坑，有一条清晰可见的水道。科学家们怀疑，这条水道是在过去某个时候被水流蚀刻而成的，而陨石坑曾是一个湖泊。就着陆点来说，古谢夫的风险有点高，那里的风力和岩石密度都比梅里迪亚尼高。但有了两台探测器，我们可以用其中一台去冒更高风险。

"勇气"号首先到达火星。航天器接触火星大气层后，一切都按计划进行。降落伞打开，隔热罩被丢弃，安全气囊开始充气，然后在火星表面弹跳和翻滚，直至着陆器完全静止下来。随着火星首批照片开始传回地球,任何关于阿德勒的安全气囊设计是否可行的疑问都烟消云散了。多年来,我们只能从火星轨道上拍摄的照片中观察古谢夫陨石坑;而现在,我们终于可以根据火星表面发回的高清图片观察陨石坑内部的壮丽景象了。这是有史以来的第一次,给人以超现实的感觉。

但是,当团队开始详细地分析火星图像时,探测器着陆时我们的那种兴奋心情开始减退。没错,我们安全地降落在火星上;没错,这项成就使我们变成了与众不同的少数人,我们成功地在火星表面着陆了。但是,除了正在观察火星这一事实,我们所看到的东西并没有那么震撼人心。从火星探测器传回的图像看起来很像那些由"海盗"号拍摄的、悬挂在空间科学大楼作为装饰画的图像。相似的岩石、相似的远景、相似的结构,一切都很相似。

当"勇气"号开始探索陨石坑周围地形并到达离最初着陆点大约3千米的"哥伦比亚山脉"(Columbia Hills)时,科研人员平静的心情又变得无比激动起来。在"勇气"号和"机遇"号登陆火星前一年,"哥伦比亚"号航天飞机失事,7名宇航员在事故中丧生。为了纪念他们,人们将火星上的这条山脉取名为"哥伦比亚山脉"。在这些山上,"勇气"号最终发现了针铁矿。这是一种只在水中形成的矿物质,充分说明火星表面曾经有过水流活动。

3周后,"勇气"号的孪生姐妹"机遇"号在火星上着陆。"机遇"号的着陆点梅里迪亚尼平原和我们以前所见过的任何景象都不一样。此前,每张火星的照片都有大块岩石散落在地表,但在"机遇"号着陆的地方,周围没有任何岩石。当探测器开始向地球传送其着陆区域的第一批照片时,喷气推进实验室的任务支持团队开始大笑、欢呼和哭泣。时任飞行主任克里斯·列维奇(Chris Lewicki)要求斯奎尔斯就他们在屏幕上看到的东西做一次简要的科学概述。但斯奎尔斯的喉咙发紧,他缓缓打开耳机上的开关,说:"天哪!对不起,我看到的东西太震撼了。"

他们看到的是,探测器面前有一块露出地面的基岩。为什么像基岩这样普通的东西会让科学家说不出话来?因为裸露的层状基岩是最接近于时光旅行的事物。基岩就像一本史书,向我们展示了这个距离地球极其遥远的星球上很久以前发生的事情。"勇气"号必须爬上一高座山,才能发现有趣的科学现象;"机遇"号则不同,它可以毫不费劲地获取科学的秘密,因为秘密就藏在基岩里。"机遇"号的所有重大发现都发生在登陆任务的前6周时间里,这要归功于它的幸运着陆。而正是因为我们决定将两台探测器送上火星,我们才会选择这个着陆点。

斯奎尔斯当时并没有意识到这点,但他所说的话已经向全球直播,包括那句"天哪"(holy smoke)。他的话引起了韩国首尔一名为《文化日报》(*Munhwa Ilbo*)撰稿的记者的兴趣,这名记者写下了"机遇"号登陆火星这一历史时刻的故事,并以以下标题作为概括——"第二台火星探测器着陆,发现神秘烟雾"。另一名韩国记者评论称,幸亏斯奎尔斯没有说"我的天哪"(holy cow)。[1]

就像"海盗"号前辈一样,我们的探测器设计运行寿命为90天,但它们的实际寿命远远超过"海盗"号着陆器。"勇气"号持续工作了6年多,直至陷在软土里动弹不得。冬天到来后,它最终与地球失去了联系,太阳能电池板也失去了能源。我们为"勇气"号举行了一次正式的告别仪式,为这台翻山越岭(当初设计时没有把爬山功能考虑在内)、经历过强烈沙尘暴的探测器祝酒和致以热情洋溢的悼词。

我们给"机遇"号起了个昵称,叫作"欧比"(Oppy)。它一直工作到2018年6月,当时一场巨大的沙尘暴覆盖了探测器的太阳能电池板,使其能源枯竭。NASA官员发出数百条指令,要求"欧比"与地球联

---

[1] 此处是在调侃《文化日报》记者望文生义,英文水平差。——译者注

系,但没有成功。2019年2月,"机遇"号正式宣告"死亡"。它比90天的预期寿命多活了14年,并在这颗红色星球破纪录地漫游了45千米多。

真令人叹为观止。

两个问题重构了所有难题,并最终催生了有史以来最成功的星际飞行任务之一。这两个问题就是:如果我们用安全气囊取代三条腿的着陆器,会有什么效果?如果我们向火星发射两台探测器,而不是一台,是否会更好?

这些问题也许看起来很明显,但它们只是在事后看来才明显。你如何才会做阿德勒和戈尔丁所做的事情,并从别人错过的视角看待问题?策略之一就是区分"战略"和"战术"这两个概念,因为它们经常被混为一谈。为了理解两者的区别,让我们暂时告别火星,前往尼泊尔。

战略与战术

在某些关键器官发育之前过早出生的婴儿,被称为早产儿。在世界范围内,每年大约有100万名早产儿死于体温过低。由于这些婴儿出生时身体脂肪很少,所以他们很难控制自己的体温。对于他们来说,室温可能就像冰冷的水。

在发达国家,解决方案就是把婴儿放在恒温箱里。恒温箱的大小和一张标准婴儿床差不多,在婴儿身体完成发育的过程中,它可以保持婴儿的体温。恒温箱起初是一种相当简单的设备,但随着时间的推移,里面又添加了一些花哨的装置。如今的恒温箱有触摸婴儿的手臂端口,呼吸机等生命维持装置,还有调节湿度的设备等。科技升级也带来了成本的提升。一台现代化的恒温箱价格在2万~4万美元之间,这个价格还不包括它工作所需的电力。因此,恒温箱在许多发展中国家很少见,结果就是大量早产儿死亡,而这种情况本来是可以避免的。

2008年,斯坦福大学的4名研究生开始应对这项挑战,决心打造价格更低廉的恒温箱。他们参加了一门名为"极端经济适用性设计"的课程,学习"设计能改变世界上最贫困民众生活的产品和服务"。

该团队没有在舒适的硅谷进行创新,而是决定到尼泊尔首都加德满都进行实地考察,一头扎进新生儿科。他们想观察医院如何使用恒温箱,以便设计出能在当地条件下工作的廉价设备。

不过,有一件事让他们感到惊讶。医院里的恒温箱积满了灰尘,被束之高阁。造成该问题的部分原因是医院缺乏专业技术人员。恒温箱通常很难操作;而更重要的是,尼泊尔绝大多数早产儿出生在农村地区,其中大部分还没到医院就夭折了。

因此,问题的关键不在于医院缺乏恒温箱,而是没有医院的农村地区缺少可用的婴儿恒温箱,或者电力供应不够稳定。传统的解决方案是将更多的恒温箱送往医院或降低恒温箱成本,但两种方法都无法带来明显变化。

根据实地考察总结出来的经验,斯坦福团队重构了这个问题——早产儿不需要恒温箱,他们需要的是温暖。当然,现代恒温箱的其他功能是很有用的,比如说心率监测器,但最具挑战性的难题是在婴儿器官发育期间给他们保温,这个因素的影响最大。保温设备必须价格便宜且直观好用,便于电力供应不稳定的农村地区的文盲父母使用。

"拥抱"(Embrace)牌婴儿保温袋应运而生。它是一种轻质小型睡袋,可以把婴儿整个包裹起来。保温袋由相变材料(一种新型的蜡)制成,能够连续4小时给婴儿提供适宜温度。只要把保温袋放在沸水中几分钟,就可以给它"充电"。与传统恒温箱动辄2万~4万美元的价格相比,"拥抱"牌保温袋的价格只有25美元。到2019年为止,这款廉价可靠的产品已经"拥抱"过20多个国家的数十万早产儿。

一般情况下,我们会爱上我们最喜欢的解决方案,然后把问题归咎于没有采用这个解决方案。我们会说:"问题是,我们需要一台更好的三腿着陆器。"或者:"问题是,我们没有足够的恒温箱。"在上述两种情况下,我们只是为了技术而追求技术,为了树木失去了森林,为了方法失去了目的,为了形式失去了功能。

这种方法错把战术当作了战略。虽然这两个术语经常被交替使用,但它们指的是不同概念。战略是实现某个目标的计划;相比之下,战术是为实施战略而采取的行动。

我们往往忽略了战略,专注于战术和工具,并且很依赖它们。但正如作家尼尔·盖曼提醒我们的那样,工具"有可能成为最不显眼的陷阱"。你面前摆着一把锤子,可这并不意味着它是完成这项工作最合适的工具。只有当你把视野放宽点,并确定更广泛的战略时,你才能放弃一个有缺陷的战术。

想要找到战略,不妨问问自己:这个战术要解决什么难题?为此,你不要追寻方式方法,而要专注于原因。三条腿的着陆器是一种战术,而在火星上安全着陆是战略;恒温箱是一种战术,拯救早产儿才是战略。如果你无法跳脱出来,那就让局外人加入到谈话中来。那些不经常使用锤子的人,不太可能被面前的锤子分散注意力。

一旦你确定了战略,就会更容易使用不同战术。如果你把登陆火星的难题更宽泛地定义为重力问题,而不是一台有缺陷的三腿着陆器,那么气囊就可以成为一种更好的选择;如果你把这个问题更宽泛地定义为登陆火星所涉及的风险,而不仅仅是一台有缺陷的着陆器,那么发射两台而不是一台探测器就会降低风险并增加回报。

彼得·阿蒂亚既是一名医生,也是著名的人类寿命方面的专家,他非常擅长区分战略和战术。我问他,当病人来找"正确答案"时,他会怎么做?比方说,病人问他"我应该遵循什么样的饮食规定?如果我胆固醇过高,我应该服用他汀类药物吗"时,他会怎么回答。他告诉我:

"我通常不会让病人把注意力集中在战术上,而是让他们重新关注战略。每当人们来寻找'正确答案'时,他们总是问一些战术性的问题。通过关注战略,你在战术上会更具可塑性。"在阿蒂亚看来,是否使用他汀类药物属于"一种战术性的问题,应服务于更广泛的战略",即减少因动脉粥样硬化造成的死亡。

为了让自己的学生了解战略和战术的区别,斯坦福科技创业计划(Stanford Technology Ventures Program)的教务主任蒂娜·塞利格(Tina Seelig)采用了她所谓的"5美元挑战法"。学生分成几个小组,每组得到5美元资金。他们的目标是在两小时内尽可能多赚钱,然后给全班同学做一个关于赚钱的3分钟报告。

如果你是班上的学生,你会怎么做?

人们一般会回答,用5美元购买创业物资比如临时洗车材料,或者摆摊卖柠檬水,买彩票等。但是,遵循这些传统做法的小组的成绩,往往在班里殿后。

赚钱最多的小组根本不使用这5美元。他们意识到,这5美元是一种分散他们注意力、毫无价值的资源。

所以他们忽略了这5美元,从更广泛的角度重构这个问题:"如果我们从一无所有起步,能够做些什么来赚钱呢?"一个小组的做法特别成功。组员在当地很有人气的几家餐馆预订座位,然后把预订就餐时间卖给那些不想排队等候的人。不到两小时,这些学生就赚了几百美元。

但是,赚钱最多的那个小组以完全不同的方式解决该难题。学生们明白,5美元启动资金和两个小时的时间并不是他们可支配的最有价值资产;相反,最有价值的资源是他们在斯坦福课堂上的3分钟演示时间。他们把3分钟时间卖给了一家想招聘斯坦福学生的公司,净赚650美元。

你在自己的生活中,采用了哪种"5美元战术"?你怎么样才能忽视那5美元,找到两个小时的赚钱机会?甚至更进一步,如何在你的时间里找到最有价值的3分钟？不要去想"做什么"，而要思考"为什么"，也就是从更广泛的角度构建问题，不纠结于自己最喜欢的解决方案，而是去尝试其他事物。一旦做到这一点，你就会发现周围还存在其他可能性。

你不仅可以重构问题以生成更好的答案，还可以重构目标、产品、技能和其他资源，将它们用于更富创造性的用途。这需要打破常规，发挥创造性思维。下面我就要讲一个打破常规的故事。

打破常规

气压计可以用来做什么？

如果你认为它的唯一用途就是测量气压，那就再想想看。

理科教授亚历山大·卡兰德拉（Alexander Calandra）是非正统教学法的倡导者，他曾写过一篇名为《针尖上的天使》（*Angels on a Pin*）的短篇小说，讲述了他的同事和学生之间关于一次物理考试的争论。那位物理老师认为学生应得零分，但学生要求满分，他请卡兰德拉评评理。

以下就是物理考试的问题："请说明如何用气压计来确定一座高楼的高度。"传统的答案很清楚：用气压计先在楼顶测量气压，然后在一楼测量气压，用两个气压的差值计算大楼高度。

但这不是那名学生给出的答案。相反，该学生写道："把气压计拿到楼顶，用一根长长的绳子系在气压计上，把气压计降到地面，然后收上来，测量绳子的长度。绳子的长度就是大楼的高度。"

这个答案当然是正确的，但与标准答案相去甚远，不是老师在课堂上教的东西，没有按老师预期的方式得出预期的结果。气压计应该是用来测量气压的，而不是临时用来做拉直绳子的重物。

气压计的故事是"功能固着"的一个绝佳例子。心理学家卡尔·邓克（Karl Duncker）称，"功能固着"指一种"反对以新方式解决问题的心理障碍"。我们不仅认为难题和问题都是固定的，还认为工具也是固定的。我们知道气压计可以用来测量气压之后，就看不到它的其他用途了。我们的思维固定在自己知道的功能上，就像国际象棋棋手的眼睛盯着棋盘，心里一直想着熟悉的走法。

"功能固着"最著名的例子也许就是邓克所设计的蜡烛实验。在这个实验中，他让实验对象坐在靠墙的桌子旁，给他们一支蜡烛、几根火柴，还有一盒图钉。他让实验对象想办法把蜡烛挂在墙上，而且蜡不会滴到下面的桌子上。大多数实验对象尝试了以下两种方法中的一种：他们要么用图钉把蜡烛钉在墙上，要么用火柴把蜡烛的侧面熔化，然后把它贴在墙上。

但两种方法都不起作用。这些实验对象之所以失败，部分因为在于他们专注于物体的传统功能，即图钉就是用来钉东西的，盒子就是用来存放东西的。

成功的试验者忽略了盒子的传统功能。相反，他们改造图钉盒的结构，把它做成一个可以放蜡烛的平台。然后，他们用图钉把盒子钉在墙上。

在日常生活和职场生涯中，我们都会遇到不同版本的蜡烛问题。一般情况下，我们会做那些不成功的实验对象所做的事情，把盒子视为容器而非平台。那么，我们如何训练自己打破常规思维呢？如何才能从不同视角看待我们提供的产品或服务呢？如何才能掌握某个领域的技能，并发现它们在另一个领域的价值呢？

在为军方进行的一项研究中，罗伯特·亚当森（Robert Adamson）试图回答这个问题。他复制了邓克的蜡烛实验，但做了一点改变。他把实验对象分成两组，稍微改变了每组的设置。结果，第二组的成绩远远超过第一组。第一组里只有41%的实验对象解决了这个谜题,而第二组完成的比例高达86%。

是什么造成结果相差如此明显?针对第一组,蜡烛、火柴和图钉这三种类型材料被放置在三个盒子里。于是第一组往往把盒子视为容器,它面临严重的"功能固着"问题。除了储存东西,组员很难用盒子来做其他事情。

但对第二组,这些物品被放在桌子旁而不是盒子里,盒子都是空的。物品被拿出盒子之后,实验对象更容易将这些盒子视为潜在的烛台。实验结果与前文对国际象棋高手的研究所得结论相似,在这两项实验中,当熟悉的解决方案被排除时,实验对象的表现都有所提升。

我们总是假设一个盒子或一只气压计应该怎么用,由此便产生了"功能固着"。你可以拿出我们此前探讨过的"奥卡姆剃刀"来削减"功能固着",把我们对工具的假设用途切割掉——如果你不了解这个东西,那你还能做什么?这就像限制工具的明显用途一样简单,即把盒子里的材料倒出来(亚当森的研究就是这样做的),把熟悉的解决方案从棋盘上移除掉,或者用气压计来做测量气压之外的任何事情。

组合游戏也能帮上忙。你可以观察物品在其他领域的用途,从中获取灵感。例如,那些让探测器在火星上安全着陆的安全气囊所采用的缓冲机制,与车祸中方向盘安全气囊的缓冲机制相同;用来制作宇航员太空服的织物,也被应用于"拥抱"牌恒温襁褓包。乔治·德·梅斯特拉尔(George de Mestral)是钩毛搭扣的发明者。在一次散步后,梅斯特拉尔看到自己的裤子上沾满了苍耳。他用显微镜查看了苍耳,发现一种类似钩子的形状。于是他模仿其结构,发明了由钩子和毛圈组成的维可牢搭扣。搭扣的一边像苍耳般坚硬,另一边则像他的裤子一样光滑。

把功能与形式分离也是有帮助的。当我们看着某个物体时,往往看到的是它的功能。我们认为气压计是用来测量气压的,锤子是用来钉钉子的,盒子是用来存储物体的。然而,这种对功能的天生惯性思维也阻碍了创新。如果我们忽略功能,注重形式,就可以发现产品、服务或技术的其他使用方式。举个例子:如果你只把普通气压计视为一种圆形物体,那它也可以被当作重物;如果你把盒子视为一个带边沿的平台,那它也可以被用作烛台。

在一项研究中,研究人员将实验对象分为两组,要求他们解决8个与洞察力相关的问题,这些问题要求他们克服功能固着思维,其中也包括蜡烛问题。对照组的实验对象没有接受过培训,另一组实验对象则在研究人员的教导下对物体进行非功能描述,例如,他们不说"电源插头的插子",而是将插子描述为"一种薄薄的、长方形金属片"。接受过培训的小组比对照组多解决67%的问题。

从功能向形式的转换,也有助于重新规划可供使用的资源,亚马逊网络服务(Amazon Web Service,简称AWS)的研发就是这样一个例子。随着亚马逊从在线书店成长为一家包罗万象的商店,它建立起了庞大的电子基础设施,其中包括存储设施和数据库。该公司意识到,它的基础设施不仅是一种内部资源,还可以作为云计算服务,出售给其他公司,用于存储、联网和作为数据库。亚马逊网络服务最终成为亚马逊的摇钱树,2017年为亚马逊带来大约170亿美元的收入,超过其零售部门。

通过收购全食超市(Whole Foods Market),亚马逊重构了"图钉盒"。此次收购使许多观察家感到迷惑不解:为什么这家互联网巨头要收购一家挣扎求生的实体杂货店?答案之一就是亚马逊要重构全食超市的实体店。亚马逊并没有把全食超市简单地看作杂货店,而是要把它们重新打造为人口密集地区的配送中心。这些中心可以确保产品快速交付到亚马逊金牌会员的手中。

在上述两个例子中,亚马逊都是重形式、轻功能。全食超市的职能是售卖食品杂货,但这些店铺的面积非常大,且具备仓储和冷冻能力,可以被赋予"配送中心"这个新用途。亚马逊云计算基础设施的功能是给公司内部提供支持，但它的形式是一个庞大的数据中心，可以向奈飞和爱彼迎等公司提供高利润服务。

如果你很难从功能向形式切换，且无法将"图钉盒"看成蜡烛台，那么还有另一种方法可以尝试——把"盒子"翻转过来。

如果反其道而行之

1957年10月4日，星期五，苏联发射了人造卫星"伴侣"号（Sputnik），这是第一颗绕地球轨道运行的人造卫星。在俄语中，"Sputnik"有"旅伴"之意，它大约每98分钟绕地球轨道运行一圈。如果你怀疑人类是否真的为自己创造了一个月亮，不妨在日落后拿一副双筒望远镜走到户外，看它在你在头顶上飞翔。

你不仅能看到人造卫星，而且还能听到它的声音。两名年轻的物理学家威廉·吉尔（William Guier）和乔治·魏芬巴赫（George Weiffenbach）在位于美国马里兰州的约翰霍普金斯大学应用物理实验室（Johns Hopkins Applied Physics Laboratory）工作。他们对一件事感到好奇：在地球上是否可以接收到人造卫星发出的微波信号？几个小时之内，吉尔和魏芬巴赫就锁定了从那颗卫星上发出的一系列信号。

"哔、哔、哔。"

苏联人擅长宣传，所以他们故意让"伴侣"号发出一个信号，地球上的任何人只要有短波收音机，都可以轻易接收到该信号。

"哔、哔、哔。"

当吉尔和魏芬巴赫听着这个信号时，他们意识到可以用它来计算"伴侣"号的速度和运行轨迹。当救护车路过你身边时，警报声的音高会逐渐减弱；同理，当"伴侣"号卫星离开这两位科学家的所在方位时,它的"哔哔"声也会发生变化,这就是所谓的"多普勒效应"(Doppler effect)。利用这一现象,他们画出了"伴侣"号的整个运行轨迹。

"伴侣"号的发射激起世人对苏联的敬畏,但也把美国人推向了疯狂的境地。《芝加哥每日新闻》(*Chicago Daily News*)的一篇社论写道:"如果俄国人能将80多千克的'月球'送入900千米外的预定轨道,那不久以后,他们就可以将一枚致命的核弹头扔向地球表面几乎任何一个地方的预定目标。"

"伴侣"号也让弗兰克·麦克卢尔(Frank McClure)大为震惊,但是出于不同原因。麦克卢尔当时是约翰霍普金斯大学应用物理实验室的副主任,他把吉尔和魏芬巴赫叫到办公室,问了他们一个简单的问题:"你们能做相反的事情吗?"如果能从地球的已知位置计算出卫星的未知轨道,那他们能用已知的卫星位置,找到地球上的一处未知位置吗?

这个问题听起来像是一个理论上的难解之谜,但麦克卢尔已经想到了一个非常实用的方法。当时,美国军方正在研制能够从潜艇发射的核导弹,可这项技术存在一个难题:为了用核导弹精确打击目标,军方必须知道发射场的精确位置。可是由于核潜艇在太平洋海底游弋,他们的精确位置是未知的。那么问题来了:我们即将发射卫星到太空中,你能否通过卫星的已知位置来发现我们潜艇的未知位置?

答案是肯定的。在"伴侣"号人造卫星发射仅仅3年后,美国就进行了这一思想实验,并发射了5颗卫星进入地球轨道,为核潜艇提供指引。当时,该系统被称为"海军导航卫星系统",但到了20世纪80年代,它被改名为如今大家耳熟能详的称呼——全球定位系统,简称GPS。

麦克卢尔的方法表明,我们可以采用一种极其有效的方法重构问题,即接受一个想法,然后把它倒过来想。这种方法至少可以追溯到19

世纪,当时德国的数学卡尔·雅可比(Carl Jacobi)用一句强有力的格言介绍了这一想法:"倒过来想,一定要倒过来想。"

法拉第运用这一原则,获得了有史以来最伟大的科学发现之一。1820年,发明了"思想实验"一词的汉斯·克里斯蒂安·奥斯特(Hans Christian Ørsted)发现了电力和磁力之间的关系。他注意到,当有电流穿过电线时,附近罗盘的指针就会发生偏转。

法拉第对奥斯特的实验进行了反向操作。他没有让一根带电流的电线经过磁铁,而是用磁铁穿过电线线圈,产生电流。磁铁运动越快,电流就越大。法拉第的反向实验催生了现代的水力发电厂和核电站,它们都使用磁轮机,通过转动线圈产生电力。

达尔文也将同样的逆向思维方式应用于生物学的各个学科中。当其他领域的生物学家寻找物种之间的差异时,达尔文却在寻找相似之处。例如,他将一只鸟的翅膀和人的手进行了对比,探索截然不同的物种之间的相似之处,最终到达了进化理论的巅峰。

逆向思维的力量远远超出科学领域,以一家企业为例。2011年的一次广告促销活动中,巴塔哥尼亚服装公司(Patagonia)对行业的最佳实践法进行反向操作。该公司提出了一个问题:"与其劝说消费者购买我们的产品,倒不如叫他们不要购买。如果这样做的话,会有什么效果?"于是在"黑色星期五"这天,巴塔哥尼亚公司在《纽约时报》上刊登了一篇整版广告。"黑色星期五"即感恩节之后的第一个周五,美国人会在这天蜂拥到商店,抓住节假日购物季商家大幅打折的机会购物。广告中有一件巴塔哥尼亚的夹克,配以"不要买这件夹克"的标题。靠着这个广告,巴塔哥尼亚成为"全美国唯一一家要求人们在'黑色星期五'减少购物量的零售商"。这则广告促销效果明显,部分原因在于它捍卫了公司"减少消费活动,降低消费主义对环境的影响"这一使命。不过,这则逆向思维广告也吸引了同样心态的客户,最终帮助该公司实现盈利。

在田径运动中，逆向思维曾帮助迪克·福斯贝里（Dick Fosbury）获得奥运金牌。那时候，如果你与福斯贝里见过面，根本不会觉得他是个运动员。他行动笨拙，又高又瘦，满脸痤疮。在福斯贝里接受跳高训练的那个年代，运动员们采用俯卧式跳高技术，也就是脸朝下越过横杆。人们认为俯卧式跳高技术无须改进，既没有必要做实验，也没有必要思考新技术。

但对于福斯贝里来说，俯卧式很不好用。作为一名高中二年级学生，他的运动表现只是初中水平。有一次，在坐公交车去参加田径运动会时，福斯贝里决定提高他平庸的跳高技术。当时的规则规定，运动员可以用任何想要的方式跨过横杆，前提是单脚离地。俯卧式仅仅是一种战术，越杆才是战略。所以福斯贝里没有面朝下越过横杆，而是反其道而行之，他选择脸朝上越杆。

他的方法起初引起了人们的嘲笑。一家报纸称他为"世界上最懒惰的跳高运动员"。许多体育迷嘲笑他，说他越杆的时候就像一条鱼在船上扑腾。

嘲笑声最终变成了欢呼声，因为福斯贝里证明了批评他的人是错的，并从1968年夏季奥运会上带回了金牌。他靠的正是与众不同的做法。"福斯贝里跳"逐渐为人们所知，它现在已经成为奥运会跳高项目的标准姿势。福斯贝里回到家乡，迎接他的是彩带纷飞的欢迎仪式，他还在《今夜秀》（*Tonight Show*）节目亮相，教主持人约翰尼·卡森（Johnny Carson）做"福斯贝里跳"的动作。

连续创业家罗德·德鲁里（Rod Drury）将这种方法称为"科斯坦萨管理理论"（George Costanza theory of management）。在《宋飞正传》（*Seinfeld*）的一集中，剧中人物科斯坦萨用与以前截然相反的方式来改善自己的生活。德鲁里是西罗（Xero）会计软件公司的创始人和管理者，2005年，他问自己："现有竞争对手最不希望我们做什么？"正是通过这个问题，他战胜了规模比西罗大得多的竞争对手。他全力以赴，打造了一个云数据平台，而他的竞争对手当时仍然停留于桌面应用程序服务。

德鲁里知道一个许多商业领袖都忽略了的秘密：容易摘的果子早就被人采摘完了。你无法通过抄袭来击败比你强大的竞争对手，但你可以做截然相反的事情来打败他们。

不要采用惯常的最佳做法或行业标准，而要重构问题。问问自己："如果我反着来呢？"即使你不付诸行动，逆向思考这个过程也会让你质疑自己的假设，摆脱当前视角的束缚。

下一次，当你忍不住要去解决问题时，千万别冲动；相反，你要试着去发现问题。问问你自己：我问的问题是对的吗？如果我改变自己的观点，问题会发生什么变化？我如何才能站在战略角度而不是战术角度，来表述这个问题？我如何才能把图钉盒翻过来，从形式角度而非功能角度，来看待这一资源？如果我们反其道而行之呢？

突破性思维与普通常识截然相反，它并不是从一个聪明的答案开始的，而是始于一个聪明的问题。

> 请访问网页ozanvarol.com/rocket，查找工作表、挑战和练习，以帮助你实施本章讨论过的策略。

第6章 反转的力量
如何发现真相并做出更明智决定

> 在得到所有证据之前，千万不要推理，否则将会犯下严重错误。人们会在不知不觉中扭曲事实来适应理论，而不是用理论来适应事实。
>
> ——夏洛克·福尔摩斯（Sherlock Holmes）

火星是个骗术大师。自人类诞生以来，这颗红色星球就一直凝视着我们，犹如夜空中最明亮的一盏灯。由于火星呈红色，所以在地球上不知情的观察者看来，它显得既温暖又舒适。

但事实并非如此。火星是个不适合人类居住的地方，不仅因为它的地表平均温度是零下63摄氏度，也不仅因为它比地球上最干旱的沙漠更干，更不仅因为它掀起的强烈沙尘暴横跨的区域面积堪比一个大陆。

火星不适合人类居住，还因为它拥有最大的人类航天器墓地。

当我开始为"火星探测漫游者"计划的运营小组工作时，每三个火星任务中，就有两个任务失败。我很快就意识到，这颗红色星球不欢迎我们。进入火星大气层后，我们就会受到所谓的"银河食尸鬼"的迎接——"银河食尸鬼"是一种虚构的火星怪物，专门以人类航天器为食。

1999年9月23日，"火星气候探测者"号（Mars Climate Orbiter）成为"银河食尸鬼"的最新受害者。该轨道探测器是人类设计的第一艘从另一颗行星的轨道上研究该行星天气的航天器。轨道探测器到达火星的那天晚上，我和康奈尔大学"火星探测漫游者"计划团队的其他成员聚在一起，一边屏住呼吸，一边观看NASA的电视直播。轨道探测器不归我们管，但它的成功会给我们的项目带来巨大影响。在我们登陆火星后，它将成为我们主要的无线电中继站，把我们的命令传达给火星表面的探测器，并把它们的回应发回给我们，相当于对讲机的角色。

轨道探测器如期到达火星，下一步就是轨道切入点火——导航团队启动轨道探测器的主发动机，使其减速，并送入火星轨道。随着探测器经过火星后面，它的无线电信号被火星挡住，如期消失。我们和地球指挥中心的工程师们一起等待信号再次出现，轨道探测器飞回我们的视线中。

但信号没有再次出现。时钟继续滴答作响，探测器没有出现的迹象，控制室里的氛围迅速变得令人不安。我们的"对讲机"丢了。

我们没有为被"银河食尸鬼"吞噬的"火星气候探测者"号写讣告。但如果写的话，它的讣告上会说："它是一艘完全正常的航天器，由世界上最聪明的火箭科学家操控，飞入火星大气层后死于非命。"

如果你的目标是将一艘航天器置于环绕火星的轨道上，你就必须使飞船停留在大气层上方，因为那里最安全。在低空区域，大气层变得充满敌意。航天器与大气层摩擦太过激烈，可能会燃烧成灰烬；又或者航天器掠过大气层，被反弹到无尽的宇宙深渊中。该轨道探测器的原定程序是在距离火星地面150千米的安全高度切入轨道。但事与愿违，它在距离地面57千米的高度进入火星，已经深入到大气层中了。

NASA的一份新闻稿称，这将近100千米的误差源自一个"疑似导航错误"。但在不到一周的时间里，真相浮出水面，原来所谓的"导航错误"只是NASA想大事化小罢了。这艘价值1.93亿美元的航天器之所以失踪，是因为执行这项任务的火箭科学家只看到了他们想看的东西，而不是真实发生的事情。

在上一章中，我们探讨过，通过提出更好的问题和发现更关键的难题，我们可以提炼和重构你在本书第一部分形成的想法。在这一章中，我们将接受这些经过提炼的想法，并学习如何对它们进行压力测试。我将揭秘火箭科学家的工具包，以发现你的决策存在哪些缺陷，彻底根除错误信息，并及时发现错误，以免其演变为灾难。你将学会验证一个人的智力是否属于上乘，并且学会借助一个问题使自己成为解决难题的高手。我将会阐述为何词汇的简单变化就可以使你的头脑更加灵活，而你可以从80%的人无法解决的一个基本难题中学到些什么。我们总认为自己是对的，并习惯于说服别人接受这点，却不善于说服自己接受错误。本章我们将探讨如何将这种心态转变过来。

事实不会改变想法

我当过科学家，接受过"一切以客观事实为依据"的训练。多年来，每当我打算说服别人的时候，我会用确凿、冷酷、无可辩驳的数据来支持我的论点，并期望立刻得到结果。我认为，要证明气候变化真实存在，禁毒战争已经失败，或者你那不愿承担风险的上司当前所采取的经营策略毫无想象力且行不通，最好的方式就是用大量数据淹没他们。

但我发现，这种方法存在一个严重问题——它根本不起作用。

思想不会被事实牵着走。正如约翰·亚当斯（John Adams）所说的那样，事实是顽固的东西，但我们的思想却更加顽固。即使是那些最开明的人，无论事实多么可靠和令人信服，人们在面对事实时也并非总会放下心中的疑惑。大脑赋予我们理性思维，但它也会扭曲我们的判断，带入主观的想法。

我们倾向于扭曲判断，在一定程度上是由验证性偏见造成的。我们低估那些与我们的信念相矛盾的证据，却高估与我们的信念一致的证据。"这是件令人费解的事情，"罗伯特·皮尔西格写道，"真理在敲门，而你却说：'走开，我在寻找真理。'于是它就走开了。"

尽管互联网很神奇，但它强化了我们身上最坏的癖好。我们把谷歌搜索结果视为真理，即使那个结果出现在搜索页面的第12页，我们也会用它来确认自己的信念。我们不去多方求证，也不过滤掉低质量的信息，反而很快就从"我觉得这是对的"变成认为"这是真的"。

我们的推测得到了确认，这种感觉不错。每次被证明是正确的时候，我们都会得到一丝快感。相比之下，倘若听到相反的观点，人们会感到非常不悦，乃至拒绝残酷的现实，继续活在他们的意识形态泡沫中。在一项以200多名美国人作为对象的研究中，大约三分之二的参与者不愿意接受另一方关于同性婚姻的观点，甚至为此拒绝了获得额外现金的机会。之所以拒绝这笔钱，不是因为他们已经知道对方的想法。不，实验对象向研究人员解释说，倾听反对意见会使他们觉得太过沮丧和不安。结果，双方在思想上互不让步。如果研究人员要求双方倾听对方观点，则问题的正反方都有可能拒绝接受现金。

当我们不接触对立观点时，我们的观点就会得到巩固，而这样会越来越难打破我们固有的思维模式。庸庸碌碌的企业管理者之所以没被解雇，是因为企业主对证据进行解读，以确认自己最初的聘用决定是正确的。尽管有研究表明膳食胆固醇对人体无害，但医生们仍继续宣扬其坏处；尽管一些大学生的信念违反了物理定律，但他们仍然坚持自己的信念。

回想一下，伽利略正是通过思想实验发现了不同质量的物体在真空中会以相同的速度坠落。在一项研究中，有人问大学生：他们是否认为较重物体比较轻物体下落得更快？学生们先写下自己的答案，然后看一场物理演示：同等大小的一块金属和一块塑料在真空中从同样的高度落下。虽然两个物体以相同的速度下落，但那些最初认为金属会下落得更快的学生，更有可能坚持自己的观点。

在另一项研究中，研究人员派出1700多名家长分别参加4项旨在提高麻疹、腮腺炎和风疹（MMR）接种率的宣传活动。这些活动几乎一字不差地采用了联邦机构的说法，只不过采取了不同做法。举个例子，其中一项宣传活动提供了反驳疫苗与自闭症之间存在关联性的文本信息，另一项活动则展示一些患病儿童的图片——他们的疾病本可以通过接种疫苗预防。这项研究的目的在于确定哪项活动更高效，能够帮助父母克服心理障碍，让他们的孩子接种疫苗。

值得注意的是，所有宣传活动都没有起作用。对于那些极为反感接种疫苗的父母来说，这些活动实际上适得其反，导致他们更加不可能让自己的孩子接种疫苗。而对于那些本来就犹豫不决的父母来说，这些宣传让人产生恐惧心理（比如患麻疹的儿童的可怜形象），反而强化了父母的想法，认为疫苗会引发自闭症。图片可能会使父母感到紧张，想到那些给孩子带来额外风险的事物，然后他们会把疫苗与风险联系起来。研究人员得出结论："对错误信念的最优反应，未必能提供正确的信息。"

也许你在想，事实可能无法战胜父母对孩子的情感，但火箭科学家不可能是这样的，他们是一群理性的聪明人。他们之所以被委以重任去制造昂贵的航天器，正是因为他们受过严格训练，懂得以客观数据为依据，做出正确判断。然而，我们在下一节中将会看到，即使是火箭科学家，也可能很难像火箭科学家那样思考。

发生了一些有趣的事情

大多数人手里有智能手机，所以导航问题基本上已经成为过去时。

以前，我们要摇下车窗，向一个看似正常的陌生人问路，可对方说的路线不可避免地使我们误入歧途，我们还要找其他陌生人纠正路线。这种日子已经一去不复返了，现在，我们只要往手机里输入目的地，就会立即得到一条详细的行车路线。

然而，为星际航天器提供导航，感觉更像是过去那种开车方式。尽管我们不用摇下窗子问路，但在发射和随后的飞行过程中，航天器的飞行轨迹会发生偏移。每次飞行都会有偏移，这是在预料之中的，因此导航团队会提前做好飞行轨迹修正工作，并启动航天器的发动机，以确保其飞行线路的准确。这就好比沿途问其他陌生人询问路线。

针对"火星气候探测者"号，喷气推进实验室负责航天器导航的工程师小组制定了四套轨迹校正计划。第四次修正发生在航天器到达火星前大约两个月，校正过程中发生了一些奇怪的事情。航天器进入火星轨道并点燃之后，收集到的数据显示其高度低于预期值。向下偏移的量不大，但明显且持续不断。令人不解的是，航天器向火星靠拢的过程中，它的高度一直在往下降。

有些预测数据表明，航天器距离目标点有70千米之遥。然而，"导航员们仍然认为瞄准精度在10千米以内"。按照一位专家的说法，这70千米的误差"足以让人们在大厅里尖叫，因为这说明你不知道航天器的准确位置，所以它的飞行轨迹很可能与火星大气层交叉，这种情况是不能容忍的"。但导航员仍然认为误差是导航软件造成的，而不是航天器真正的飞行轨迹，飞行轨迹看上去依旧"在预期范围之内"。

喷气推进实验室内部有人持不同意见，他们认为轨道探测器的飞行轨迹一点都不在预期范围内。在轨道探测器按计划进入火星轨道前一两周，马克·阿德勒与轨道探测器团队成员碰面，检查一切是否顺利（你可能还记得我在上一章提到过阿德勒。他是喷气推进实验室的工程师，"火星探测漫游者"计划的安全气囊创意就是他想出来的）。阿德勒不断收到同样含糊的回应:"发生了一些有趣的事情。"但导航员们似乎很自信,他们对阿德勒说:"这个问题会自行消失的。"

尽管只有四套飞行轨迹校正计划,但增加第五套校正计划的可能性还是存在的。然而团队成员决定不做校正,他们仍然相信航天器将以安全的高度进入火星,尽管数据已经发出了警报。

轨道探测器的最终结局让我回想起高中的物理课。假如我们在考试的答案中没有给数字加上度量单位,老师就会给我们零分。她在这方面毫不留情,就算我们回答的数字是正确的——比如写下的是"150"而不是"150米",她仍然打零分。我对度量单位这个问题一直不重视,直到我了解到"火星气候探测者"号的坠毁原因,才明白度量单位为什么如此重要。

原来,建造火星轨道探测器的洛克希德·马丁公司(Lockheed Martin)使用的是英制度量系统,但为轨道探测器提供导航的喷气推进实验室使用的是公制度量系统。洛克希德公司给飞行轨迹软件编程时,喷气推进实验室的工程师们以为力的度量单位是牛顿(N),而事实证明他们想错了。1磅力等于4.45牛顿,所以相关度量数据都增加了4倍多。喷气推进实验室和洛克希德·马丁公司采用了不同度量系统,而双方团队都没有意识到这个问题,因为双方都忘了在数字后面加上度量单位。

假如让这些火箭科学家去参加我的高中物理考试,他们都会不及格。

但是,如果把这场造成1.93亿美元损失的灾难归咎于NASA的科学家高中物理考试不及格,或者归咎于洛克希德·马丁公司莫名其妙地使用古老的英制度量系统,那就把这件事看得过分简单了。有些偏见使人类失去理性思维,而从事该项目的火箭科学家们也同样受到了这种偏见的伤害。"人们有时候会犯错。"时任NASA副局长的爱德华·韦勒

（Edward Weiler）在火星轨道探测器坠毁后解释道，"这次的问题不在于有人犯错，而是NASA系统工程及我们检测错误的过程中制衡架构的失败，这就是我们失去这艘航天器的原因。"数据所讲述的事实和火箭科学家自认为的事实之间存在差距，而这个差距一直未被察觉。

没人天生就具有批判性思维，个人信仰容易扭曲事实，这样的倾向很难改变。无论你有多聪明，费曼的格言都是适用的："第一性原理是指你不能欺骗自己，而你恰恰是最容易被欺骗的人。"

科学家们没有怨恨自己的基因，而是想办法用一套工具来纠正他们太过人性化以至于自欺欺人的倾向。这些工具不仅适用于科学家，它们是一组战术、一组飞行轨迹修正动作，我们所有人都可以用它们来对我们的想法进行压力测试，并找出真相。

我们从一个不太可能的地方开始——一部虚构作品。它让我们能够一睹科学家批判性思维工具包的风采。以下内容来自电影《超时空接触》（Contact）的一幕。

实际情况与观点相悖

我们现在身处美国新墨西哥州沙漠的正中央。黄昏已至，朱迪·福斯特（Jodie Foster）饰演的角色埃莉·爱罗薇（Ellie Arroway）是一位寻找外星生命的科学家，她躺在车顶上，背景是"甚大天线阵"（Very Large Array）的白色盘状天线在旋转。爱罗薇闭着眼睛，戴着耳机，周围的世界安静了。她在倾听来自外太空的无线电信号，也就是等待外星人的"电话"。

就在她静下心来的时候，一个响亮的、有节奏的声音信号突然覆盖了射电的杂音，把她给惊醒了。她大叫一声："天啊！"然后冲进车里，通过对讲机朝毫不知情的同事大声说出坐标，传递指令，再飞快地开车回到办公室。

爱罗薇回到办公室时,团队成员们已经行动起来,移动设备,转动旋钮,检查频率,并往各种不同的计算机里输入内容。

"快证明我是错的,老费!"爱罗薇朝同事费舍尔叫喊道。

然后,费舍尔开始揣测信号的来源,他说:"可能是柯克兰的AWACS在干扰我们。"他所说的AWACS是指"机载报警与控制系统"(Airborne Warning and Control System),但系统处于非干扰状态,所以这种可能性被排除了。他们还检查了其他可能的信号源,费舍尔说"北美防空联合司令部(NORAD)没有在这个矢量上发现任何间谍卫星",然后补充说"奋进"号(Endeavor)航天飞机也处于休眠模式。然后,爱罗薇检查了追踪检测设备,以确认信号来自太空而不是地球。确认信号来自太空之后,她像小孩般兴奋,亲吻了一下电脑屏幕,说:"谢谢你,埃尔默!"

后来,信号被确定来自织女星。但是团队并没有满足于这个答案,而是立刻想办法证明这个假设是错误的——织女星距离地球太近了,而且太年轻,不可能发展出智慧生物。此前,团队已经多次对它进行雷达扫描,没有接收到信号。

但信号是明确无误的。很快他们就意识到,信号由一系列质数组成,这明显是智能生物所为。有那么一瞬间,爱罗薇考虑是否立刻把此事公之于众,但她忍住了。她知道,这一发现必须得到其他科学家的独立验证和重复。信号可能是恶作剧、小故障、错觉,以及任何能使她的团队误入歧途的事物。

于是她向其他国家求助。由于美国很快就将信号来源定为织女星,所以她拨通了帕克斯天文台一位同行的电话,该天文台位于澳大利亚新南威尔士州,有一台射电望远镜。澳洲的同行也确认了信号。

"你知道信号来自哪里吗?"爱罗薇问道,但没有透露自己的发现。

"位于正中间。"澳大利亚人回答道。他短暂地停顿了一下,时间却仿佛过了好几分钟,然后他补充道:"是织女星。"

爱罗薇对着电脑后退了一步,沉浸在这重要时刻中。

"我们现在要给谁打电话?"一名同事问道。

"所有人。"爱罗薇说。

我们将在本章的剩余部分剖析这一幕。该电影改编自卡尔·萨根创作的小说,萨根的科学触觉是无可置疑的。没错,这部电影的导演罗伯特·泽梅基斯(Robert Zemeckis)有点缺乏科学严谨性,最明显的一点就是科学家不会在沙漠中央用耳机收听无线电信号,要用电脑才能做这事("这里我得随意发挥一番,"泽梅基斯解释道,"它只是一种浪漫主义形象而已。")。但在这一幕中,倒是鲜见电影的浪漫主义色彩。

首先要注意的是爱罗薇没有做的事情:即使她听到一个明显来自智慧生物的信号,她也抑制住冲动,没有把自己对这个信号的看法脱口而出。

从科学的角度来看,个人观点存在几个问题:个人观点很顽固,一旦我们形成某个观点,就会将其视为绝佳的想法,并彻底爱上它,尤其是在公共场合通过真实的扩音器或虚拟的扩音器发表观点的时候。为了不改变想法,我们会扭曲自己的立场——扭曲程度之高,即使是经验丰富的瑜伽修行者也无法坚持。

随着时间的推移,我们的信仰与身份融为一体。你相信混合健身法(CrossFit),于是你就成了混合健身者(CrossFitter);你相信气候变化,于是你就成为一名环保人士;你相信未加工食物,于是你成了原始饮食者。当你的信仰与身份融为一体时，改变想法就意味着改变身份，这就是为什么人与人之间的分歧往往转化为事关生死存亡的竞赛。

因此，在刚开始做调查时，科学家往往不愿发表意见。相反，他们作出所谓的"科学工作假设"。关键词是"工作"，"工作"意味着某项事情正在进行，意味着还未到最后阶段，意味着假设可以根据事实做出改变或被放弃。

个人观点可以捍卫，但科学工作假设是要经过验证的。正如地质学家兼教育家T.C.钱伯林所说的那样，做验证的目的"不是为了证明假设，而是为了证明事实"。有些假设逐渐成熟，变成了理论，但其他很多假设都不成立。

在我早年的学术生涯中，我忽视了本书提出的所有建议。我把自己的论文当作最终观点，而不是科学工作假设。每当有人在学术报告会上质疑我的观点，我都会采取防御态度。我的心跳开始加速，整个人紧张起来，而我的答案会反映出我对待问题和提问者都很不耐烦。

后来，我重新开始接受科学训练，并重新把我的观点当作科学工作假设。我改变自己遣词造句的方式，以反映出这种心理转变。在会议上，我不再说"我认为……"而是说"这篇论文假定……"。

以我为例，这种微妙的言语调整欺骗了我的头脑，使我的观点与个人身份分离。显然，这些观点是我想出来的，可一旦离开我的身体，它们就有了自己的生命，变成我可以客观看待的、独立和抽象的事物。这不再是个人恩怨了，只是一个需要不断完善的科学工作假设。

但即使是一种科学工作假设，它也是智力的产物，能够让人产生情感上的依赖。正如我们在下一节中所看到的，摆脱这种情感依赖的方法之一就是拥有多种假设。

多种假设

射电望远镜不仅可以像《超时空接触》里那样用于观察外星生命,还可以用来向穿越太阳系的航天器打星际长途电话。"深空网络"(Deep Space Network)是由三处巨大的无线电天线阵列的组合,它相当于这个电话网的集线器。这些太空跟踪站点等距离分布在全球三处地方——加利福尼亚州的戈德斯通、西班牙马德里及澳大利亚堪培拉附近。当一个站点因地球自转而失去信号时,下一个站点就会拿起接力棒。

1999年12月3日,马德里站正在跟踪"火星极地着陆者"号,后者正往火星表面飞去,按原计划应当于当晚着陆火星。几个月前,"火星气候探测者"号由于度量单位错误而失踪,这一事件着实令人尴尬。如今,"火星极地着陆者"号即将到达火星,这是NASA挽回面子的好机会。

太平洋时间上午11:55左右,着陆器进入火星大气层,开始下降到地表。马德里站接收不到着陆器发出的信号,这早在计划之中。按照计划,如果一切顺利的话,戈德斯通站将于中午12时39分再次接收到信号。

但到了中午12点39分,着陆器依旧音讯全无。搜寻信号的工作持续了好几天时间,工程师们反复向着陆器发出指令,却没有收到回复。

正当NASA打算宣布着陆器坠毁时,一件奇怪的事情发生了。2000年1月4日,在着陆器沉默了一个月之后,斯坦福大学一台非常敏感的射电望远镜接收到了来自火星的信号。斯坦福大学高级研究助理伊万·林斯科特(Ivan Linscott)解释说:"那个信号的强度相当于哨子发出的无线电频率。"哨声的特性与人们所期待的来自"火星极地着陆者"号的信号相同。为了验证信号的来源,科学家们要求着陆器以独特顺序

"打开和关闭无线电",就像发送烟雾信号一般,着陆器似乎照做了。科学家们收到了"烟雾信号",一厢情愿地宣布着陆器没有坠毁。

但事实并非如此,信号是偶然捕获的。斯坦福大学的科学家们正经历一种所谓的"疑人偷斧"现象。荷兰和英国的射电望远镜都尝试过确定信号的位置,但却无法得到与斯坦福大学同样的结果。

早在4个世纪前,弗朗西斯·培根(Francis Bacon)就对这个问题作出过诊断:"人类在认知方面永远会犯一个奇怪的错误,即与负面消息相比,正面消息总是更令人感动和兴奋。"斯坦福的搜索技术是为了找到来自"火星极地着陆者"号发出的信号,团队成员们期望看到——不,应该说是"希望看到"那个信号,于是他们"看到"了。

更重要的是,科学家们在情感上依恋着陆器,希望它没有坠毁。喷气推进实验室的科研人员约翰·卡拉斯(John Callas)说:"这就像在行动中失去了一位挚爱的亲人。"他们极度希望着陆器还未坠毁,于是得出了这样的结论。

科学家们被想象中的火星信号所蒙蔽,这种事情并非第一次发生。特斯拉也曾公开声称他侦测到来自火星的信息,包括"有规律重复的数字",与爱罗薇发现来自织女星的质数类似。特斯拉将这些数字解读为"非凡的实验证据",认为它们能够证明火星存在智慧生命。

这些科学家并非故意误导公众。他们只是对看似客观的数据进行解读,然后得出结论。那么,这些才华横溢的人是如何发现那些根本不存在的事物的呢?

即使是科学工作假设,它也仍然是智慧的成果。正如钱伯林所解释的那样,该假设"越来越为其创造者所珍视,因此,尽管他认为假设似乎是暂时的,但仍然以充满爱意而非公正的眼光看待这种暂时性……它很容易从一个被宠坏的孩子变成主人,带着它的创造者去往任何它想去的地方"。

当我们以假设打头阵，带着脑海中闪现的第一个想法去做事情时，这个假设更容易成为我们的主人。它使我们的思维固化，对周围的其他选项视而不见。正如作家罗伯逊·戴维斯（Robertson Davies）所说的，"眼睛只看到那些大脑想了解的东西"。如果大脑只期待单一的答案（"火星极地着陆者"号没有坠毁），那眼睛就会看到这个结果。

在公布某种科学工作假设之前，先问问自己：我有哪些先入之见？我觉得哪些事情是真实的？此外还要问自己：我真的希望这个假设是正确的吗？如果答案是肯定的，那你要小心了，而且要非常小心。就像在现实生活中一样，如果你喜欢一个人，你往往会忽视他们的缺点。即使你爱的那个人（或航天器）没有发出任何信号，你也会接收到对方的信号。

为了确保你不会爱上单一假设，请多制造几个假设。当你拥有多个假设时，就会减少对它们的依赖感，且更难以迅速选定一种假设。诚如钱伯林所言，通过这种策略，科学家就像是"一系列假设的父母，而且，由于他们是所有孩子的父母，所以不能过分宠爱任何一个孩子"。

在理想情况下，你孕育出来的假设应该相互矛盾。"检验某个人是否具备一流智商，要看这个人能否同时将两种对立的思想铭记于心，却仍然不受其左右。"F.斯科特·菲茨杰拉德（F. Scott Fitzgerald）说。这种方法并不容易，即使是科学家，也很难从容接受多种观点。几百年来，科学界分成两个阵营，一个阵营认为光是一种粒子，就如颗粒状的尘埃那般；另一个阵营则认为光是一种波，就像水中的涟漪。事实证明，这两个阵营的观点都是正确的（或者都是错误的，这取决于你如何看待它们）。光横跨粒子和波这两个类别，并表现出粒子和波的属性。

大型强子对撞机是一种27千米长的粒子加速器，它使被称为"强子"的亚原子粒子相撞。有人形容说，这种相撞"与其说是碰撞，倒不如说是一场交响乐"。当强子发生碰撞时，它们实际上是彼此间滑行通过，而且"它们的基本成分靠得非常近，到了可以互相交谈的地步"。如果这首交响乐能够正确演奏出来的话，相撞的强子就"可以挖掘深藏不露的潜力，唱出自己的曲调作为回应，也就是产生新的粒子"。

多种假设也以同样方式共舞。如果你的大脑能够容纳相互矛盾的想法，让它们一起跳舞，它们就会带出新的音符（新的想法），形成一种交响乐，远比原来单调的音符好听。

但是，如何才能产生相互矛盾的想法呢？如何才能为你的音符找到复调旋律？有一种方法是积极寻找缺失的东西。

漏了什么

这位27岁的导演遇到一个大难题：布鲁斯是他所拍电影的主角，但布鲁斯的维护费用实在太高，甚至按好莱坞的标准都算高。布鲁斯其实是一条机械鲨鱼，它可爱的名字取自导演聘请的律师。但是，这条鲨鱼做不到它必须要做的一件事——正确地游泳。电影开拍的第一天，机械鲨鱼沉到了水底；不到一周，它的电动马达就发生了故障；即使某天能顺利拍完当天的场景，工作人员也必须把布鲁斯"体内的水抽干、擦洗和重新喷漆"，为下一场拍摄做好准备，就连电影明星也很少能指望得到如此细心的照顾。

然后，对这种要求过多、表现不佳的"演员"，这位导演做了所有导演都想做的事情——他"解雇"了这条鲨鱼。"我别无选择，只能想办法在没有鲨鱼的情况下讲述这个故事。"他解释说。在面临这一重大制约因素时，他问自己："换作希区柯克（Hitchcock），他会怎样处理这样的局面？"答案给了他灵感，帮助他改变了看似无法克服的障碍，把难题变成了一个拍摄大片的机会。

在电影的开场，克丽茜决定去泡个月光浴。正当游泳的时候，她突然被拖入水下，在水中被拽来拽去。她一边喘着气，一边尖叫着求助。镜头焦点在克丽茜身上，周围看不到坏人，观众只能想象怪物的样子。直到第三幕，观众才能清楚地看到鲨鱼。鲨鱼的戏份被删掉，却在观众心中产生了一种持续的焦虑感，电影的主题音乐令人心惊胆战，更加增强了这种感觉。

你可能已经猜到了，这部电影就是《大白鲨》（*Jaws*），导演是年轻的史蒂芬·斯皮尔伯格。即使在职业生涯早期，斯皮尔伯格也知道我们许多人不想承认的一件事：看不到的东西可能比我们看到的东西更可怕。

从人类的角度来看，并非所有事实都是平等的。我们往往聚焦于眼前的事实，却忽视了其他可能隐藏于盲点背后的事实。

这个盲点部分源自我们的基因。心理学家罗伯特·恰尔迪尼（Robert Cialdini）称："记录存在的事物要比记录不存在的事物来得容易。"我们天生喜欢对明显的迹象作出反应，比如听到黑暗中的"嘎嘎"声，闻到汽油的气味，看到烟雾，听到轮胎摩擦发出刺耳的声音时，我们的瞳孔扩大，心脏加速跳动，肾上腺素释放。我们的大脑锁定那些潜在威胁，过滤掉所有其他感官输入。这些机制对我们的生死存亡至关重要，但它们也取代了其他行动，使我们错过最关键的那部分数据。

在一项著名的研究中，研究人员拍摄一段6人相互传递篮球的视频。这6个人一半穿着白色衬衫，另一半穿着黑色衬衫。给球员的指令很简单（我敢说，这不是火箭科学）："数数穿白色衣服的球员传了多少次球。"在视频大约第10秒时，一名穿着大猩猩服装的人慢慢地走进镜头中。它极其显眼地站在球员当中，面对镜头拍打自己的胸部，而球员们继续在它周围传球。然后，它退出了镜头。这次干扰很明显，球员们不可能看不到这只大猩猩。然而，这项研究的实验对象中有一半人根本没有看到猩猩。他们全神贯注地数着传球次数，忽略了大猩猩。

但与流行说法相反的是，你看不到或不了解的东西会伤害到你。业余律师看不到可以胜诉的法律论点，平庸的医生做不出正确的诊断，驾驶技术一般的司机不知道潜在危险在哪里。

在关注眼前事实的过程中，我们没有足够关注（或根本不关注）其他稍纵即逝的事实。当重点事实引发我们的关注时，我们必须问自己："我没有看到哪些东西？什么样的事实应该出现但并没有出现？"我们要仿效《超时空接触》电影中科学家们的做法——他们反复问自己到底错过了哪些事实，并验证信号是否来自机载报警与控制系统、北美防空联合司令部或"奋进"号航天飞机。

发射"火星气候探测者"号的火箭科学家们疏忽了，他们没有提出这些问题。当轨道探测器在宇宙中畅游时，一股看不见的力量将它不断往下拉——克里茜也同样被这股无形的力量所拉扯。然而，度量单位不统一这条"大鲨鱼"仍然隐藏着，虽然出现了不详征兆，但没有人真正举手发问："我们是否忽略了什么？"

轨道探测器坠毁的"尸检"表明，团队成员像"斗牛犬一样追寻奇怪的迹象"。团队在没有收集所有事实的情况下就提出了一种推测，并拒绝用事实验证它。如果你看过福尔摩斯探案故事，就会知道这是一名调查员可能犯下的最大错误。

推理小说《白额闪电》（*Silver Blaze*）的核心思想就是探寻隐藏事实的重要性。在这部小说中，福尔摩斯关注到一些不为人注意的细节，从而破获了一起监守自盗案件：

> 格里高利（伦敦警察厅侦探）：您还有哪些需要提请我注意的疑点？
>
> 福尔摩斯：请注意狗在晚上的奇怪行为。

格里高利：狗在晚上什么也没做。

福尔摩斯：这才是奇怪的地方。

看守财产的狗没有吠叫，所以福尔摩斯得出结论：小偷不可能是警察逮住的那个陌生人。

所以，我亲爱的华生，当你下次自信满满、忍不住要下结论时，记得做你每次开车时都要做的事情。不要仅靠后视镜和侧视镜去观察那些肉眼可见的危险，你要问问自己："我忽略了什么？"当你认为自己已经考虑过所有可能性时，要继续追问："我还忽略了其他东西吗？"深思熟虑，反复转动脑袋，检查你的盲点。

你会惊讶地发现，"鲨鱼"就潜伏在那里。

寻找被忽略的细节，并且用这些信息来生成多种假设，这种方法很有帮助，但它无法确保客观性。你可能会在无意中认定其中一种假设，而因为这样那样的原因错过其他假设。正因为如此，在拥有多个假设之后，你必须做一件不可思议的事情——杀死它们。

杀死你喜欢的假设

一名实验人员走进房间，给你这三个数字：2，4，6。她告诉你，这些数字遵循一个简单的规则，你要做的就是用三个数字组成不同的字符串，从而找到规则。然后，实验人员会告诉你，你所提出的字符串是否符合规则。你想尝试多少次都可以，而且没有时间限制。

试试看，你觉得规则是什么？

对于大多数实验对象来说，实验可以用以下两种方式之一进行。实验对象A说："4，6，8。"实验人员回答："符合规则。"然后实验对象者说："6，8，10。"实验人员回答："也符合规则。"实验对象再提出几串数字，实验人员点头认可之后，实验对象A宣布规则是"前一个数字加2"。

实验对象B以"3，6，9"开始。实验人员回答："符合规则。"实验对象然后说："4，8，12。"实验人员回答："也符合规则。"实验对象B之后又提出几串符合规则的数字，然后宣布该规则是"后两个数字是第一个数字的整数倍"。

令两名实验对象惊讶的是，他们都错了。

规则其实是"数字按递增顺序排列"。实验对象A和实验对象B提供的数字串都符合规则，只不过规则和他们想的不一样。

如果你没有领悟到正确的规则，那与上面两位实验对象可谓同病相怜了。在这项研究中，只有五分之一的人能够在首次尝试的时候分辨出规则。

解决这道谜题的秘诀是什么？成功的实验对象和不成功的实验对象之间有何区别？

不成功的实验对象觉得自己早早就发现了规则，并提出了一连串的数字来证实他们的想法。如果他们认为规则是"前一个数字加2"，就会提出像"8，10，12"或"20，22，24"这样的数字串。由于实验人员证实这些新的数字串都是正确的，所以实验对象们对自己的预感越来越有信心，并且认为自己的想法是正确的。他们太急于找到那些他们认为符合规则的数字，而不是发现规则本身。

成功的实验对象采取了完全相反的方法。他们并没有试图通过说出字符串来验证自己的假设是正确的，而是尝试伪造规则。例如，如果他们认为规则是"前一个数字加2"，他们会说"3，2，1"，这串数字不符合规则。然后,他们可能会说"2,4,10",这串数字符合实验人员的规则,但不符合大多数实验对象认为的规则。

你可能已经猜到了,数字游戏就是人生的缩影。在日常生活和职场中,我们本能地想证明自己是正确的。每个肯定的答案都让我们感觉良好,每个肯定的答案都让我们坚持自认为知道的东西,每个肯定的答案都会带给我们奖章和多巴胺。

但是,每个否定的答案都能让我们更接近真理,它们比肯定的答案提供更多信息。只有尝试反驳而非确认我们最初的直觉,从而形成否定的结果,我们才能取得进步。

证明自己错误的重点不在于感觉良好,而在于确保你的航天器不会坠毁,确保你的企业不会分崩离析,或者确保你的身体不会垮掉。每当我们印证那些自以为知道的东西时,我们的视野就被缩小了,而且我们会忽略其他可能性。这就像实验人员的每次点头认可都会导致实验对象执着于错误的假设。

这个数字研究是由认知心理学家彼得·凯思卡特·沃森(Peter Cathcart Wason)所做的一项真实实验,"确认偏误"(confirmation bias)一词正是他创造出来的。沃森喜欢研究卡尔·波普尔(Karl Popper)所谓的"可证伪性",即科学假设必须能够被证明是错误的。

以"所有鸽子都是白色的"这句话为例,它就具有可证伪性。如果你发现一只黑鸽子,或者一只棕色鸽子,又或者一只黄色鸽子,你就已经证明了这个假设是错误的。与此类似,在上述的数字研究中,一串不符合规则的数字就可以证明你最初的预感是错误的。

科学理论从未被证明是正确的,只不过没有人能证明它们是错误的。只有当科学家想方设法把自己的想法打得落花流水时,他们才能开始对那些理论产生信心(但他们往往做不到这点)。即使某个理论已经被人们接受,也往往会有新的事实冒出来,迫使理论做出改进甚至被完全放弃。

"物理世界中，似乎没有什么东西是不变或永久的。"物理学家艾伦·莱特曼写道，"恒星会燃烧殆尽，原子会分解，物种会进化，运动是相对的。"事实同样如此，大多数事实都有半衰期。我们今年信心满满提出的建议，下一年情况就可能会反转。

正如临床医生兼作家克里斯·克雷瑟（Chris Kresser）所言，科学史"是大多数科学家在大多数时候对大多数事情做出错误论断的历史"。亚里士多德的想法被伽利略证明是错误的，伽利略的想法被牛顿证明是错误的，而牛顿的想法被爱因斯坦修正，爱因斯坦的相对论在亚原子层面不成立[1]，现在占统治地位的是量子场论。我们曾经对各个时代的理论确信不疑，直到新理论动摇了我们的信心。加里·陶布斯（Gary Taubes）写道，科学理论昙花一现，只不过是它的"自然规律"罢了。

虽然科学家们终生致力于审视自己的想法，但这种做法与人性背道而驰。举个例子：在政治上，一致性胜过准确性。当政治家承认自己改变想法时（因为事实已经改变，或者他们被一个更有力的论点说服），他们会因出尔反尔而受到反对派的严厉批评。反对派诋毁他们，给他们烙上反复无常、优柔寡断的标签，认为他们不适合做一个强硬的、有思想的民选公务员。

对于大多数政治家来说，"本论点无可辩驳"这句话是一种美德；但对于科学家来说，这句话是一种罪恶。如果我们无法验证某种科学假说并反驳它，那这种假说毫无价值。正如萨根所解释的那样："必须让怀疑论者有机会理解你的推理过程，重复你做过的实验，看看他们能否得到同样的结果。"

以"模拟假设"理论为例。该理论最初由哲学家尼克·博斯特罗姆

---

[1] 亚原子指那些难以察觉的微小粒子，比如夸克、胶子和强子。——作者注

（Nick Bostrom）提出，后由埃隆·马斯克推广。根据该假设，我们是生活在一个计算机模拟世界中的小生物，而这个模拟世界由更智慧的力量控制着。这一假设是无法证明对错的，如果我们像电子游戏《模拟人生》（The Sims）中的角色，就无法从外部获得关于我们世界的信息。因此，我们永远无法证明我们的世界不是幻觉。

"可证伪性"将科学和伪科学区分开来。倘若我们通过无法证伪的论点来反对对立的论点，并使其他人无法质疑我们的想法，那假消息就会遍地开花。

一旦我们做出了可证伪的假设，就必须仿效数字研究案例中成功实验对象的做法，尝试证明这些假设是错误的，而不是寻找信息来证明它们是正确的。思想的固步自封总是在不经意的情况下发生，因此我们必须有意地去接受"自我证伪"的折磨，而非重复"我愿意证明自己是错误的"这种陈词滥调。当我们的注意力从"证明自己是正确的"向"证明自己是错误的"转变时，我们就会寻求不同的信息，与根深蒂固的偏见作斗争，并虚心接受对立的事实和观点。据说，亚伯拉罕·林肯（Abraham Lincoln）曾这样说过："如果我不喜欢某个人，那我必须更深入了解他。"同样的方法也应适用于对立的观点。

你要像《全球概览》（Whole Earth Catalog）杂志创始人斯图尔特·布兰德那样，经常问问自己：我到底做错了多少事情？审视那些你最深信不疑的论点，找出它们的漏洞及尚未证实的事实，再问问自己：什么样的事实会改变我的想法？达尔文一旦发现某个事实与他的信念相互矛盾，就会马上把它写下来。你要遵循达尔文的这条"重要原则"。达尔文知道，当你放弃那些糟糕或过时的想法时，就给好的想法留出了空间。这种方法会促使你质疑那些根深蒂固的信念，也可以用来促进第一性原理思维。

再以丹尼尔·卡尼曼为例，他因在判断与决策心理学方面的开创性工作而在2002年获得诺贝尔奖。把诺贝尔奖带回家，是一个令人印象深刻的壮举，但卡尼曼还有更令人印象深刻的成就——他赢得了经济学奖，而他是一名心理学家。"大多数人在获得诺贝尔奖后都只想去打高尔夫。"普林斯顿大学教授埃尔达尔·沙菲尔（Eldar Shafir）解释说，"丹尼尔却忙着尝试反驳让自己获奖的理论，真是干得漂亮。"卡尼曼还邀请批评他的人加入这场快乐游戏中，说服他们跟他合作。

在美国最高法院做出的判决意见中，我最欣赏的是约翰·马歇尔·哈兰（John Marshall Harlan）法官在1896年针对"普莱西诉弗格森案"发表的不同意见。在那个案子中，法院多数人支持种族隔离制度的合宪性，只有哈兰提出异议（后来，该案裁决结果在"布朗诉教育委员会案"中被推翻）。

哈兰的异议让很多人感到惊讶。哈兰是白人至上主义者，曾经蓄过奴。他坚决反对《美国宪法重建修正案》[1]，这些修正案禁止政府制定种族歧视政策（及其他事项）。当哈兰的批评者指责他反复无常时，他的回答很简单：

"我宁愿出尔反尔，也要做正确的事情。"

"大智慧者的一个标志，就是愿意改变想法。"沃尔特·艾萨克森（Walter Isaacson）说。当你周围的世界发生改变时，比如科技泡沫破裂或自驾汽车成为常态时，若你能够与时俱进，便拥有了非凡的优势。"成功的高管能够更快地认识到自己决策错误并做出调整，"嘉信理财（Charles Schwab）CEO沃尔特·贝廷格（Walt Bettinger）阐述道，"而失败的高管往往认为自己是对的，并尝试说服别人。"

如果你难以挑战自己的信念，可以假装这些信念是别人的。在写这

---

[1] 《美国宪法重建修正案》指美国宪法的第十三、第十四和第十五修正案。——译者注

本书时，我采用了斯蒂芬·金的策略。他会先把书稿放置一旁，几个星期后再重新审阅稿件。当他带着一些心理上的抽离感去看这些稿件时，就更容易假装那是别人写的东西，从一个新鲜的角度来看待这部作品，从而摘掉有色眼镜，对内容进行大刀阔斧的修改。有一项研究表明，金的方法很合理。研究人员把实验对象的想法以其他人的角度呈现出来，结果，实验对象对自己的想法变得更加吹毛求疵。

最后，如果我们不证明自己是错的，别人就会替我们做这件事。如果我们假装自己拥有所有问题的答案，那我们的伪装迟早会被人揭穿。如果我们不承认自己的思维存在缺陷，则这些缺陷将会一直困扰我们。正如认知学家雨果·默西尔（Hugo Mercier）和丹·斯珀伯（Dan Sperber）所指出的那样，一只老鼠"坚信周围没有猫，并且一心想证实自己的想法"，那么它最终会成为那些猫的食物。

我们的目标应该是找到正确的答案，而不是成为正确的答案。

在沃森发表了本小节开头的"数字研究"多年之后，他在街上被伦敦经济学院的科学哲学家伊姆雷·拉卡托斯（Imre Lakatos）拦住。"我们都看过你写的所有东西。"拉卡托斯对沃森说，"我们不同意你的任何观点。"他还补充说道："你一定要来给我们开个研讨会。"

在向学术上的对手发出邀请时，拉卡托斯遵循了一个策略，我们将在下一节中探讨。

光子箱

尼尔斯·玻尔和阿尔伯特·爱因斯坦是科学界最伟大的学术对手之一，他们参与了一系列关于量子力学的公开辩论。具体而言，量子力学讲述的是不确定性原理，即亚原子粒子的确切位置和确切动量不可能同时确定。玻尔支持这一原理，但爱因斯坦表示反对。

尽管在学术上存在尖锐的分歧，但玻尔和爱因斯坦之间彼此尊重。爱因斯坦一如既往地进行了一系列思想实验来挑战不确定性原理。在索尔维物理学会议上，世界上最杰出的物理学家汇聚一堂，爱因斯坦到达会场后先吃早餐，然后兴高采烈地宣布他已经发明了另一个思想实验，可以证明不确定性原理是错误的。

为了应对爱因斯坦的挑战，玻尔会思考一整天时间。晚饭时，玻尔通常会想到一个答案去反驳爱因斯坦的观点。然后，爱因斯坦回到他下榻的房间，第二天下楼去吃早餐时又提出一个全新的思想实验。

这种智力上的较量就像拳击手洛奇·巴尔博亚（Rocky Balboa）和黑人拳王阿波罗·克里德（Apollo Creed）在健身房里锻炼几个小时后进行的拳击练习。两位科学巨擘心无旁骛，互相切磋技艺，结果变得越来越强大。在他们两人的著作中，你可以看到对方的身影——当然了，这只是精神层面的惺惺相惜。这与输赢无关，双方都想尊重游戏规则，也就是尊重科学。

玻尔和爱因斯坦都靠对方对各自观点进行压力测试，因为他们都太了解自己的观点，以致无法发现自身的盲点。"有一件事是人们绝对做不到的，无论他的分析多么缜密，或者他的想象力多么天马行空。"诺贝尔奖获得者托马斯·谢林（Thomas Schelling）曾经说过，"这件事就是列出一张清单，把他想不到的事情写下来。"正因为如此，《超时空接触》中的爱罗薇朝她的同事大喊道："快证明我是错的，老费！"

也正因为如此，科学研究会产生分歧。理论物理学家约翰·阿奇博尔德·惠勒（John Archibald Wheeler）说："科学的进步，更多归功于思想的冲突，而非事实的稳定积累。"即使是在隐居状态下工作的科学家，最终也要向同行展示自己的想法，接受同行评议，因为这是所有主要科学出版物都必须清除的障碍。但是，科学论文的出版并不是终点，出版物中的结论必须由其他没有动机支持这些想法的科学家独立核实,就像《超时空接触》中爱罗薇请澳大利亚同行核实是否接收到质数数列信号一样。

在人类有史以来的毕业典礼演讲中,我最喜欢的就是大卫·福斯特·华莱士(David Foster Wallace)的演讲。他讲述了一个关于两条小鱼的故事。两条鱼在水里游动,"碰巧遇到一条大鱼从对面游过来。大鱼朝小鱼们点头致意:'早上好,孩子们,觉得这里的水怎么样?'"两条小鱼继续往前游,"然后其中一条鱼终于忍不住了,问另一条鱼:'水是什么鬼东西?'"

我们通过自己的眼睛观察世界上的一切事物,对于其他人来说显而易见的事物,在我们看来并不明显,好比那两条在水里游动的小鱼。其他人似乎有一种奇怪的能力,能够发现我们的度量单位不匹配;或者能够发现我们产生了集体错觉,以为一艘已经坠毁的火星着陆器会发来信号。他们与我们的世界观没有联系,对我们的观点没有同样的情感依恋,而且不会像我们那样排斥相互冲突的信息。"自我洞察之路,从他人心中穿过。"心理学家大卫·邓宁说。

然而,这条"道路"经常阻塞。在现代世界,我们生活在一个永恒的回音室里。尽管科技打破了一些障碍,但它最终还是建立起了另一些障碍。我们在Facebook上跟那些像我们的人交朋友,在推特上关注那些像我们的人,而且只看有相同政治立场的博客和报纸。这很容易让我们物以类聚,并切断与其他人的联系。不要再订阅那些报纸,不要再关注那些人的推特,不要再跟那些人交朋友。

这种由互联网助推的部落主义加剧了我们的确认偏误。随着我们的回音室声音变得越来越响亮,我们不断地遭遇与自己相同的想法。当我们看到自己的想法由别人反映出来时,我们开始信心满满。对立的想法无迹可寻,于是我们认为它们根本不存在,或者认为那些持对立想法的人肯定是在无理取闹。

因此，我们必须有意识地走出回音室。在做某个重要决定之前，先问问你自己："谁会不赞成我的决定？"如果你不认识任何敢跟你唱反调的人，那一定要找到这种人。让自己置身于一个别人敢质疑你观点的环境中，可能会让你感到不适和尴尬。如果你是尼尔斯·玻尔，那么谁是那个能与你相互做思想实验的爱因斯坦？如果你是美国联邦最高法院大法官鲁斯·巴德·金斯伯格（Ruth Bader Ginsburg），那个写了一份厚颜无耻但强有力异议书的安东宁·斯卡利亚（Antonin Scalia）在哪里？如果你是网球运动员安德烈·阿加西（Andre Agassi），谁是那个用强有力发球使你保持警觉的皮特·桑普拉斯（Pete Sampras）？

你也可以要求那些通常与你观点一致的人不赞成你的意见。举个例子，我把这本书的初稿给几位值得信赖的顾问看，但我并没有要求他们指出哪些地方写得好、哪些内容他们最喜欢，而是请他们告诉我哪些地方写得不好，哪些内容应该修改，哪些内容应该删减。对于那些持不同意见、却又担心冒犯你的人来说，这种方法给他们带来心理上的安全感。

如果你找不到反对的声音，就人为地制造这种声音。建立一个你最欣赏的对手的心理模型，想象自己与他们对话。网景浏览器的创始人、硅谷知名投资人马克·安德里森（Marc Andreessen）就是这样做的。"我稍微模仿了一下彼得·蒂尔（Peter Thiel）的心理模型，"安德里森说道——他所说的蒂尔是指风险投资家兼PayPal联合创始人，"这种模拟发生在我脑海中，我一整天都在和他争论。"他补充道："发生这种事的时候，别人可能会觉得你很滑稽。"但就算被人嘲笑，也是很值得的。

反对的声音可以来自任何人。你可以问问自己："火箭科学家会怎么做？"想象你对面有一位火箭科学家，他用这本书里的工具吹毛求疵地质疑你的想法。想象一个对你最新款产品不满意的客户会对你说些什么,或者想象一位刚取代你位置的CEO会如何解决同样的问题[这是英特尔前CEO安迪·格罗夫(Andy Grove)采用的方法]。

在建立对手的思维模型时,你必须尽可能客观公正,千万不要出于本能去讽刺对方的立场,以使其更容易被驳倒。这是所谓的"稻草人谬误"[1]。举个例子:一名政治候选人主张对汽车所产生的温室气体加强监管,另一位候选人回复称,汽车对于上班族来说是必不可少的工具,对方的提议将会给经济造成破坏。这个论点就是"稻草人谬误",因为该提案要求的是加强监管,而不是彻底取消汽车的使用,但要反驳这个想法的极端版本则要简单得多。

不要采用"稻草人谬误"战术,而要采用"钢铁侠"战术。这种方法要求你找到并阐明对立观点的最强形式,而不是最弱形式。伯克希尔·哈撒韦公司(Berkshire Hathaway)副主席查理·芒格(Charlie Munger)是这一理念的主要支持者。"你没有权利持某种观点,"他提醒说,"除非与持有对立观点且聪明绝顶之人相比,你能更好地反对该观点。"

玻尔和爱因斯坦之间的智力博弈之所以成果显著,部分原因在于他们熟练掌握了"钢铁侠"技术。两人的对局一直持续到爱因斯坦去世。几年后玻尔去世,在黑板上留下了一幅画——他画的是一个光子箱模型。玻尔的这幅画并不是为了揭示或捍卫他自己的思想,而是为了完成爱因斯坦为了向他提出挑战而做的思想实验。

只要一息尚存,玻尔就要接受爱因斯坦的挑战,他认为这些挑战会使他的思想变得更强,而非更弱。他用来捍卫量子力学的武器不是刚毅,而是自我怀疑。

---

[1] 稻草人谬误是一种错误的论证方式。指在论辩中有意或无意地歪曲理解对方的立场,以便能够更容易地攻击对手,或者回避论敌较强的论证而攻击其较弱的论证。——译者注

光子箱对你的核心信仰体系提出挑战，你应该在自己的人生中找到那个光子箱，且永远不要放手。真理绝不会唾手可得，需要你付出勇气、谦卑的态度和决心，但这些努力都是非常值得的。

●

正如墨菲斯（Morpheus）[1]所说的那样，"知"与"行"之间存在差异。你已经尝试过自证错误来验证自己的想法，现在，是时候用测试和实验去将那些想法与现实碰撞了。然而，正如我们在下一章中将看到的那样，火箭科学家对测试和实验采取了截然不同的方法。

> 请访问网页ozanvarol.com/rocket，查找工作表、挑战和练习，以帮助你实施本章讨论过的策略。

---

[1]《黑客帝国》的人物。——译者注

第7章　实践与测试
如何为下一款产品或求职面试做准备

> 我们没有达到预期水平，只有训练水平。
>
> ——佚名

无数美国人在等待这一刻。一位年轻总统做出的承诺、一场宇宙级别的革命即将实现。

此次启动严重落后于进度计划。在正式启动日期到来之前的几个月，人们对准备情况表示担忧。然而，官员们却睁一只眼闭一只眼，希望这些显而易见的问题能够自我修正。有人建议推迟或中止发射，但没有成功。启动日期前一天进行的压力测试表明，一个长期未解决的缺陷问题有可能危及整个任务。

但测试结果遭到了忽视。由于最后期限迫在眉睫，官员们仓促间下达了启动的指令。当测试数据出现在工程师的电脑屏幕上时，一个生死故事迅速展开。他们看着数据，惊得目瞪口呆，因为所有数据都变成了红色。

灾难接踵而至。启动后不久，任务便一败涂地了。

这并不是火箭发射过程，而是美国医保网站healthcare.gov的启动仪式。该网站是美国《平价医疗法案》（*Affordable Care Act*）的核心内容，而这一法案是奥巴马总统任期内颁布的一项具有里程碑意义的法规，旨在为美国人提供平价的健康保险服务。立法是一种承诺，而网站是（或者应该是）实现承诺的方式。美国人将通过这个网站购买保险。

受技术问题困扰，该网站一上线就崩溃了。用户无法执行诸如创建新账户等基本功能；网站还算错了医保补贴金额，并将用户送入死循环中。在网站运营的第一天，只有6个人能够注册和购买保险。

Healthcare.gov网站对《平价医疗法案》能否取得成功极为关键，它为什么会糟糕到如此地步？为什么一个耗资近20亿美元的平台无法执行最基本的指令？

火箭和网站是不同的事物，但它们至少有一个共同点：除非你遵循所谓的"即飞即测"的火箭科学基本原则，否则它们都会崩溃。

这一章探讨的是"即飞即测"原则。我将阐述如何运用该原则来测试你在本书第一部分（即"发射"）中生成的想法，并确保它们能够平稳着陆。你会发现我们进行测试和预演时为何会自欺欺人，以及该如何解决这个问题。我会告诉你，一个瑕疵导致价值15亿美元的哈勃空间望远镜损坏，你可以从中学到什么经验；我还会告诉你，一个有史以来最受欢迎的消费品在研发阶段是如何险些流产的；你会了解到，为何一名顶级喜剧演员经常突然造访小型喜剧俱乐部，而一位知名律师兼世界级的障碍赛选手如何借助火箭科学的策略成为所在领域的顶尖高手。

测试存在的问题

我们日常生活中的大多数决定靠的不是测试数据，而是直觉和有限的信息。我们推出一款新产品，更换职业，或者尝试一种新的营销手段，所有这些都没有做过实验。我们常找借口说，我们之所以不做测试，是因为缺乏资源。但我们没有认识到，新方法若最终失败，将会让我们付出极大代价。

即使我们做测试，也只是走走过场，这只是自欺欺人的做法罢了。我们进行测试的目的不是为了证明自己是错的，而是为了确认那些我们认为正确的事物。我们调整测试条件，或者解释模棱两可的结果，以确认我们的先入之见。

沃顿商学院和哈佛商学院的教授调查了32家最前沿的零售公司，研究它们在测试方面的做法。研究人员发现，78%的公司在推出新产品之前会提前测试产品。尽管这个数字令人印象深刻，但测试条件却不尽如人意。根据研究人员的说法，这些公司认为，"虽然测试结果不佳，但产品肯定会大卖"，并把测试结果归咎于"天气（不好或太好），测试地点选择得不好，测试做得不到位，以及其他导致销量不理想的因素"。换句话说，零售商们强行使测试结果符合他们的期望，而不是调整它们的预期以适应测试结果。

在一个精心设计的测试中，结果是无法预先确定的，你要愿意接受失败。测试必须向前推进，使不确定性因素显露出来，而不是向后倒退，证实那些先入为主的观念或想法。费曼的话一针见血："如果预期与实验结果不符，那它就是错误的。这句简单的话道出了科学的奥秘。无论你的猜测多么完美，这都不重要；无论你有多聪明，无论是谁做的猜测，这些都不重要。如果猜测与实验结果不符，那它就是错误的。"

自欺欺人只是问题的一部分，另一部分问题则是测试条件与现实之间的脱节。焦点小组和测试对象往往处于人为设置的条件下，并被要求回答那些他们在现实生活中永远不会接触到的问题。因此，这些"实验"得出了经过完美润色、完全不正确的结论。

火箭科学用一个看似简单的原则给我们提供了一条向前推进的路线，那就是"即飞即测"原则。根据这条原则，地球上的实验必须尽可能模仿火箭的飞行环境。火箭科学家要以航天器飞行时的状态对其进行测试。如果测试成功，实际飞行必须在类似环境下进行。测试和飞行之间若出现重大偏差，就有可能造成灾难性后果。这个道理既适用于火箭，也适用于政府网站、求职面试或者你的下一款产品。

在正确的测试中，你的目标不是发现所有可以顺利进行下去的东西，而是发现一切有可能出错的东西，并找到极限点。

极限点

确定物体极限点的最佳方法是破坏这个物体。火箭科学家试图在地球上破坏航天器，从而找到航天器的瑕疵所在，以免瑕疵出现在太空中。为了实现这个目标，大到部件、小到螺丝，都要承受相同类型的冲击、振动和极端温度，因为这些条件都在太空中等待着它们。科学家和工程师必须想尽办法，诱使这些零部件和计算机代码犯下致命的错误。

这种方法还有一个好处，那就是减少前面章节提到的不确定性。测试有助于把未知事物变成已知事物。如果每次测试的环境如果与实际飞行环境类似，火箭科学家就可以了解到一些关于航天器的新知识，并对软件或硬件做小幅度调整。

但即使是在火箭科学中，测试环境也往往与实际发射环境不完全相同。有些东西是我们在地球上无法测试的，例如，我们无法模拟火箭在发射过程中所承受的重力作用，也无法完全模拟在火星上开车的感觉。不过，我们可以尽量向实际环境靠拢。

参与2003年的"火星探测漫游者"计划时，我们会定期将探测器拿到火星试验场，让它沿着场地转一圈。火星试验场是喷气推进实验室内部一块网球场大小的区域，放置着与火星相同类型的岩石。测试用的火星探测器被起了一个可爱的名字——"菲多"（FIDO），它是"野外集成设计与作业车"（Field Integrated Design and Operations）的缩写。我们还带着"菲多"去了内华达州的黑岩峰和亚利桑那州的格雷高地等地方。我们考察了火星探测器的能力，确保它能做它应该做的事情，包括躲避危险、钻取岩石标本、拍照，等等。

在地球上驾驶火星探测器是一回事，但在火星上操作它又是另外一回事。在火星上，从大气密度到地表重力，一切都与地球不同。地球上与火星环境最接近的地方是俄亥俄州的桑达斯基，这座小城市以拥有NASA的太空动力设施而自豪。该设施是世界上最大的真空实验室，它可以模拟空间旅行的环境，包括高真空、低压和极端温度变化环境。

真空室提供了理想的环境，可以测试我们的探测器降落火星表面所用的安全气囊。EDL[进入（entry）、下降（decent）、着陆（land）]小组前往桑达斯基进行了一些测试。他们把一个假着陆器放在一组安全气囊里，抽掉真空室的空气，使其压力和温度与火星相仿，并在室内地面上放置一些假的火星岩石，然后顺其自然。

结果气囊破裂了。岩石完全戳破了气囊，使它们当场漏气，戳穿的口子足够一个人穿过。此次测试表明，我们打算使用的安全气囊太脆弱了。

事实证明，一块被称为"黑岩"的石头是罪魁祸首。在EDL小组工作的亚当·施特尔茨纳描述这块岩石"外形如奶牛肝脏，顶部光滑"。它表面上看起来并不特别危险，但"它深入气囊内部，导致气囊破裂"。EDL小组成员并没有把"黑岩"作为一个异常值（即气囊在火星上不太可能撞击到的岩石类型）而置之不理；相反，他们很重视这件事。

他们把问题单独拿出来分析，把问题放大。他们制作了"黑岩"的复制品，把它们散布在真空室里，然后开始把安全气囊往石头上扔。尽管同样的安全气囊于1997年使得"火星探路者"号成功地降落在火星表面，但这并不意味着它的设计完美无瑕。也许是幸运使然，那一次气囊没有与这种类型的岩石相撞，避免了一场灾难的发生。但是，我们项目的EDL团队不能光靠运气，必须假设最坏的情况——火星上的一块"黑岩"等着把我们的安全气囊撕成碎片。

解决方案的灵感来自一种看似毫不相关的事物——自行车。大多数自行车轮胎有两层，即外胎和内胎。即使外胎被道路上的碎片刺穿，内胎也能保持完好无损。EDL小组对比了这两个毫无关联的事物，把自行车轮胎的设计复制到我们的安全气囊上，并设计了一个双层内胆，提供双重保护。即使外面那层内胆漏气，气囊（和着陆器）也会安然无恙。我们不断对新的设计进行测试，直到安全气囊通过严酷的测试。

你不需要一间花哨的真空室或者一大笔预算来找到产品部件的极限点。你可以找到具有代表性的客户群体，测试产品或服务的原型或初级版本，而你只需为最坏的情形而非最佳情形设计测试流程。

航天器发射后，测试并没有结束。即使在起飞后，我们也必须确保其内部仪器在未知和不稳定的太空环境中正常运行，然后我们才能开始信任它们。

我们通过一个叫"校正"的过程来实现仪器的精确无误。例如，火星探测器上的每台仪器都有一个校正目标，而最繁杂的校正目标是为我们的车载全景照相机（PanCam）打造的。该目标是安装在探测器甲板上的晷盘，晷盘的4个角落分别有4个含不同矿物质的色块及不同反射率的灰色区域；晷盘上布满了用17种语言写的"火星"一词（倘若那些个子矮小的绿色火星人不会说英语，还可以看懂其他语言）。晷盘上还画有地球和火星的轨道，并刻有铭文"两个世界，一个太阳"。晷盘中心的杆子投下阴影，科学家们根据阴影来调整图像的亮度。

在使用任何仪器之前，我们首先都会将仪器指向其校正目标。例如，全景照相机会拍下一张晷盘的照片，然后发送回地球。如果火星上的读数与地球上同一目标的读数不匹配，我们就知道仪器校正出错了。举个例子，如果晷盘的绿色色块在校正照片中显示为红色，那肯定是校正出了问题。

在日常生活中，我们被错误校正的次数比想象中要多得多。当我们要查看绿色的色块却看到了红色时，我们就需要一个校正目标。最好是有多个值得信赖的顾问，在我们错误解读事件时，他们可以提醒我们。仔细选择你的校正目标，并确保你能相信他们的判断。如果他们判断错误，那你的判断也会出错。

我们在下一节中将会看到，仅仅测试单个部件的可靠性是不够的。如果不进行系统测试的话，你可能会在不知不觉中释放出"弗兰肯斯坦的缝合怪"。

弗兰肯斯坦的缝合怪

从某种意义上说，航天器与你的事业、身体或你最喜欢的球队没什么不同，它们都是由相互作用的小型子系统组成的整体系统，每个子系统相互作用，并影响其他子系统的运作方式。

"即飞即测"法需要采用多层次的方法。火箭科学家们起初对子部件进行测试，比如组成探测器视觉系统的单个摄像机、电缆、连接器等。摄像机完全组装后，会再次对整个视觉系统做测试。

苏菲学派很好地总结了采用这种方法的原因："你认为，由于你了解了'1'的含义，所以你必须要了解'2'的含义，因为1加1等于2。但你忘了，你还得了解'加'的含义。"能够单独发挥功能的组件，可能在组合到一起之后彼此冲突。换句话说，系统可能会产生不同于单个组件的效果。

这些系统层面的影响可能是灾难性的。单独使用一种药物可能会产生很好的疗效，可当它与其他药物相互作用时，却可能是致命的。你网站上的插件单独工作时可能非常出色，但所有插件作为一个系统工作时，则有可能造成灾难。天才运动员单独比赛时也许无人能敌，在组成团队参赛时却可能发挥失常。

我们可以把这个问题称为"弗兰肯斯坦的缝合怪"，它的四肢来自人体，但这些肢体缝合在一起之后，出来的就不是人类了。

以另一个觉醒的"缝合怪"为例。阿道夫·希特勒上台时，德国宪法是当时世界上"最复杂"的宪法之一。它包含了两条看似无害的规定，其中一条规定允许德国总统宣布国家进入紧急状态，但议会可以通过简单多数票取消紧急状态。另一条规定允许总统解散议会，呼吁举行新的选举。德国议会常常分裂和陷入僵局，因此第二条规定旨在遏制这一问题。孤立地看待这两条规定时，他们似乎是无害的，但两条规定结合起来就会变得无比邪恶，产生宪法学者金·莱恩·舍佩尔（Kim Lane Scheppele）所谓的"怪物国家"（Frankenstate）。

20世纪30年代初，德国总统保罗·冯·兴登堡（Paul von Hindenburg）行使宪法赋予他的权利，解散了一个陷入僵局、无可救药的议会。在选举新议会之前，兴登堡在总理希特勒的敦促下宣布国家进入紧急状态，这几乎中止了德国所有公民的自由权。尽管议会有宪法赋予的权利，可以推翻紧急状态令，但立法机构并没有行使这一权力。党卫军和冲锋队立即开始大规模清洗所有反对纳粹的人。纳粹以紧急状态为借口，开始巩固其对国家的控制，建立以希特勒为首的一党专政政权。在没有违反宪法任何规定的情况下，全世界最恐怖的国家诞生了。

类似的"设计缺陷"可能也是1999年"火星极地着陆者"号坠毁的原因之一。当着陆器使用其火箭发动机向火星表面降落时，在离地面1500米的地方，三条原本收起来的腿就伸展开来。我们无法确切知道发生了什么事，可能是着陆腿产生颠簸，让着陆器误以为自己已经安全着陆。然而其实它并没有着陆,还在下降过程中。电脑过早地关闭了下降引擎,使着陆器坠入致命的深渊。

"火星极地着陆者"号团队已经在地面上做过着陆测试,包括测试着陆腿的展开过程。团队第一次进行测试时,着陆腿的电气开关接线错误,没有发出信号。团队成员们发现了这一错误并重新进行了测试。但由于落后于计划进度,他们只把注意力放在着陆环节而忽略了着陆腿展开环节,这个环节发生在探测器飞行过程中、还未触地之前。尽管测试结果表明电器开关已正确连接,但致命缺陷仍隐藏在着陆腿展开环节。NASA没有在开关接线正确的情况下重新测试着陆腿能否顺利打开,结果导致着陆器坠毁在火星表面。

这些例子表明,倘若不进行系统测试,就可能产生无法预测的后果。产品出厂前的最后一刻,如果你要对产品做修改,却不重新测试整个产品,那你就要冒灾难性的风险。如果你想更改诉讼案情摘要的部分内容,却不考虑更改的内容如何与整体互动,那你就是在玩忽职守;如果你把政府一个大型项目的设计环节外包给60家承包商,却没有对综合体系进行测试,那灾难就会等着你,正如healthcare.gov网站的结局。

在火箭科学领域,还有另一个系统需要在起飞前进行测试。这个系统远比航天器本身更不可预测——它会恐慌,它会忘记事情,往往会撞上对其他物体或不小心错按了控制台上的按钮。它可能屈服于愤怒,患感冒,或放下重要工作去欣赏宇宙的风景。

当然,我说的就是操控航天器的人类。

太空先锋

"太空先锋"(right stuff)是外界给入选NASA首次载人航天任务"水星"计划的7名勇敢宇航员起的绰号。然而,还有另一群志愿者同样配得上这一称号,而你甚至没听说过这些志愿者的名字。NASA招募这些志愿者参加一系列在地球上模拟太空飞行环境的实验。1965年,美国空军79名人员穿上航天服,走进一个安装在冲击平台上的太空舱。他们在太空舱里"上下左右颠来倒去,呈45度角后退、前进或斜向一边"。虽然普通人会在$5g$重力时失去知觉(g指地球表面的重力加速度),但这些人承受的重力加速度达到了$36g$的峰值。

这些实验的目的就是测试人们在飞行时的感受,让毫无防备的空军人员承受宇航员在登月之旅中所经历的同类冲击。志愿者们耳膜受损,还有其他部位受到挤压性损伤。一名男性志愿者在太空舱里"屁股悬在空中",导致腹腔破裂;另一名志愿者的一只眼睛"有点掉出来"。在一份新闻稿中,负责这些实验的约翰·保罗·斯塔普(John Paul Stapp)上校总结如下:"几名志愿者脖子僵硬,背部扭曲,肘部擦伤,偶尔有人破口大骂。付出了这些代价之后,我们可以确保'阿波罗'号太空舱里3名宇航员的安全。他们首次飞往月球,未知的旅途充满未知的危险,他们会处于各种险境之中。"

在我们把人类送上太空之前,为什么要先把我们的近亲送上去?"即飞即测"规则解释了其中原因。由于我们几乎不知道失重对人体的影响,所以第一个上太空的"美国人"是黑猩猩哈姆。哈姆在太空飞行中活了下来,只是鼻子受了点伤,后来自然死亡,被葬在国际空间名人堂(International Space Hall of Fame)。斯塔普上校在哈姆的葬礼上赞颂了它的事迹。

经过训练之后,哈姆已经可以执行一些基本的任务,比如拉动操作杆。在历时16分钟的太空飞行中,他成功复制了拉操作杆的动作。尽管哈姆的太空飞行是成功的,但它伤害了"水星"计划宇航员脆弱的自尊心,因为他们很快就意识到,黑猩猩同样有资格做他们的工作。据说,当肯尼迪总统的女儿卡罗琳见到宇航员约翰·格伦时,这位4岁的小女孩满脸失望地问道:"那只猴子在哪里?"

现在,我们不再将黑猩猩送上太空,也不再将中世纪的酷刑用在空军志愿者身上。训练方法发生了变化,但我们"即飞即测"规则的基本承诺不变。宇航员的日常生活并不像你在好莱坞电影中看到的那样光鲜亮丽,宇航员是吃苦耐劳之人,而不是太空冒险家。他们不以太空飞行为生,而是毕生都在训练和为太空飞行做准备。"我当了6年宇航员,却只在太空中待了8天。"克里斯·哈德菲尔德解释说。

剩下的时间都用来做准备工作。到宇航员执行任务时,他们已经在模拟器上飞过无数次相同的路线。举个例子:航天飞机实验模型的全套装备就像真的一样,操控和显示装置和真的航天飞机完全相同。宇航员像操作实物一样操作航天飞机模拟器,完成从发射、对接到着陆等不同阶段的任务。从模拟装置的显示器上,宇航员可以看到与实际飞行中相同的场景,隐藏的扬声器也会产生相同的噪音,包括他们在飞行过程中听到的振动声、烟火爆炸声和齿轮启动的声音。

但模拟器无法产生微重力,这恰恰是"呕吐彗星"(Vomit Comet)可以大展身手的领域。"呕吐彗星"是一架飞机的名字,它的飞行轨迹是一条抛物线,有点像过山车,先爬升后俯冲,以此来模拟失重状态。在每条抛物线的顶端,乘客会体验大约25秒的微重力。这架飞机之所以得名"呕吐彗星",是因为这些陡然爬升和急速俯冲的动作往往会导致乘客产生一阵阵严重的恶心感。宇航员登上"呕吐彗星",在失重状态下练习诸如吃、喝等动作。

但25秒时间不足以练习更复杂的动作。为了获得更长的失重时间,宇航员跳入一个被称为中性浮力实验室(Neutral Buoyancy Lab)的大型室内水池中,水的浮力模拟了他们将在太空中体验到的微重力。"在水池里,我真的觉得自己像一个经过充分训练的宇航员。"哈德菲尔德写道,"我穿着太空服,借助辅助设备呼吸,就像在太空行走一样。"

池中放置了国际空间站模型,宇航员们练习维修设备,而他们最终会飘浮在外层空间进行同样的工作(也称为"太空行走")。他们练习行走每一步,直到它成为第二天性。对于哈德菲尔德来说,要达到这种熟悉程度,他得花250个小时在水池里行走,才能为6个小时的太空行走做好准备。

宇航员模拟训练由NASA的一位模拟主管负责,他领导着一组教官。模拟主管的部分工作就是教宇航员正确完成任务的所有流程,他的另一部分工作则要残忍得多——"杀死"宇航员。

模拟团队玩着我们此前探讨过的"扼杀公司"游戏,即公司高管扮演竞争者的角色,想方设法让公司破产,只不过这是另外一种版本。"杀死宇航员"演习的目的与"扼杀公司"类似,即促使宇航员在模拟器中做出错误举动,从而让他们学会在太空中做出正确动作。在太空中,倘若出现紧急情况,宇航员往往没有长时间思考的余地。"即飞即测"要求宇航员减少响应时间,尽可能瞬间做出反应。为了完成航天任务,这个准备过程意味着要模拟大约6800个故障场景,把每一种能够想象到的故障抛给宇航员,包括电脑死机、发动机故障和爆炸等。作家罗伯特·库尔森称,在"阿波罗"号宇航员的训练过程中,这些模拟每次都要进行好几天时间。"麻烦越大越好,直至所有参与训练的人把重复动作变成本能,死里逃生有助于人们学会生存。"

在许多方面,这些模拟飞行比实际飞行更困难,它们遵循一句古老格言:"平时多流汗,战时少流血。"当尼尔·阿姆斯特朗第一次在月球表面行走时,他注意到实际体验"也许比六分之一重力环境下的模拟行走更容易",他指的是月球上的重力比地球小。在地球上为一些小问题多流汗,确保了同样问题不会让阿姆斯特朗在太空中有性命之虞。

反复接触难题,使宇航员对困难产生了免疫力,并增强了他们的信心,认为自己有能力解决任何问题。哈德菲尔德成功完成任务并返回地球后,有人问他事情是否按计划进行。他回答道:"事实上,一切都没有按照我们的计划进行,但所有事情都在我们的准备范围之内。"

"阿波罗"号宇航员吉恩·塞尔南在谈到他的训练情况时也采用了类似的措辞。"如果航天器去了我们不喜欢去的地方或地面,"他说,"我可以打开开关,控制超过340吨力的火箭推力,自己飞到月球上去。"塞尔南是"阿波罗17"号任务的指挥官,也是最后一个在月球表面留下脚印的人。他继续说道:"我练习过很多次,也训练过很多次,我敢说……我敢说她(航天器)不会放弃我。"经过反复练习,宇航员和航天器融为一体。"我和她同呼吸,共命运。"塞尔南回忆道。

当"阿波罗13"号的氧气罐爆炸、宇航员无法呼吸时,他们的训练开始了。电影《阿波罗13号》展示了航天器和任务控制中心的混乱环境——火箭科学家和宇航员们忙着找解决方案。由于指挥舱在爆炸中受损,他们不得不想办法把登月舱用作救生艇,将3名宇航员送回地球。

但是,现实情况比好莱坞描绘的要平静得多。此次任务的飞行主任吉恩·克兰兹定期进行预演,训练飞行人员解决紧张形势下的复杂问题。事实上,类似的应急事件就是要求宇航员使用登月舱作为救生艇的,这种情况已经有人模拟过。"没人能准确模拟未来可能发生的事情。"阿波罗登月计划宇航员肯·马丁利(Ken Mattingly)解释说,"但他们模拟了可以应用于系统和系统中的人的那种压力。我们知道自己有哪些选项,并且对何去何从已经有了一些想法。"

这种训练策略的适用范围远远不止于火箭科学。以美国最高法院的口头辩论为例:作为美国最高等级的司法机构,该法院每年审理的案件不足100起,只有少数首席律师有幸向最高法院陈述观点。

我记得我第一次以访客身份走进最高法院审判庭的情形。我首先注意到的不是宏伟高大的天花板或者大理石墙壁,而是律师的发言台居然与9位最高法院法官坐的红木长凳如此之近。当律师向法院陈述观点时,他们会被法官们尖锐的、往往咄咄逼人的问题打断。每半个小时的辩论中，律师平均要回答45个问题。律师还没说完第一句话，法官就连珠炮似地提出问题。由于发言台与红木长凳之间距离很短，所以律师常被视线之外的法官攻其不备。

在陪审团面前打感情牌或许有用，但在全国9位最伟大的法官面前，这招就不管用了。律师们必须保持冷静和镇定，同时还要对一连串问题做出即时反应。"你不能只想着用这个问题的答案说服法官。"经常出现在最高法院的辩护律师泰德·奥尔森（Ted Olson）解释道，"还要考虑到这个答案对其他尚未被问及的问题会造成何种影响。千万不要只取悦一位法官，却疏远了另外几位法官。"

要掌握这种变幻莫测的心理活动，就要采取一种火箭科学的心态，并做好火箭科学的准备。美国联邦最高法院首席大法官约翰·罗伯茨（John Roberts）在成为法官之前，被广泛认为是有史以来最优秀的辩护律师之一。为了准备法庭辩论，罗伯茨会预先准备好数百个法官可能要问的问题。他会为每个问题准备好答案，但他知道，仅仅把答案写下来是不够的。在法庭辩论那天，不同法官会顺序随机地向他提问。为了让假设情况更接近现实，他会"把问题写在卡片上，然后洗牌，再自我测试，这样他就能够按任何顺序回答任何问题了"。

当罗伯茨走到发言台上发表自己的论点时，他显得落落大方。曾与罗伯茨共事的乔纳森·富兰克林（Jonathan Franklin）回忆起他对罗伯茨的印象："他能够从问题中提炼出复杂观点，直达问题本质，然后用最简练的词汇做出回应。他的观点看上去如此正确，你别无选择，只能同意他的意见。"他的发言非常流畅，在毫不知情的旁观者看来，罗伯茨以前听到过这些问题，并且知道如何回应。

另一位律师在她的运动训练中运用了同样的思维方式。在参加比赛前，阿米莉亚·布恩（Amelia Boone）是芝加哥一家著名律师事务所的律师。平常训练时,布恩穿着潜水服跑步,在密歇根湖冰冷的湖水中游泳,严冬的寒风吹拂着她的脸。在穿着厚厚冬装的旁观者看来,这是一个受虐狂的疯狂行为。但事实并非如此,后来被称为"痛苦女王"的布恩当时正在为国际障碍大赛(World's Toughest Mudder)做准备。

与国际障碍大赛相比,马拉松简直就是小儿科。这场赛事要连续进行24个小时,参赛者必须不眠不休,同时要征服散落在5英里(约8千米)赛道上的大约20个"世界最大、最难以跨越的"障碍物。这是适者生存的游戏,谁完成的圈数最多,谁就获胜。

水里有一些障碍物,而水温可能低到结冰的温度。为了防止体温过低,所有参赛者都穿着潜水服跑步。当他们在陆地上跑步时,潜水服有助于保持体温,因为身体的热量往往会在这紧张的24个小时内消耗殆尽。

布恩刚开始训练时,体能是个大问题。她花了6个月时间尝试做引体向上,但一个都做不了。第一次参加比赛时,她从所有障碍物上面摔了下来。"我真的不擅长障碍赛,"布恩赛后告诉自己,"继续努力吧,我可以做得更好。"她确实做到了。如今,她是4届世界冠军,也是世界上最好的障碍赛选手之一——不仅仅是在女性选手当中。

布恩成功的秘诀和任何有自尊心的宇航员一样——即飞即测。她在与比赛日相同的环境中训练,而竞争对手在舒适的健身房里训练,因为外面正好在下雨。"你不是在跑步机上看着面前的奈飞影片参加比赛。"布恩说,"所以,你不应该这样训练。"

雨、雪、黑暗、寒冷、潜水服,它们都在召唤布恩。随着比赛的进行,她已经对前方等待着她的恶劣天气条件麻木了。她用微笑迎接它们,似乎在对它们说:"很高兴再次见到你,让我们跳舞吧。"

在日常生活中,我们没有像罗伯茨和布恩那样在仿真环境下训练。我们选择在舒适的家里排练某次重要的演讲,因为在家里可以充分休息并保持清醒的头脑。在模拟求职面试时，我们穿着运动裤，让一位朋友用一组预先设定好的问题向我们提问。

如果采用"即飞即测"规则，我们就会在一个不熟悉的环境中练习演讲，喝几杯浓缩咖啡来提神。我们会穿着让自己感觉不舒适的西服进行模拟面试，并且让一个陌生人向我们发难。

企业也可以从这一原则中获益。3名商学院教授在《哈佛商业评论》（*Harvard Business Review*）发表的文章称，如果企业采用"即飞即测"规则模拟决策，就可以"提高组织做高风险决策的能力"。例如，摩根士丹利（Morgan Stanley）进行模拟演习，以确定如何应对包括黑客和自然灾害在内的各种威胁；一家航天公司举行演练，以确定如何应对竞争对手出的难题，比如兼并或结盟。研究人员解释道："通过演习，参与者可以知道彼此的优缺点，非正式的角色变得清晰起来。"

我们将在下一节中看到，"即飞即测"规则还可以帮助每一个人（包括企业和喜剧演员）组织焦点小组，并评估公众对其下一款产品或新编笑话的看法。

舆论的火箭科学

如果苹果违反了"即飞即测"原则，那苹果的iPhone就不会问世了。

作为人类现代史上最赚钱的消费产品之一，iPhone在其上市前的民意调查中相当失败。当消费者被问到他们是否"想拥有一台便携式设备"来满足所有需求时，只有大约30%的美国人、日本人和德国人回答"是"。他们似乎更喜欢随身携带一部电话、一台照相机和一台音乐播放器，而不是一台集所有三种功能于一体的设备。微软前CEO史蒂夫·鲍尔默（Steve Ballmer）对调查结果表示赞同："iPhone不可能获得太大市场份额,不可能。"

iPhone并没有试图证明调查是错误的。作家德里克·汤普森(Derek Thompson)称,这项调查精确地体现出参与者"对他们从未见过和不理解的产品漠不关心"。换句话说,这项调研没有遵循"即飞即测"原则。对iPhone进行假设性思考与亲眼看到iPhone,是两种完全不同的体验。曾有消费者在苹果商店见过iPhone,一旦他们接触到这个品牌,并把这个革命性的新设备握在手中时,他们就难以自拔了。冷漠很快转变成了欲望。

企业在定价实验中通常会问客户一个问题:你愿意花多少钱买这双鞋?仔细想想,上次别人问你这个问题是什么时候?我想,应该从来没人问过你这个问题。客户会说他们愿意以一个假设的价格购买一双假设的鞋;但是如果你真的让他们把手伸进自己的钱包,拿出他们辛苦挣来的钱,然后把钱交给收银员,那就另当别论了。制鞋企业还不如制作一双真实的样板鞋,把它放在真实的店里,卖给一位真实的客户。换句话说,就是用"即飞即测"的方式卖鞋。

有个人比其他任何人都更了解此概念。如果你曾经看过某次民意调查的结果,就肯定听说过他的名字。

乔治·盖洛普(George Gallup)想找到一种客观的方法来确定读者对报纸的兴趣。他决定写一篇围绕这一主题的博士论文,并给论文起了个标题为《确定读者对报纸内容兴趣度的客观方法》(*An Objective Method for Determining Reader Interest in the Content of a Newspaper*)。在盖洛普看来,"客观"是这个标题的关键词。他对确定读者兴趣度的主观方法深表怀疑,尤其是对调查和问卷调查表等方式。他认为,人们讲述自己的行为时,往往会歪曲事实。事实证明,盖洛普的观点是正确的。接受调查的读者声称,他们完整地看了报纸的头版,但实际上他们会跳过头版,直接看体育版或时尚专栏。

换言之，这些调查没有遵循"即飞即测"原则。填写一份关于阅读报纸的问卷调查表与实际阅读报纸是两件不同的事情。盖洛普知道，测试要获得成功，就必须以接近真实"飞行"的方式进行。

那么，盖洛普做了哪些事情来补救这个测试呢？他派了一组调查人员到读者家里，看着他们读报纸，并把报纸的每一部分标记为已读或未读。够尴尬吧？确实很尴尬。比问卷调查更准确吧？当然。"几乎无一例外，后来的质疑证明了……此前（调查问卷中）的话是假的。"盖洛普写道。盖洛普的这个调查是现代数字化跟踪技术的前身。如果你认为他的做法令人讨厌，那请记住一点：奈飞公司对你在看什么影片、何时看的，以及你是否在《纸牌屋》（*House of Cards*）完结前没有追看最后一季内容，了如指掌。和盖洛普一样，奈飞深谙"观察远比自评问卷更准确"的道理。

伟大的喜剧演员也像火箭科学家一样思考，他们喜欢在真实的观众面前测试自己的笑料，以观察观众的反应。他们在没有提前打招呼的情况下走进喜剧俱乐部，在一个到处都是陌生人的低风险环境中测试他们的喜剧素材。举个例子，2016年，在主持奥斯卡颁奖典礼之前，克里斯·洛克（Chris Rock）顺道拜访了洛杉矶一家名叫喜剧商店（*Comedy Store*）的喜剧俱乐部，以检验他的素材是否好笑。瑞奇·葛文斯（Ricky Gervais）和杰瑞·宋飞（Jerry Seinfeld）也拜访过一些小型喜剧俱乐部，并根据观众的反应来调整或完全放弃他们的段子。

随机拜访喜剧俱乐部或观察人们阅读报纸是一码事，要求人们让一个陌生人走进他们的浴室和看他们的孩子刷牙则是另外一码事。跨国设计企业IDEO就是这样做的。IDEO接受了欧乐B公司（Oral-B）交给他们的任务——为儿童设计更好的牙刷。欧乐B的高管起初对IDEO提出的这个不同寻常且令人不安的请求不屑一顾。"这不是火箭科学，"该高管表示反对，"我们谈论的是孩子们的刷牙问题。"

事实证明，这恰恰就是火箭科学。设计一支优质的牙刷就像设计一枚伟大的火箭一样，需要测试和飞行之间的协同作用。让一个5岁的小孩自主刷牙，本来就是一件颇具挑战性的任务，而在他尝试全神贯注做这件事的时候，身旁居然还有一名IDEO公司的员工忙着做笔记，这画面实在令人忍俊不禁。不过，让我们把这有趣的画面放在一旁，先关注IDEO发现了什么。在IDEO出现之前，儿童牙刷制造商认为儿童的手较小，需要较小的牙刷，所以他们把成人牙刷改造了一下，把刷柄变得更薄。

这种方法听起来很直观，但完全没有达到目的。IDEO通过实地研究发现，儿童的刷牙方式与成年人不同。孩子们刷牙时习惯用整只手握住牙刷，成年人却不是这样的。儿童缺乏成年人用手指移动牙刷的那种灵巧度。变薄的刷柄使孩子们更难刷牙，因为他们刷牙的时候，手里的刷柄往往会移动。因此，孩子们需要的是手柄粗大的牙刷。尽管欧乐B公司的高管最初对IDEO的方法持怀疑态度，但还是根据IDEO的建议生产了一款牙刷，它后来成为同类别牙刷中最畅销的产品。

在重新设计病人就医体验时，IDEO公司使用了同样的策略。医院本应悉心照顾病人，挽救病人生命。然而，大多数医院的病房却恰恰相反，它们没有丝毫特色——清一色呆板乏味的白色病房，用荧光灯提供照明。

当一家医疗机构聘请IDEO重新设计病人的就医体验时，该机构的高管们原本期待的可能是一份漂亮的演示文稿，展示新颖的、富有创造性的病房设计方案。但恰恰相反，他们看到的是一部令人头脑麻木的6分钟视频剪辑。视频显示的只有医院房间的天花板。"当你整天躺在病床上的时候，"IDEO公司首席创意官保罗·本内特（Paul Bennett）解释说，"你能做的就只是看看天花板，而这是一次非常糟糕的经历。"

本内特把这套方案称为"瞎子都能看到的"好创意，它是IDEO员工设身处地站在病患的立场上想出来的点子。IDEO公司的一名设计师以病人身份住进医院,并在一张真正的病床上躺了几个小时,被人用担架推来推去,一直盯着天花板吊顶看。他用摄像机录下了这次糟糕的体验。这段6分钟沉闷的天花板吊顶视频剪辑,只是对病人整个就医过程的一瞥。正如IDEO公司CEO蒂姆·布朗(Tim Brown)所说的那样,这是一次"无聊和焦虑的经历,让人感觉失落、不知所措和失控"。

6分钟短片足以让医院的员工投入行动。他们装修天花板;安装白板,让来访者给病人留言;改造病房的风格和颜色,使它们更具个性。他们还把后视镜安装在医院的担架上,让病人看到推担架的医生和护士,并与他们交流。最终,IDEO的视频推动了一次更大范围的讨论——如何改善患者的整体就医体验,从而使患者获得"更人性化的对待,不要像物体那样被搬来搬去,而更像是承受压力和痛苦的人"。

这些例子表明,与其创造跟现实脱节的人工测试环境,我们倒不如观察客户在现实生活中的行为。如果你想设计一份更好的新闻报刊,那就观察人们看报纸的方式;如果你想设计一款更好的儿童牙刷,那就观察孩子们的刷牙方式;如果你想看看人们是否会喜欢iPhone,就把iPhone交到他们手中。"如果你想改进一款软件,你所要做的就是观察人们如何使用它,看看他们何时露出痛苦的表情。"IDEO创始人大卫·凯利(David Kelley)说。

这种方法与在人工环境下的自评相比,有很大改进。但是,它并没有完全消除"测试"和"飞行"之间的距离。事实证明,观察者的观察往往会影响被观察者的行为。

观察者效应

"观察者效应"是科学领域中被误解最深的概念之一。它引发许多伪科学的说法,称有意识的大脑可以神奇地改变现实,例如使勺子在餐桌上移动。但是,"观察者效应"只是个很简单的科学概念,它指的是你可以通过观察某个现象而影响该现象。下面,我来解释一下这个概念。

我当上教授以后就开始戴眼镜。在人们的刻板印象中,教授都是丢三落四的,我就很符合这种形象,因为我总是忘记把眼镜放在什么地方了。如果要在黑暗的房间里找眼镜,我的做法和别人一样——先打开灯。开灯这个动作向我的眼镜发送了大量光子,这些光子从眼镜反射出来,进入我的眼睛。

但现在假设一种情况:我要找的不是眼镜,而是一颗电子。为了观察一颗电子,我做了同样的事情,向它所在的方向发送了一些光子。我的眼镜比较大,所以当光子与镜片碰撞时,眼镜是不会动的。可是,当光子与电子碰撞时,它们就会移动电子。你也可以把它想象成一枚夹在沙发垫和沙发之间的硬币,你越想抓住这枚硬币,就越使它变得遥不可及。

"观察"这种行为,以不同方式扰乱人类。当人们知道自己被人观察时,他们的行为就会有所不同。

假设你是正在接受一档新电视节目测试的受众之一。作为焦点小组成员观看这个节目,与你在自家客厅观看节目,是截然不同的两种体验,此次"测试"与真正的"飞行"并不完全一样。在焦点小组中,尽管某个节目值得你在客厅饮酒作乐时观看,但你可能会发现它存在诸多缺陷,这是因为有人要求你对节目做出批判性评价,而你处于他们的观察之下。

举个例子,接受测试的观众认为电视剧《宋飞正传》很不好看。在为这档节目预设前提时,制片人问了我们在上一章中遇到过的问题:"如果我们做的事情和其他人截然相反,那会怎样?"当时,情景喜剧的剧本总是一成不变:角色遇到难题,他们要解决那些难题,从中学习一些经验并互相拥抱。

　　从一开始,《宋飞正传》的制作人就很清楚自己的使命。他们会翻转剧本,角色之间不会相互拥抱,也不会积累经验。《宋飞正传》里的角色不断重复和无视自己的错误,从而引起观众爆发出笑声。为了避免混淆,剧作者们穿着印有"没有拥抱""没有学习"等字样的夹克。但是接受测试的观众们习惯了标准的情景喜剧剧本,他们期待着角色经常拥抱和学习经验的场景,因此在焦点小组看来,《宋飞正传》是一部极端失败的情境喜剧。然而,这部电视剧却成为有史以来最受欢迎的情景喜剧之一。

　　观察者效应往往是一个无意识的过程。即使我们假设自己没有影响到参与者,即使我们小心翼翼地不把硬币扔进沙发垫里,也可能正以微妙但重要的方式给予他们暗示。

　　以"聪明的汉斯"为例。汉斯是最像火箭科学家的马——它能够算出基本的数学题,这引起了世界范围内的轰动。它的主人威廉·冯·奥斯顿(Wilhelm von Osten)请观众问一道数学题,于是有人会脱口而出:"6加4等于多少?"汉斯的蹄子会连续踏10次。它不仅仅会算加法,还会减法、乘法甚至除法。人们怀疑有诈,但独立调查人员没有发现任何欺诈行为。

　　一位名叫奥斯卡·芬斯特(Oskar Pfungst)的年轻心理学学生弄清了真相。原来,只有当汉斯能看到人类提问者时,它才能找到正确的答案。如果它戴上眼罩或者因其他原因看不到人类介入,它的数学天分就会消失。说到底,是人类提问者在不知不觉中为马提供了线索。正如斯图亚特·费尔斯坦(Stuart Firestein)所写的那样:"当汉斯开始答题时,人们的身体和面部肌肉会变得紧张;而当它踏出正确的步数时,人们的紧张感便释放出来。"值得注意的是,即使是在芬斯特发现汉斯的秘密之后,他也无法阻止自己不自觉地给马暗示。只要芬斯特知道答案，他的举止就会在汉斯踏出正确步数时不由自主地改变。

观察者效应所带来的扭曲作用是显著的。这种效应可能会欺骗你，让你相信一档热门节目将彻底失败，或者认为一匹马是数学天才。

有一种方法可以缓解这种效应带来的影响，那就是所谓的"双盲研究"，给人类提问者和马匹都戴上眼罩。举个例子：在药物试验中，试验对象服用的是真药还是假药（也被称为"无效对照剂"），试验对象自己和进行试验的科学家都毫不知情，这就是"双盲"。如果不采用双盲法，科学家可能会把他们的希望和偏见带入研究中，以不同方式对待试验对象，或者像人类提问者那样不自觉地给予汉斯暗示。

你也可以从畅销书作家蒂姆·费里斯（Tim Ferriss）那里得到线索。大多数作家在为他们的著作挑选标题和设计封面时，只根据自己的直觉做决定，或者最多咨询几个朋友；有些比较精明的作家则对其受众进行调查。但是，费里斯用他的处女作把关于标题和封面的挑选问题上升到了火箭科学的水平。

为了选择标题，费里斯运用了"即飞即测"原则。他为大约十几个书名购买了域名，并在谷歌上做了关键词广告，以测试域名的点击率。当用户在谷歌搜索引擎输入与该书内容相关的某些关键词时，一个带有主副书名的广告就会弹出来，指向一个尚不存在的购书虚拟网页。谷歌会自动选择向用户展示哪一个主书名和副标题，并将它们混合和匹配，从而对书名的受欢迎程度做客观分析。不到一周时间，《每周工作4小时》（4-Hour Workweek）这个标题就获得了最高关注度。费里斯把数据交给他的出版商，无须多言，后者就知道这个标题是最适合的。

但费里斯并没有就此止步。为了给书选择封面，他拿着备选的封面设计方案去了一家书店。他从"新上架"区拿起一本书，用他的封面把书裹起来，然后坐下来，看看不知情的顾客有多少次拿起这本书。每个版本的封面如此重复30分钟，直至某个封面方案胜出。

测试过程的"最后一块拼图"往往被忽视：如果测试仪器本身有缺陷，测试计划再完美，也可能会得出完全不正确的结果。

多位测试者

一台旨在拍摄无失真图像的太空望远镜发送回来的居然是失真图像，这实在是讽刺。哈勃空间望远镜于1990年发射升空，人们希望它拍摄清晰的、高分辨率的宇宙图像，比地球上的望远镜所拍摄的图像清晰度高出10倍。哈勃望远镜的尺寸有一辆校车那么大，它在地球上空盘旋，不会受大气影响而产生失真，能够提供人类有史以来看到的最清晰的宇宙图像。

然而，哈勃望远镜拍摄的第一组图像并不如天文学家所预期的那么清晰。这台耗资15亿美元打造的望远镜"近视"了，它将模糊的照片发回地球。

原来，哈勃望远镜的主镜被磨制成了错误的形状，因为用来确保镜片磨制正确的检测设备设置错误。该检测设备名为零位校正器，它上面的一块镜片位置稍微装偏了一些，大约1.3毫米。安装位置错误导致镜片厚度有缺陷，这个差距是纸张厚度的五分之一。这似乎是一个微不足道的小缺陷，但涉及敏感仪器时，差之毫厘，便会谬以千里。于是在长达5年的磨制和抛光过程中，主镜被磨成了错误的形状。

哈勃望远镜事故调查委员会对使用单一仪器测试镜片的做法提出了批评。出于对成本和进度的考虑，哈勃团队认为无须用第二台仪器对镜片做独立测试。

哈勃望远镜这个故事的寓意在于：如果你只依靠一台仪器做测试，那就必须把这台检测仪器也检测好，确保它不会出故障。这就好比你要把所有鸡蛋都放在同一个篮子里，就得检查篮子是否完好。但是在哈勃望远镜的例子中，没有人检测过测试装置，以确保检测装置的镜片被正确设置和保持正确间距。

幸运的是，NASA采取应急措施，在太空中修复了望远镜。宇航员要做的事情就跟你视力模糊时所做的事情一样——他们给哈勃戴上了"眼镜"。因为哈勃主镜的缺陷太过严重，所以只有用完美的方法才能纠正错误。在1993年的一次维修任务中，宇航员为哈勃配备了眼镜，让这台望远镜重新肩负起光荣使命，去拍摄令人炫目的照片。如今，这些照片成为全球各地天文爱好者的电脑背景图片。

再举一个来自火箭科学领域之外的例子。Facebook网站最初设计于2006年，正如Facebook负责产品设计的副总裁朱莉·卓（Julie Zhuo）所说的那样，当时Facebook的"网页充斥着太多文字"。随着拍照手机的兴起，该公司希望创造更多视觉体验。经过6个月的工作，Facebook团队打造了一个具有现代化前沿气息的网站。他们对新网站进行了内部测试，网站运行良好。随后，新网站发布，他们等待着铺天盖地的赞赏。

但这家公司的美好愿望注定要幻灭。关键指标表明，重新设计过的网站无比失败，卓说道："使用Facebook的人越来越少，发表评论和与其他人互动的用户也越来越少。"

Facebook团队花了几个月时间进行实地调查，才弄清楚问题所在。该团队在Facebook办公室使用的高性能计算机上对新网站进行了测试，但是绝大多数Facebook用户很难有机会接触到顶尖配置的电脑。他们使用旧电脑访问网站，而这些电脑不支持新网站上那些花里胡哨的图像。换言之，对于大多数Facebook用户来说，这次"飞行"与"测试"相去甚远。只有在Facebook团队更换测试设备并采用低端而非高科技设备时，才能重新打造一个广大消费者用起来得心应手的网站。

这些例子让我们获得了重要的经验。善待你的测试工具，把它们当作你投入的资金，并使它们保持多样化。如果你正在创建一个网站，要使用不同的浏览器和不同的电脑来测试它。如果你在设计一款儿童牙刷，要大量观察孩子们是如何刷牙的，以免遇到某个像成年人那样使用牙刷的神奇孩子。如果有多份工作邀请摆在你面前，你不知道该选哪一个，那就多咨询几个人，从而校正自己的目标。一个人的观点也许只能提供一个模糊的视角，只有借助独立的验证和多个测试源，你的视野才会更加清晰。

无论是发射火箭，还是为体育赛事训练、在最高法院辩论或设计望远镜，基本原理是一样的。"即飞即测"就是把自己置于与实际飞行相同的环境中，这样你很快就可以翱翔天际。

> 请访问网页ozanvarol.com/rocket，查找工作表、挑战和练习，以帮助你实施本章讨论过的策略。

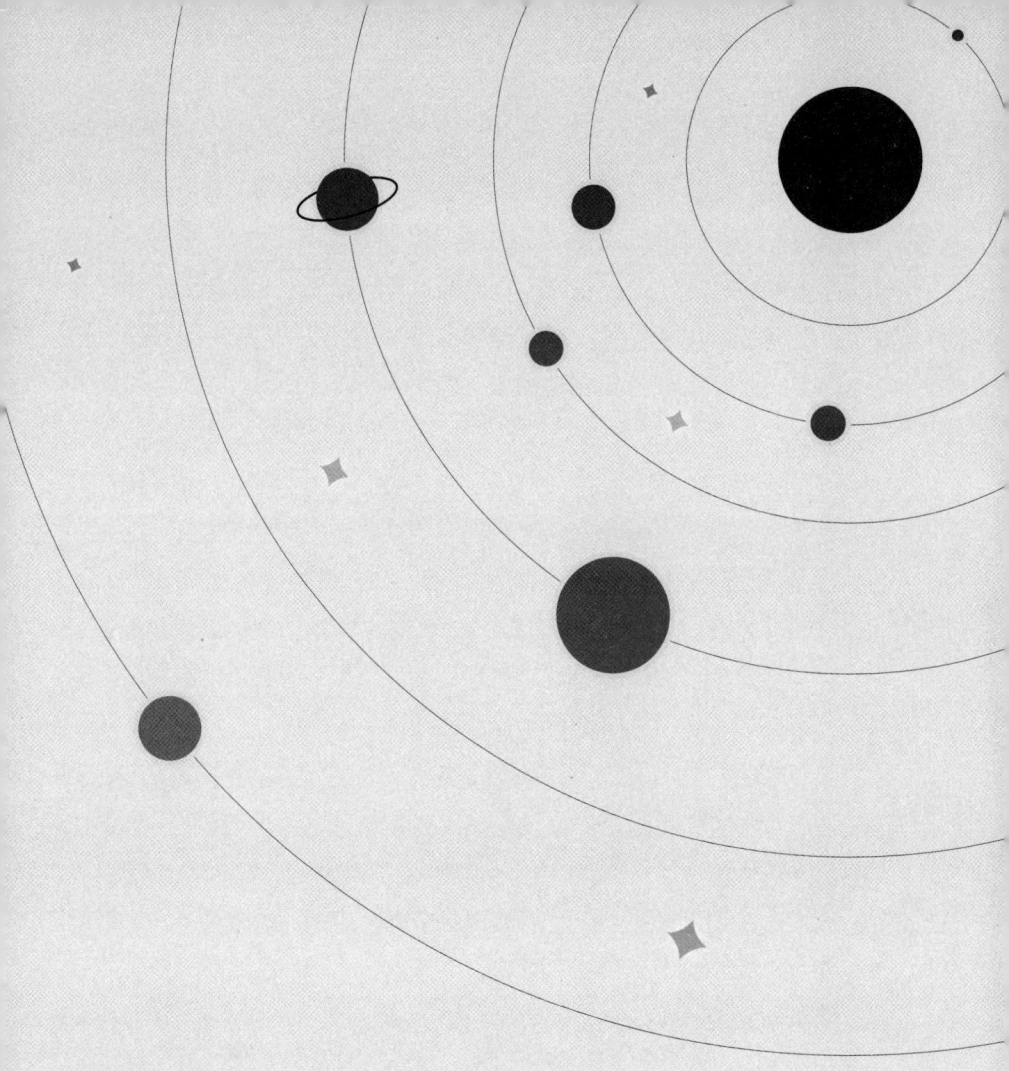

第三阶段

自成败中，释放潜能

在本书最后这部分内容中，你将了解到为什么失败和成功都是释放你全部潜力的最终要素。

第8章 失败是最大的成功
如何反败为胜

> 失误是进取的代价。
> ——歌德（Goethe）

在早期发展阶段，火箭往往会爆炸、偏离航线或者以别的方式爆炸，作为登月先锋发射的火箭也不例外。几乎每次火箭发射任务都存在问题。

1957年12月，苏联人造卫星"伴侣"号成为第一颗绕地卫星两个月后，美国人想扳回一局。"先锋"号（Vanguard）火箭升空后，在距离发射台大约1.2米高的地方停顿了一下，然后坠落并爆炸。国家电视台直播了事故画面，"先锋"号也被媒体戏称为"砸锅"号（Flopnik）、"故障"号（Kaputnik）或"原地不动"号（Stayputnik）。苏联人立马在美国人航空事业的伤口上撒盐，他们询问美国，是否有兴趣接受苏联专门为"不发达国家"提供的对外援助。

1959年8月，无人驾驶火箭"小乔伊1"号（Little Joe 1）有点"兴奋过头"了。由于电力问题，它决定提前半小时将自己发射出去，NASA的工作人员看得目瞪口呆。它在飞行20秒后便坠毁了。1960年11月"水星—红石"号（Mercury-Redstone）火箭的发射过程被称为"4英寸飞行"，火箭离地仅仅4英寸（约10厘米）后就坠毁在发射台上。

载人飞行任务中也发生过许多事故。举一个令人难忘的例子：尼尔·阿姆斯特朗在月球上漫步前3年，"双子星 8"号（Gemini 8）的一个故障差点夺走他的性命。"双子星 8"号是一个复杂的项目，它将实现两艘航天器在地球轨道上的首次对接。由无线电控制的目标飞行器"阿金纳"号（Agena）将首先被发射到地球轨道上，"双子星 8"号紧随其后，预定与"阿金纳"号会合并对接。

成功对接后，恐慌接踵而来。宇航员大卫·斯科特用无线电向休斯顿呼叫："我们遇到了大问题。"后来电影《阿波罗13号》使这句话广为人知。"双子星 8"号剧烈旋转，每秒转动超过一次，宇航员的视线模糊，头晕目眩，几乎要失去知觉。当航天器继续失控旋转时，冷静且镇定的阿姆斯特朗抛弃了"阿金纳"号，转而采用手动控制，并点燃反向推进器来减缓旋转。

"快速失败、经常失败、向前失败"的口号在硅谷风靡一时。失败被视为一种鼓舞人心的素材、一种成人礼、一种内部人士之间的秘密握手。无数商业书籍教创业者拥抱失败，并把它当作荣誉徽章拿来炫耀。有些会议致力于庆祝失败，比如"失败者大会"；还有"搞砸之夜"——超过85个国家的数千人聚在一起，为他们的失败干杯。甚至还有为失败的初创企业举办的葬礼，葬礼上有风笛、DJ（唱片节目主持人）、酒企赞助，以及"葬礼上玩得开心"这样的口号。

这种对失败毫不在乎的态度，令大多数火箭科学家感到愤怒。在火箭科学中，失败可能意味着丧失生命，还可能让纳税人损失数亿美元资金。失败意味着数十年的工作烟消云散。没人会为太空竞赛期间发生的无数爆炸和不幸事件庆祝，它们实在令人尴尬，而且是灾难性的，人们不会视之如儿戏。

在本章中,我将在火箭科学的框架下解释为什么庆祝失败和妖魔化失败一样危险。火箭科学家用更平衡的方式对待失败。他们不会庆祝失败,也不会让失败成为他们的绊脚石。

在本书的第一和第二部分(即"发射"和"加速")中,我们探索了如何激发、提炼和测试那些大胆的想法。追求大胆的想法意味着敢为人先,而敢为人先则意味着当这些想法与现实冲突时,其中某些想法必定会失败。因此,我们开始讲述这本书的最后一部分内容——成功着陆。当然,失败乃成功之母。

你将会了解到,我们大多数人为何认为失败是歧途,以及我们应该如何重新定义与失败之间的关系。我将揭示精英企业如何把失败融入其商业模式中,并营造一种环境,让员工们更愿意暴露自身错误,而不是掩藏过错。我将和大家分享一个民众对火箭科学的最大误解,而这种误解源自一部好莱坞大片。我还会讲述伟哥的发明过程,让你对失败有更深的理解。在本章结尾,你将懂得如何以科学的方式优雅地失败,并创造出正确的条件,从失败中积累经验。

过度害怕失败

我们天生就害怕失败。千万年前,若非害怕失败,我们早就被一只饿极了的灰熊捕食。在成长过程中,失败让我们一次次走进校长办公室,失败意味着被家长限制外出或减少零花钱,意味着大学辍学或找不到理想的工作。

不可否认,失败很令人难过。人生没有安慰奖,每当考试不及格,遇到破产或失业时,我们是没有心情庆祝的,只会觉得自己毫无价值,很不中用。与成功后兴奋感迅速消散不同,失败的刺痛一直挥之不去,有时甚至会持续一辈子。

为了躲避"失败"这个恶魔,我们与它保持安全距离。我们远离悬崖峭壁,规避健康风险,凡事谨慎。如果不能保证赢得比赛,我们就认为这场比赛不值得参加。

这种规避失败的天性却是失败的源泉。每一枚未发射的火箭,每一幅未画的画布,每一个未尝试过的目标,每一本未写成的书,每一首未唱的歌,都源自害怕失败。

若要像火箭科学家一样思考,我们需重新定义自己与失败之间的麻烦关系,还需要纠正一个民众对火箭科学的最大误解,该误解来自一部好莱坞大片。

失败是可以选择的

电影《阿波罗13号》中有这样一个场景:一群火箭科学家得知航天器在前往月球的途中遭遇氧气罐爆炸之后,立刻聚集在任务控制室里。航天器的能量极低,宇航员生命岌岌可危。任务控制室里的科学家必须想出一个办法,在能量耗尽之前把宇航员救回来。"美国从来没有宇航员牺牲在太空中,在我的眼皮底下,也绝对不会失去任何一名宇航员。"飞行主任吉恩·克兰兹说道。有趣的是,他立刻加了一句话:"我们永不言败。"后来克兰兹写了一本自传,书名用的就是这句话。他在书中将这句口号描述为"我们赖以生存的信条"。NASA的礼品店很快就利用这一信条赚钱,开始出售印有"永不言败"字样的T恤衫。

当有人生命危在旦夕时,这句口号是有意义的。但是,若用它来描述火箭科学是如何运作的,显然带有误导性。火箭发射不可能没有风险,你要跟物理学一较高下。你可以为一些意外事故做好准备,但在太空中,总会遇到一些意想不到的事情。当你点燃一台复杂程度如火箭的机器引擎时，事故总是不可避免。

如果不允许失败，我们就永远不会涉足广袤的宇宙。做任何开创性的事情都需要冒险，而冒险意味着你会失败——至少某些时候会失败。"有一种愚蠢的观点认为，在NASA不允许失败。"埃隆·马斯克说，"但在这里（指SpaceX），失败是可以选择的。如果你没有把事情搞砸过，说明你的创新能力不够强。"只有当我们深入未知领域、探索更高的巅峰并且失败过时，我们才能取得进步。

在实验室工作的科学家也是如此。对他们来说，不犯过错误，就永远找不到正确的答案。他们的一些实验成功了，另一些却没有成功。如果事情不像预想中那么顺利，那就证明假设是错误的。他们可以稍微调整假设，尝试不同的方法，或者完全放弃这种假设。

英国发明家詹姆斯·戴森（James Dyson）将自己的一生描述为"失败的一生"。戴森花了15年时间，做了5126个原型机，才使他革命性的无袋真空吸尘器取得成功。爱因斯坦曾多次尝试证明$E=mc^2$这条公式，但都以失败告终。在药品研发等一些领域，平均失败率超过90%。如果科学家靠"永不言败"这句口号为生的话，那么自我厌恶情绪、羞耻感和窘迫感都会令他们无地自容。

阻止失败就是阻止进步。

如果你从事探月式的工作（"探月"的含义就是你要在工作中试验那些大胆的想法），失败的概率肯定大于成功的概率。"从本质上说，实验是很容易失败的。"杰夫·贝佐斯说，"但少数几次巨大的成功，即可弥补几十上百次失败带来的损失。"

还记得亚马逊的Fire手机吗？这家公司因这款失败的手机而损失了1.7亿美元。还记得谷歌的探月工厂X公司设计的谷歌Glass智能眼镜吗？这款产品本应是继智能手机之后最优秀的产品，但它失败了。消费者认为，手机可以揣在口袋里，但如果把智能手机装到他们的眼角膜上，那就是另外一回事了。这种硬件一点都不适合运动，戴谷歌Glass的人被戏称为"傻鸟"。

这些失败已融入X公司的商业模式中。正如其负责人阿斯特罗·泰勒所言，对于X来说，终止项目是"经营企业的正常做法"。X每年要终止100多个创意项目，这种现象对于它来说并不罕见。"因为X是以追求高风险项目为前提的，我们都知道，其中很多项目会无疾而终。如果项目失败了，我们并不会觉得惊讶，也不认为这是谁的错。"X公司的凯西·库珀（Kathy Cooper）解释道。失败已经成为X的常态，探月思维在公司内部因而得以畅行无阻。

亚马逊的Fire手机项目损失了1.7亿美元，不是每个人都能容忍如此规模的失败。你的投资规模也许远未达到这个水平，但基本原则仍然是一样的——唯有允许失败，才能激发原创性。"当涉及想法的产生，数量是对质量最可预测的因素。"亚当·格兰特（Adam Grant）在《离经叛道》（Originals）一书中写道。举个例子：莎士比亚以其少量的经典作品而闻名，但在20年的时间里，他创作了37部戏剧和154首十四行诗，其中一些作品一直被抨击为"未经润色的散文，情节和人物性格发展不够完整"。巴勃罗·毕加索（Pablo Picasso）创作了1800幅油画、1200件雕塑、2800件陶瓷和12000幅素描，但只有一小部分作品闻名于世。爱因斯坦数百篇出版论文中，只有几篇产生了真正的影响。汤姆·汉克斯（Tom Hanks）是我最喜欢的演员之一，他承认说："我拍了很多既没有任何意义、也不卖座的电影。"

但是在评判这些伟大人物时，我们并不关注他们人生所经历的低谷期，而是关注他们的巅峰期。我们记住的是Kindle电子书，而不是Fire手机；我们记住的是Gmail邮箱，而不是谷歌Glass；我们记住的是《阿波罗13号》，而不是《红鞋男子》（The Man with One Red Shoe）。

不过，承认"失败是可以选择的"是一码事，庆祝失败又完全是另一码事。为了摆脱失败的刺痛和耻辱,硅谷矫枉过正了,正所谓"过犹不及"。

"快速失败"的问题所在

"快速失败"这个口号不适用于火箭科学。我们不能为了尽快失败,就带着一枚问题多多的火箭匆匆前往发射台,因为每一次失败都会带来金钱和生命的损失,代价极其高昂。

即使是在火箭科学领域之外,这种"追求快速失败"的说法也是错误的。当创业者忙于快速失败并庆祝失败时,他们就不再从错误中吸取教训。觥筹交错间,他们可能接收不到失败发来的反馈信号。换句话说,快速失败并不能变戏法似的孕育成功,当我们失败时,我们往往并没有变得更聪明。

以1986~2000年间创办公司的近9000名美国创业者为例,有一项研究把这期间的首次创业者和曾经创业失败的企业家的创业成功率进行了对比("成功"的标准是带领公司上市)。你也许会认为,那些有经验的公司创始人以前创过业,并且有可能从失败中吸取了教训,与那些从未创业过的人相比,他们似乎更容易成功。但研究发现,事实并非如此,首次创业成功的概率几乎等于曾经创业失败的创业者成功的概率。

另一项研究也证实了这点。研究人员对71名外科医生在10年时间里做过的6500台心脏手术进行了调查,他们发现,那些把手术搞砸了的外科医生会在随后的手术中表现更差。结果表明,外科医生不仅没有从他们的错误中吸取教训,反而还强化了坏习惯。

为什么会产生这种有违直觉的结果?

当我们失败时,我们往往会隐瞒、歪曲或否认失败。我们使事实符合我们自私自利的理论,而不是调整理论以适应事实。我们把失败归咎于那些超出自身控制范围的因素，高估了坏运气在失败中发挥的作用，总是说："下次运气会更好。"我们把失败归咎于别人，常说："她之所以得到这份工作，是因为老板更喜欢她。"我们用一些肤浅的理由去解释为什么事情没有做好，比如："要是我们有更多的现金储备就好了。"但是，我们很少把失败归咎于个人过错。

以积极的眼光看待失败，可以帮助我们挽回面子。但问题在于，如果我们不承认自己失败，不真正去反思失败，那就什么也学不到。事实上，如果我们从失败中得到错误的信息，事情只会变得更糟。当我们把自己的失败归咎于监管机构、客户、竞争对手等外部因素时，就没有任何理由改变自己。我们想弥补损失，却损失得更多；我们按照同样的策略加倍投入努力，希望时来运转。

大多数人对"坚持"一词存在误解。坚持并不意味着反复做失败的事情，请记住一句古老的格言："一遍又一遍地做同样徒劳的事情，如何能期望不同的结果？"快速失败不是目的，快速学习才是目的。我们应该庆祝自己从失败中获得了教训，而不是庆祝失败本身。

要快速学习，而不是快速失败

登陆火星的最大难点在于清除地球上遇到的障碍。NASA并不完全靠自己建造和操控火星航天器，每当规划一个新项目时，NASA会发布一份正式声明，大致描述它要发射什么样航天器，以及期望该航天器做什么样的科学实验。公告向任何想把科学仪器送到太空的人征求建议。好主意的数量远远超过预期，于是NASA采用优胜劣汰的方式来选择最佳建议，而其他建议都无法通过。这个竞争体制的存在是合理的，因为一次费用最低的火星发射任务也要花费美国纳税人5亿美元。

1987年，我的前任上司史蒂夫·斯奎尔斯开始撰写关于如何领导火星项目的提案。在随后的10年里，他的每一个想法都被否定了。斯奎尔斯回忆道："当你花了多年的努力和几十万美元写一个建议时，这个结果是非常令人失望的。"但是，他并没有指责NASA未发现他提案中的闪光点，相反，他认为这完全是他自己的责任。"早期的提案不够好，它们不应该被选中。"斯奎尔斯承认。

面对来自可信来源的负面反馈，人们会有两种反应：否认或接受。每个伟大的科学家都会选择后者，斯奎尔斯也是如此。后来，他向NASA提交的每一份提案都比之前的更好。

经过10年的学习、调整和改进，斯奎尔斯的提案最终于1997年被选中，并成为2003年"火星探测漫游者"计划的方案。不过，被选中的方案并不一定用来指导飞行。这个项目被取消了3次，又重新启动3次，最近一次是在"火星极地着陆者"号坠毁之后。前几章里我们提到过，"火星极地着陆者号"采用的着陆机制与我们小组打算使用的相同。我们的火星登陆项目被两个重构这一难题的提问挽救了：如果我们使用安全气囊而不是三条腿的着陆器，是否可行？如果发射两台着陆器而不是一台，又是否可行？

我们提议发射两台探测器，即"勇气"号和"机遇"号，并重新获得执行这项任务的权力。此后，每个月都有故障发生。在测试过程中，降落伞出现乌贼状态——不知何故，降落伞会像乌贼一样颤动，不断地打开合拢。而在此前30年里，我们从未见过降落伞出现这种问题。此外，探测器自带的一台摄像机莫名其妙地产生了"色斑"问题，静电干扰影响了图像的正常输出。发射两个月前，"勇气"号的保险丝也发生了熔断。

2003年6月底，我飞往佛罗里达参与"机遇"号的发射工作。发射前夕，我们聚集在可可海滩，召开一次没有议程的团队秘密会议。我们抬头凝视天空，看着目的地——火星。正当我们打开香槟的软木塞，庆祝这一时刻时，却得知我们火箭上的那颗"软木塞"也弹开了。我指的是火箭的隔热层，它从火箭上脱落了下来。我们赶紧寻找解决方案，火箭发射也因此被推迟了几天。最终发射日期迫在眉睫，团队内有人想到了一个妙招，使用一种叫室温硫化硅橡胶（RTV）的红色弹性强力胶把隔热层粘住，这种胶水在家得宝超市（Home Depot）就能买到。有了红色强力胶救场，我们的火箭得以按时前往那颗红色星球。

事实证明，每次失败都是一次宝贵的学习机会，每次失败都会暴露一个需要修正的缺陷，每次失败之后，我们都会朝着最终目标迈进一步。尽管这些失败也给我们造成了损失，但如果没有失败，我们就不可能安全地降落在火星上。

这些失败就是商学院教授西姆·希特金（Sim Sitkin）所说的"聪明人的失败"，它们发生在你探索科技前沿，解决尚未解决的问题，以及创造有可能会失败的事物时。

我们经常把"聪明人的失败"看作是损失，比如，"我浪费了人生的五年光阴""我们损失了数百万美元"。但是，只有当你把它们称为"损失"的时候，它们才会真正构成损失。你也可以把它们视为投资。失败就是数据，而且往往是你在励志书中找不到的数据。如果你适当关注"聪明人的失败"，它们就能成为你最好的老师。

这些错误可能拥有持久的力量，而成功经验往往缺乏这种力量。"聪明人的失败"可以让我们产生一种求变的紧迫感，并对我们心理产生必要的冲击，去忘记我们所了解的事物。"无论任何时候，请把如沃土般的错误留给我，它们饱含种子，在自我修正后将破土而出。"维尔弗雷多·帕雷托（Vilfredo Pareto）写道，"至于那无菌的真理，留给你自己吧。"

托马斯·爱迪生讲过一个故事。他与一位同事闲聊时，同事哀叹说，经过数千次实验之后，他和爱迪生还是没有任何发现。"我兴高采烈地向他保证说,我们已经学到了一些东西。"爱迪生回忆道,"因为我们已经切实认识到,这件事不可能这样做,我们必须尝试其他方法。"

学习还可以消除失败带来的耻辱感。"对付不开心的最好办法,就是学习一些东西。这是唯一屡试不爽的方法。你会变老,身体颤抖;你可能晚上睡不着,听着静脉紊乱的声音;你可能会怀念自己的挚爱;你可能会看到周围的世界被邪恶的疯子摧毁,或者知道你的荣誉被卑劣的人践踏。这时候,你只有一件事可以做,那就是学习,了解世事为何及如何变迁。"作家T.H.怀特(T. H. White)写道。

如果我们没有机会了解世界为何变迁及如何变迁,那失败就没有任何好处可言。但是,如果你已经学到了一些东西,如果这次失败意味着你卷土重来时成功的概率更高,那么失败就不会给你造成太大打击。绝望让人开始学习,而学习把绝望变成令人兴奋的事物。只要具有成长心态,即使爆炸事故越来越多,工作越来越辛苦,困难开始显得不可逾越,你也能保持前进的势头。正如《福布斯》(*Forbes*)杂志创始人马尔科姆·福布斯(Malcolm Forbes)所言:"如果我们善于学习,失败定会带来成功。"

斯奎尔斯的办公桌上仍然放着那几份失败的火星任务提案。"我可以看看那些旧的提案。"他说,"我可以看看我们做错过的事情,可以看看我们从中学到的教训,以及我们是如何使事情变得更好的。我终于明白为什么第四次尝试时被选中了。"

我们的探测器启航前往火星仅仅几年后,另一组火箭科学家也经过四次尝试才最终获得成功。

开局与结局

"事不过三。"

2008年8月,SpaceX的员工在等待该公司首枚火箭"猎鹰1"号第三次发射时,就是这样告诉自己的。当时,外部观察家已经在忙着为"猎鹰1"号起草讣告了,他们认为这只是马斯克为满足自身虚荣心而启动的项目。当马斯克创立SpaceX时,他给自己的公司投资了1亿美元,这笔钱足够发射三次火箭。

前两次都失败了。

"猎鹰1"号2006年的首飞只持续了整整30秒钟。一处燃料泄漏导致发动机意外起火,发动机关闭,火箭坠入太平洋。"首次发射失败令人心碎。"SpaceX高管汉斯·科尼格斯曼回忆说,"我们学到了很多东西,知道以前很多做法是错误的,而学习有时会带来伤害。"燃料泄漏的原因在于确保燃料管线安全的铝螺母周围受到腐蚀。为了纠正这一问题,该公司把铝制紧固件更换成不锈钢紧固件,后者更可靠,而且价格更便宜。

一年后的2007年,"猎鹰1"号回到了发射台上,准备进行第二次尝试。这次飞行时间长了些,共计7.5分钟。由于发动机燃料输送中断,它也同样未能到达轨道。科尼格斯曼说,这次失败"让人感觉不像第一次那么残酷","火箭实际上飞得很远,虽然没有进入轨道,但它至少飞到了视线之外"。尽管最终发射失败,但此次任务的大多数目标都得到了实现:"猎鹰1"号可以发射和到达太空。很快,SpaceX就判断出造成异常的原因,并对问题加以修正。

第三次发射是在一年后。虽然2008年对于许多人来说是糟糕的一年,但对于马斯克来说,那是他人生中最糟糕的一年。他的电动汽车公司特斯拉正面临破产,全世界陷入金融危机,而他也刚刚离婚。他向朋友借钱付房租，因为他已经把自己的大部分财富投入到了SpaceX。"猎鹰 1"号两次发射失败耗光了他的投资，只剩下火箭静静地矗立在发射台上，等待一次危险的飞行。

第三次发射时，"猎鹰 1"号隆隆作响，带着三颗卫星和詹姆斯·杜汉（James Doohan）的骨灰起飞。杜汉生前是一名演员，曾在《星际迷航：原初》（*Star Trek: The Original*）系列中扮演斯科蒂，他的那句经典台词就是："我已经在她身上拼尽全力了，舰长！"火箭升空，完成了它第一阶段的完美飞行（回想一下，火箭是分级建造的，下一级火箭叠放在上一级火箭之上）。在一级火箭将航天器送入太空之后，就要进行级间分离。这是整个火箭飞行过程中的关键点。级间分离时，一级火箭在燃料耗尽后就会脱落，接着体型较小的二级火箭启动，将航天器送入轨道。两级火箭按计划分离，但一级火箭没有停下来，它再次启动并撞上了二级火箭。"我们自己追尾了。"SpaceX总裁格温妮·肖特维尔回忆说，"这简直太搞笑了。"

这个问题在测试过程中被漏掉了，SpaceX没有遵循"即飞即测"原则，会引起推力意外暴增的发动机压力在地面测试中因为低于环境压力，几乎没有被意识到，最终导致事故的发生。但在太空的真空环境中，同样的压力会产生足够的反作用力，足以导致灾难性的碰撞。

对于SpaceX而言，这次失败犹如三振出局。公司的数百名员工在极度震惊之余，只能在公司位于美国加利福尼亚州霍桑的工厂等待老板发话。过去6年里，这些员工每周工作70～80个小时。曾在SpaceX工作过的多莉·辛格（Dolly Singh）回忆说："工厂里弥漫着绝望的气息。"马斯克从控制室里走出来，此前他和高级工程师们在里面发送任务指令。他从媒体身边走过，向连续输掉三场战斗的"部队"发表讲话。

马斯克告诉他们，他们知道这个项目很难。他提醒他们，他们所从事的毕竟是火箭科学事业，而公司的火箭已经升入太空，他们完成了很多大国都未能完成的事情。然后，惊喜来了：马斯克宣布他已经获得了一项投资，新注入的资金可确保公司再发射两枚火箭，一切尚未结束。正如沙恩·斯诺所描述的那样，马斯克告诉他的下属，他们将"从今晚发生的事情中学到新知识，然后用这些知识来制造更好的火箭。那些火箭总有一天会把人类送到火星上去"。

是时候回去工作了。辛格回忆道："片刻之间，工厂里的氛围从绝望和挫败变成慷慨激昂，员工们开始关注下一步工作，而不是回想失败的经历。"数小时之内，他们就找到了发射失败的潜在原因。肖特维尔说："当我看到这段视频的时候，那种感觉就像是'好的，我们可以发现问题所在'。"解决方案很简单：在两级火箭分离前，延长分离时间，以防止碰撞的发生。科尼格斯曼说："第四次火箭发射前，我们就只在第三次火箭发射的数据基础上更改了一个数字，仅此而已。"

不到两个月，SpaceX的火箭重返发射台。"那些发射决定了一切。"马斯克的大学好友阿德奥·雷西（Adeo Ressi）回忆道，"埃隆损失了全部资金，但危如累卵的不仅仅是他的财富，还有他的信誉。"如果第四次发射失败，"一切都会玩完，马斯克将成为哈佛商学院案例研究的对象，而研究的结论就是：一位富翁涉足火箭发射行业，结果一败涂地"。

但这次火箭发射没有失败。2008年9月28日，SpaceX的"猎鹰 1"号火箭发射后穿过大气层，成为世界上第一艘由私人建造并进入地球轨道的航天器，从而载入人类史册。

当SpaceX在第四次尝试中浴火重生时，所有人都为之瞩目，尤其是NASA的官员。他们希望2010年航天飞机如期退役之后，美国的太空项目还能继续下去。2008年12月，也就是"猎鹰 1"号成功航行3个月后，NASA给了SpaceX一粒"救心丸"，双方签署了一份价值16亿美元的合同，SpaceX将承担向国际空间站提供补给的任务。NASA的官员打电话给马斯克，告知他这个好消息。向来严肃的马斯克一反常态，大声叫道："我爱你们！"对于SpaceX来说，圣诞节已提前到来。

套用F.斯科特·菲茨杰拉德的话说，单次失败和最终失败是有区别的。SpaceX的故事说明，单次失败可以是开始而非结束。许多外部观察家把"猎鹰 1"号的三次坠毁事故称作"失败"；他们还戏谑说，这是一群外行人在一个喜欢玩昂贵玩具的富家公子的带领下犯下的错误。然而，把火箭坠毁事故贴上"失败"标签的做法，就像是网球赛尚未结束就终止比赛一样。"我经常后来居上。有很多对手朝我大吼大叫，他们以为这样能吓倒我。"伟大的网球冠军安德烈·阿加西写道。

开局不一定要盛大，只要结局完美就行。

时间改变了我们看待事件的方式，一些短期内看似失败的事物，在我们把目光放长远之后，就会发生逆转。皮克斯前总裁埃德·卡特穆尔（Ed Catmull）把皮克斯工作室出品的卖座动画片初样称为"难看的婴儿"，这是因为他们所有电影的初样都显得很"笨拙、未成形、脆弱和不完整"。但是，如果直到电影上映后比拼才结束，那么早期版本存在问题也没什么大不了的，它只是一个短暂的小插曲，暂时的小过失，有待解决的问题。

突破性技术往往有一个进化的过程，它不是革命性的。只要研究任何一种科学发现，你就会注意到它不是凭空出现的，也不存在醍醐灌顶的时刻。科学由一个个失败积累而成，每个失败的版本都比以前的版本更好。从科学的角度来看，失败不是路障，而是通往进步的门户。

我们从孩提时期就表现出了这种心态。在学习走路时，我们的第一步总是迈得不好，但没有人会对我们说："你最好仔细想想该如何迈出第一步，因为你只能迈一步，仅此而已。"我们不断跌倒，每次跌倒后，我们的身体就学会了该做什么和不该做什么。学会不跌倒之后，我们就学会了走路。

没有什么东西天生完美。俗话说,"罗马不是一天建成的"。将阿姆斯特朗和奥尔德林送上月球的"阿波罗11"号飞船不是突然从工厂里冒出来的。经过"水星"号、"双子星"号和早期阿波罗登月计划的无数次反复试验,"阿波罗11"号才得到了令人满意的结果。

对于科学家来说,每一次迭代都是进步。只要我们能瞄一眼漆黑的房间,那就是一种贡献;如果我们没有发现预期的事物,那就是一种贡献;如果我们把一个未知的未知事物变成了已知的未知事物,那就是一种贡献;如果我们提出一个比以前更好的问题,即使我们找不到答案,那也是一种贡献。

这不禁让我们想起了马特·达蒙(Matt Damon)。在由《火星救援》(*The Martian*)一书改编而成的同名电影中,达蒙所饰演的角色马克·沃特尼(Mark Watney)教受训的宇航员们遇到灭顶之灾时该如何应对。沃特尼说:"在某个时候,所有事情都会变得不顺,你要对自己说:'就这样吧,这就是我的宿命。'"你要么接受失败,要么着手去应对危机。"你要权衡利弊,先解决一个问题,接着解决下一个问题,再解决下下个问题。如果你解决了足够多的问题,你就可以踏上归途了。"

如果你解决了足够多的问题,你的探测器就可以在火星上着陆;如果你解决了足够多的问题,你就可以建立罗马帝国;如果你解决了足够多的问题,你就能在月球上着陆。

这就是你改变世界的方式——一次解决一个问题。

要通过"一次解决一个问题"这个方法来改变世界,就必须推迟自己获得满足感的时间。正如沙恩·帕里什(Shane Parrish)在他的博客"法南街"(Farnam Street)上所写的那样,生活中的大多数事物都是"一阶正,二阶负"。短期内它们带给我们愉悦感,长期却带来痛苦,比如:人们喜欢当下花钱,而不是存钱养老;喜欢使用化石燃料,而不是可再生能源；喜欢大量饮用含糖饮料，却很少喝水，等等。

当我们专注于一阶的结果时，就会寻求瞬间的成功，比如出版红极一时的畅销书、即时填补某项空白等。我们寻找人生的捷径，从那些自称为"大师"的人那里寻求建议。克里斯·哈德菲尔德写道："我们为错误的事情鼓掌。我们欣赏充满张力和华丽色彩的创纪录冲刺，而不是多年的卧薪尝胆或在一连串失败后表现出的坚定不移和优雅态度。"更重要的是，短期内的失败要付出昂贵代价。我们试图将未来的利润和舒适度最大化，却使失败所带来的长期价值大打折扣，所以失败对我们造成巨大打击。为了提升短期的愉悦感，我们就避免去做那些可能失败的事情。

在生活中，那些敢为人先者颠覆了这一观点。帕里什写道："那些能做一阶负、二阶正事情的人拥有真正的优势。"在一个人人耽于享乐的世界里，他们能够延迟获得满足感的时间。即使火箭在发射台上爆炸，季度业绩不佳，或者试镜失败，他们也不会轻言放弃。他们重整旗鼓，瞄准长远目标而不是短期目标。

论及创造持久变化时，风险投资家本·霍罗威茨（Ben Horowitz）曾说过，这世界没有捷径或灵丹妙药，你得付出很多艰辛的努力。

输入比输出重要

回想一下你在生活中遭遇的失败经历。如果你和大多数人一样，就会想到失败所带来的糟糕结果。比如生意一直没有起色，点球罚不进，或者面试未通过，等等。正如安妮·杜克（Annie Duke）在《赌博思维》（*Thinking in Bets*）中所说的那样，扑克玩家将这种"将决策质量等同于结果质量"的倾向称为"结果导向"。但杜克提出，输入的质量与输出的质量并不一样。

倘若专注于输入，我们会误入歧途，因为好的决策可能会导致坏的结果。在充满不确定性因素的情况下，结果并不完全在你的控制范围之内。一场突如其来的沙尘暴可能会使一艘设计完美的火星航天器严重受损，不利风向会导致一脚精彩射门偏离方向，一个怀有敌意的法官或陪审团可能会搞砸一桩伟大的案件。

如果我们进行"结果推导"，就可能会奖励那些导致好结果的坏决定；相反，我们会更改好的决定，仅仅因为它们产生了坏的结果，我们重整旗鼓，改组部门，解雇或降职员工。一项研究表明，美国职业橄榄球大联盟的教练在队伍输掉1分后会改变队伍阵容，但在赢1分后不会对阵容做任何改变，尽管微小的分差往往可以说明球员表现不佳。

我们大多数人的行为就像这些橄榄球教练，把成功和失败看作是二元结果。但是，我们并不生活在二元世界里，成功与失败之间的界限往往很模糊。DNA双螺旋结构的共同发现者詹姆斯·沃森（James Watson）写道："失败就在伟大上方不停盘旋，令人不安。"在某个场景中导致失败的决定，在另外一个场景中可能会带来胜利。

因此，你的目标应该是专注于自己能够控制的变量，即输入，而不是关注输出。你应该问自己："什么问题导致了此次失败？"如果输入需要修正，那就修正它们。但这个问题还不够，你还得问自己，"在这次失败中，哪些事情是做对的？"好的决定即使导致了失败，你也应该保留这些决定。

以亚马逊对其败走市场的Fire手机所做的反应为例。从盈利状况等标准产出指标来看，Fire手机是一大败笔，但亚马逊没有局限于结果，而是着眼未来。"当我们尝试一个新项目时，我们看重的是输入。"亚马逊的安迪·雅西（Andy Jassy）说道，"我们聘请了一支优秀的团队吗？团队是否有深思熟虑的想法？他们是否已经把方方面面的因素考虑在内？他们是否及时把想法付诸实施？产品质量够高吗？技术是否有创新?"即使项目失败,你也可以保留那些有效的输入,应用于未来的项目。"我们不仅从Fire手机的技术中学到了知识,还把团队发明的所有技术应用于其他服务和能力中。"雅西说。

"输入"并非时髦用语,它可能更适用于一款无聊的数据库软件。但是,专注于输入的头脑是非凡成就者的标志。外行人专注于获得成功并期望得到短期结果,专业人士则耐得住寂寞,眼光长远,并优先考虑输入,多年来对输入进行完善,不追求短期回报。

正因为如此,网球运动员玛丽亚·莎拉波娃(Maria Sharapova)把关注结果描述为网球新手会犯的最大错误。莎拉波娃提醒说,网球运动员要尽可能长时间盯着球,并把精力集中在输入上。没有了关注结果的压力,你的技艺就会变得更出色。成功会成为一种必然的结果,而不是目标。

这种对输入的重新定位有另一个好处——如果你发现自己讨厌输入,就可能会追求错误的输出。励志书籍中经常出现一个问题:如果你知道自己不可能失败,你会怎么做?这个问题不太恰当。相反,你要像伊丽莎白·吉尔伯特那样,换一种问法:"如果你知道自己很可能失败,你会怎么做?你热爱做哪些事情,热爱到'成败'二字对你来说无关紧要?"当我们转换成"关注输入"的心态时,就会认定我们能从自身行为中获得内在价值,输入本身变成了回报。

秉持以输入为中心的心态,你就可以自由地改变你的目的地。目标有助于你集中注意力,但如果你拒绝改变或转换初始路径,这种专注也可能变成狭隘的视野。

例如,当谷歌的Glass智能眼镜遭受广泛批评,被业界斥为毫无意义的产品时,X却另辟蹊径。该产品进入消费者市场之后,该公司就意识到谷歌Glass根本不是一款消费产品。X从这一失败中吸取了教训,并彻底改造了Glass,把它作为商务工具销售。现在,你可以看到很多公司的员工戴着它,比如波音公司员工戴着它制造飞机,医生戴着它看病历表,这看上去相当花哨。

再以制药工业为例。1989年,辉瑞公司(Pfizer)的科学家开发了一款名叫"枸橼酸西地那非"的新药。研发人员希望这种药物能扩张血管,从而治疗心绞痛、高血压等与心脏病相关的疾病。到20世纪90年代初,这种药物似乎没有达到预期目的。但试验对象表现出了一种有趣的副作用——勃起。没过多久,研发人员就放弃了最初的假设,转而研究这一惊人的替代方案,"伟哥"就此诞生。

专注于输入还有另一个好处,那就是避免追求结果所带来的悲喜交加情绪。相反,你会对调整和完善输入感到好奇——不,是深深着迷。

多么迷人啊!

迈克·尼科尔斯(Mike Nichols)是一位多产的电影导演,曾拍摄出包括《毕业生》(*The Graduate*)在内的众多经典影片。人们往往只记得尼科尔斯的成就,但是,他的很多电影都是失败的,其中一些败笔之作时不时地出现在深夜电视节目上。每当看到这些失败的电影时,尼科尔斯就会坐在沙发上,从头到尾把影片看完。

重点在于,他只是坐在那里看电影,不会做其他事情。他不会觉得难为情,不会将目光转向别处,更不会责备那些令人讨厌的批评者。

他只是看着,思考着:"实在太有趣了,那场戏居然这么难看。"他并没有想"我是个失败者""这实在太糟糕了"或者"真是尴尬到了极点"。相反,他没有做任何评判,只是在思考一个问题:"有些电影拍得好,有些却拍得不好,这不是一件很有趣的事情吗?"

尼科尔斯的方法揭示了一个秘密,即如何从失败的阵痛中走出来。好奇心战胜了失败,把副作用降到最低,让失败变得有趣。它让我们从情绪和视角上远离失败，有机会从一个完全不同的角度来看待事物。

在《可能性的艺术》（*The Art of Possibility*）一书中，罗莎蒙德·斯通·赞德（Rosamund Stone Zander）和本杰明·赞德（Benjamin Zander）提供了一种很实用的方法，能够将这种心态付诸实践。每当你犯错或在某件事上失败时，你应该把胳膊伸向空中，说："多么迷人啊！"

郑重提醒：当你第一次这样做时，你可能会像我一样发牢骚。你应该把手臂伸向空中，它们却抬得很缓慢，仿佛在做一个仰卧推举动作似的，而且举起的重量非常非常重；"多么迷人啊"这句话听起来更像是在使性子，而不是享受快乐。

没关系。不管怎样，照做就是了。当你沉浸在迷人的荣耀中时，开始问自己一些问题，比如：我能从中学到什么？如果这次失败真的对我有好处呢？

如果你需要灵感，就想象迈克·尼科尔斯坐在他的沙发上，没有抱怨上帝背叛他，向全世界的电视观众播放他的失败作品；他只是微笑着，点点头，深知如果以好奇心看待失败的话，他下次就会做得更好。

盲飞

如前所述，失败是通往发现、创新和长久成功的门户。但是对失败，大多数组织患上了集体健忘症。错误仍然隐藏着，因为员工太害怕失败，不敢与别人分享自己的失败经历。大多数公司都明确或含蓄地告诉员工：如果你成功了（成功的标准就是短期可量化指标，比如利润），就能获得一大笔奖金、更好的办公室还有更高的头衔；如果你失败了，你什么也得不到，甚至会被公司炒鱿鱼。

我们本来就对失败有根深蒂固的成见，这样的激励计划只会雪上加霜。当我们奖优罚劣时,员工就会隐瞒失败,邀功请赏,并尽量美化事物。当我们枪毙信使,尤其是我们自己的信使时,人们就会停止传递信息。在一项有9家联邦机构(包括NASA)的科学家接受调研的调查显示,其中42%的人害怕因为说真话而遭到报复。在一家科技公司接受调研的4万多名员工中,有50%的人认为在职场说真话是不安全的。

失败会传递宝贵的信号,你应该抢在竞争对手之前接收这些信号。但在大多数环境中,这些信号是难以捉摸的低声细语,容易被噪音盖过。如果你听不到它们,压制它们,或者在它们落地生根之前就将它们连根拔起,你就无法从中学到经验。

正因为如此,飞机要携带被称为"黑匣子"的飞行记录器。它们记录下一切信息,包括驾驶舱内的对话和飞机电子系统数据。实际上,"黑匣子"这个名称并不恰当,因为匣子是明亮的橙色,这样它在飞机坠毁后更容易找到。匣子防火、防震和防水,因为它存储的数据对于发现事故原因来说至关重要。

我们把黑匣子从我们的生活中删除掉了,这对我们很不利。让我们回到1999年"火星极地着陆者"号坠毁的那一刻。"火星极地着陆者"号很可能是因为发动机过早关闭而坠毁的,但我们无法确切知道当时发生的事情。由于资金紧张,着陆器没有安装通信工具,在降落到火星表面时无法与飞行控制团队联系。团队成员不得不偷工减料,而他们减掉的这个功能剥夺了他们及未来所有火箭科学家从这场损失达1.2亿美元的灾难中吸取教训的能力。

通信工具之所以被删减,部分原因在于管理层将"火星极地着陆者"号视为单一项目,这实在是短视行为。如果管理层把着陆器视为综合整体的一部分(即今后要发射多个行星探测器,而"火星极地着陆者"号只是其中之一),那么,着陆器上应该安装一台对未来科研至关重要的通信设备。

为了提升从失败中吸取教训的能力，NASA在一份名为"飞行规则"的文件中罗列了人类在航天飞行中犯过的错误。这份记录过去的规则可以为未来提供指导，它汇集了几十年来的航天失误和错误判断，让人们以史为鉴。该文件记载了自20世纪60年代以来载人航天飞行中出现的数千种异常情况及解决方案，描绘了每次事故的前因后果，并在更宏大的背景下赋予它们意义，为子孙后代保留了这种制度化的知识。有了这本手册，NASA的员工只要关注新的问题即可，无须做不必要的重复工作。然而就像任何一套规则那样，这些规则应该扮演"护栏"而非"手铐"的角色。它们应该给人们提供指引，而不是加以约束。如前所述，历史进程有可能僵化成不灵活的规则，妨碍第一性原理思维。

NASA的飞行规则之所以起作用，部分原因在于别人的失败是我们强化自身理解的最佳催化剂。我们用虚伪的手段对待失败，用外部因素来为自己的失败开脱，但是当别人犯错时，我们会把他们的错误归咎于内在因素，比如他们太过粗心、能力不足，没有给予足够重视，等等。我们倾向于记录他人的个人过失，因此他们的错误可以成为一个很好的学习来源。在一项研究中，心脏外科医生观察了同事所犯下的愚蠢错误，此后他们做手术的技术得以大幅提升。他们总结了其他外科医生的错误，并学会了不重蹈覆辙。

有些公司宣称能够容忍失败，而且会把失败的教训记录下来，但实际上它们并没有这样做。当我与一些企业高管谈论失败时，他们中的一些人认为：如果失败是可以容忍的，那么失败的次数就会成倍增加。失败意味着犯错，而犯错是需要追责的。这些高管认为，如果不对责任方做出处罚，最终就会培养出一种"失败也无所谓"的企业文化，允许失败的存在。

这些想法与几十年来的研究结果格格不入。正如你在下一节中将看到的那样，你可以创造一种环境，允许聪明人失败，且让他们不自鸣得意。你可以允许人们承担高质量的风险，但你也可以设定高标准。你用不着容忍那些草率的失败——所谓草率的失败，指的是因为心不在焉而反复犯同样的错误或反复失败。你可以奖励那些"聪明人的失败"行为，惩罚表现不佳的人。当你正在打造那些可能会失败的东西时，必须要接受一些无法避免的错误。人们不应该为聪明的失败承担责任，而应该为没有从中学到经验承担责任。

"失败由两部分组成。"皮克斯的前总裁艾德·卡特穆尔写道，"其中一部分是事件本身，随之而来的是失望、困惑和羞愧感；另一部分则是我们对事件的反应。"第一部分不受我们控制，但第二部分却在控制范围之内。诚如卡特穆尔所言，我们的目标应该是"将恐惧感和失败分开，为员工营造一个良好的环境，即使他们犯错，内心也不会产生恐惧感"。

奖励失败的聪明人，理论上听起来很简单，但却很难付诸实践。对"创新"或"冒险"的肤浅承诺无法创造出一种崇尚"聪明人的失败"的企业文化。在下一节中，我们将探讨如何在医学背景下创造这种理想的环境，而医学与火箭科学极为类似。手术台上的挑战与发射台上的挑战没什么不同，两者风险都很大，压力都很高，极微小的错误也可能是致命的。在这种环境下，想创造一种"聪明人的失败"文化是件很困难的事情。但我们将会看到，这事并非难于上青天。

心理安全

如今，医院里的用药错误现象极为普遍，用药错误即医生给病人开错了药。1995年的一项研究发现，每一位住院病人的用药错误次数达到了1.4次。在这些错误中，大概有1%的病人得了并发症，身体受到伤害。

哈佛商学院教授艾米·埃德蒙森（Amy Edmondson）想探究造成

这些用药错误的原因。她问自己："较好的医疗团队在用药方面是否会少犯一些错误？"在埃德蒙森看来，答案似乎很明显：较好的医疗团队拥有表现更好的成员和领导者，他们犯的错误应该会少一些。

但结果恰恰相反。较好的团队犯了更多的错误，如何才能解释这种违反直觉的结果？

埃德蒙森决定深入挖掘原因，她派一名助理研究员去医院实地观察医疗团队的做法。该助理发现，较好的医疗团队并没有犯更多的错误；相反，他们只是上报了更多的错误。这些团队拥有开放的氛围，员工认为探讨错误的做法是安全的，他们更愿意与他人分享失败的经验，并积极努力减少失败，所以他们的表现更为优秀。

埃德蒙森把这种氛围称为心理安全。我得承认，第一次听到这个词时，我本能地把它当作了心灵鸡汤。它让人联想到这样一幅景象：员工们围坐在一张会议桌旁，手牵着手分享他们的感受。但经过一番研究之后，我相信了这个概念。有充分证据证明，心理安全这个说法是有依据的。用埃德蒙森的话来说，心理安全是指"在实现雄心勃勃的绩效目标过程中，没有人会因为犯错、提问或求助而受到惩罚或羞辱"。

研究表明，心理安全能促进创新。当人们可以畅所欲言，提出挑衅性的问题和半成型的想法时，挑战现状就变得更容易了。心理安全也提升了团队学习能力。在心理安全的环境中，若上司提出可疑要求，雇员就会提出质疑，而不是一味地服从命令。

在埃德蒙森的研究中，表现最好的医院团队是由一位身先士卒、极其平易近人的护士长领导的，她积极地促进开放式环境的形成。在接受采访时，护士长说她的团队允许在"一定程度上犯错"，而"非惩罚性的环境"对发现和解决错误至关重要。在该团队工作的护士们证实了护士长的话。一位护士指出，"这里的员工更愿意承认错误，因为护士长会帮助你"。在这个团队中，护士们勇于为自己的错误承担责任。正如护士长所说的那样,"护士们往往会因为犯错而自责,她们对自己的要求比我任何时候对她们的要求都严格得多"。

表现最差的两个医疗团队则有着截然不同的氛围。在这两个团队中,犯错意味着受惩罚。一位护士称,她曾卷入一起医疗事故中。在给一名病人抽血时,她不小心伤到了病人,护士长立刻对她进行"审判"。护士回忆说:"简直太丢脸了,仿佛我是两岁大的孩子似的。"另一位护士说"医生们喜欢摆架子",如果你犯了错,"他们恨不得把你的脑袋拧掉"。还有一位护士称,犯错后的感觉就像是"被叫进校长办公室"。结果,如果发生用药错误,护士们会故意掩盖消息,免受短期的尴尬和痛苦。然而这种做法忽略了保持沉默的长期后果,即病人因为用错药而受伤或死亡。

反过来,这种环境会形成恶性循环。那些表现最差、最需要改进的团队也最不可能上报错误;而如果错误没有上报,团队便无法改进。

为了鼓励员工上报错误,谷歌的探月工厂X公司运用了一种不寻常的方法。在大多数公司,只有高层领导才能决定是否终止一个摇摇欲坠的项目,但X却授权员工终止自己正在做的项目,前提是他们意识到该项目出于种种原因而无法进行下去。

最有趣的地方在于:对这种"剖腹自杀"的行为,公司会给予整个团队奖金。回想较早前的内容,X曾经领导过一个名为"雾号"的项目——通过将海水里的二氧化碳提取出来,把海水转化为燃料。虽然这项技术前景广阔,但在经济上并不可行,所以该团队决定关闭自己的项目。"谢谢你!"X的负责人阿斯特罗·泰勒在一次全体会议上宣布,"这个团队终止了他们的项目,它为X加快创新所做的贡献高于会议室里的其他团队。"

给失败者发奖金这个想法可能会让你觉得奇怪。容忍失败是一回事,奖励失败则是另一回事了。但是,这个激励计划有独到之处——若让不可行的项目继续下去，成本会更高，它们只是在浪费金钱和资源。如果一个项目毫无前景可言，将其终止之后，便能为其他更有可能实现的探月项目腾出宝贵资源。X公司的奥比·费尔滕解释说，这样的环境"消除恐惧，让人们产生安全感，可以毫无顾虑地终止自己的项目"，于是人们不断地制造"聪明人的失败"。

亚马逊也采用了类似方法。如果一个失败项目的输入质量很高，那么该项目的团队就会得到奖励而不是惩罚，他们将在公司内担任新的重要职务。亚马逊的安迪·雅西说，公司如果不这样做，"就永远无法让优秀员工冒险从事新项目"。

一位研讨会参与者告诉作家汤姆·彼得斯（Tom Peters），这种心态可用两句话总结——"奖励出色的失败者，惩罚平庸的成功者"。必须有明确的承诺支持"聪明人的失败"和善意的风险承担行为。人们必须知道，聪明人的失败对于未来的成功来说是十分必要的，他们不会因此而受到惩罚，他们的事业也不会因此而终结。如果没有明确的信号，员工犯错后就会谨小慎微、隐藏错误，而不是暴露错误。

心理安全还有另一部分内容：如果要员工分享他们的错误，领导必须以身作则。

将失败经历公之于众

对于有竞争力的聪明人来说，承认自己的错误并不容易，尤其是在没有人注意到他们犯错的时候。然而，宇航员们应该将自己的过失公之于众，把它们放在显微镜下，让所有人都能看到。宇航员必须公开谈论犯过的错误，因为某个宇航员承认自己愚蠢举动的做法可以拯救另一个宇航员的生命。

即使在没有生命危险的情况下，将我们的失败公之于众，也同样能促进学习和培养心理安全。正因为如此，我开了"著名失败案例"的播客，采访全世界最有趣的人，请他们谈论自己的失败经历及从中学到的经验。也许你已经想到了，邀请客人参加节目的过程中出现了一些有趣的对话：

"嘿，丹，我有一个专门采访失败者的播客，你是最佳人选。"

然而令人惊讶的是，我邀请的人大多渴望参与节目，因为他们通过亲身经历，知道很多人没有意识到的事情：任何做过有意义事情的人，都以某种方式失败过。我在播客上采访了无数成就非凡之人，包括顶尖企业家、奥运奖牌获得者及《纽约时报》畅销书榜单作者。我发现他们有一个共同特征：每个人（我是说每个人）都是不完美的，即便天才也不会永远不犯错。

爱因斯坦公开谈论他犯过的最大错误。正如天体物理学家马里奥·利维奥所写的那样，"爱因斯坦的原始论文中，有超过20%的文章包含某种错误"。而美国知名内衣品牌Spanx创始人兼CEO莎拉·布莱克利（Sara Blakely）则在公司的会议上强调她自己犯过的错误。

皮克斯前总裁卡特穆尔在新员工培训会上谈论他所犯的错误。后来，他解释了这样做的原因："我们不希望人们因为觉得我们是一家成功的公司，所以就认为我们所做的一切都是正确的。"经济学家泰勒·科文（Tyler Cowen）写了一篇文章，详细分析了他在2008年金融危机之前"严重低估了美国经济出现系统性问题的可能性"。科文承认自己很懊悔："我后悔自己犯了错，也后悔我过于自信，总觉得自己是正确的。"

如果这些人在你看来很可爱，那你正在经历研究人员所谓的"美丽的混乱"效应。将自己的弱点暴露出来，会让你在其他人眼里极具吸引力。但有一点需要提醒你：在自揭伤疤之前，你必须要完善自身能力。否则的话，你就是在拿自己的信誉冒险，只能让别人觉得你一无是处，毫无"美丽"可言。

尽管存在"美丽的混乱"效应，但我们大多数人都不擅长承认自己的错误。我们的公众形象是自我价值的代名词。我们喜欢自吹自擂，精心描绘出一幅"人生如此完美"的画面。我们避重就轻，文过饰非，在世人面前展示一个没有经历过任何失败的完美形象。即使当我们谈论自身的失败时，也会用一些溢美之词。

我明白了。失败是痛苦的，而自揭短处会加重痛苦。但若反其道而行之，用否认和回避的态度来面对失败，那事情会变得更糟。为了学习和成长，我们必须承认自己的失败，而不是庆祝失败。

此建议对于领导者来说尤为重要。人们密切关注领导者的行为，因为他们需要得到领导者的认可。一项研究还表明，人们仰仗领导者开启变革。如果领导者不承认自己的过失，如果有人认为领导者从不犯错，那么，我们就无法指望员工会冒险质疑领导者或者揭露他们自身的错误。

以一项研究为例。该研究的对象是16家拥有顶级心脏外科部门的医院，它们采用了一项新技术进行外科手术。这项技术颠覆了以往做手术的方式，每个医疗团队都抛弃根深蒂固的习惯，从零开始采用学习新技术。有些团队比其他团队学习速度更快，这样的团队有三个基本特征，其中一个特征尤其重要：它们的领导者都是更加愿意承认自身错误的外科医生。举个例子，一位外科医生反复叮嘱他的团队："我需要听到你的意见，因为我可能会错过一些信息。"另一位外科医生会说："我搞砸了，在这件事上我判断错误。"

这些话之所以有效，是因为它们被不断重复。根深蒂固的行为不会随着一次慷慨激昂的演讲而改变。当团队成员们一遍又一遍地听到这些话时，他们在心理上觉得很安全，可以畅所欲言，即使是在手术室这种等级分明的环境中，他们也敢于说真话。"没有什么是批评不得的。"

一名外科手术团队的成员说道,"如果必须要把某些事情告诉某个人,无论这些事情是关于外科手术还是关于秩序的,他们肯定会接收到信息。"

无论你在手术室、会议室还是飞行任务控制室,道理都是一样的。通往成功的道路充满了挫折,与其假装它们不存在,倒不如先承认自己犯了错。

如何体面地失败

失败不是天生平等的,有些失败就是比其他失败更体面些。火箭科学家使用一系列工具来遏制失败,以免错误造成一连串的伤害。在前几章中,我们讲述了一些工具,例如,在失败不会造成有形损害的情况下,火箭科学家会进行思想实验;他们把冗余量纳入设备中,即使某个部件失效,整个任务也不会失败;他们通过测试降低风险,地面上的失败避免了太空中发生更灾难性的失败。

在火箭科学之外,你也可以借助测试来更体面地失败。你可以用一个部门或一小部分客户作为实验室或实验对象,而不必在整个公司推行革新政策。如果一个部门倒闭,公司仍然存在;如果一小部分客户讨厌这个政策,所造成的损害有限。举个例子:喜达屋集团(Starwood Hotels)[1]旗下品牌包括威斯汀(Westin)和喜来登(Sheraton)等,而它通常用W酒店(W Hotels)品牌作为创新实验室,测试新的想法,比如"签名香味"和酒店大堂的客厅体验。如果W酒店的小型试验证明这些想法可行,喜达屋就会把它们推广到旗下的其他酒店。如果这些想法行不通,公司就会止损。

---

[1] 喜达屋集团已于2015年与万豪酒店集团合并。——译者注

测试还有另一个好处。顾名思义，测试就是允许你在相对安全的环境中练习如何失败。火箭科学家们经常失败，但对于我们很多人、尤其新一代人来说，失败可能是一种陌生的体验。正如杰西卡·班尼特（Jessica Bennett）在《纽约时报》上所写的那样："斯坦福和哈佛的老师们创造了'缺少失败经历'一词来描述他们所观察到的现象：尽管学生在考试中表现得越来越出色，但他们似乎无法应对最简单的竞争。"

想克服这种恐惧感，就需要采用"暴露疗法"。换句话说，我们必须经常将自己暴露在失败面前，这与接种疫苗道理相同。身体引入弱抗原以后，可以激发体内免疫系统的"学习能力"，防止未来受病毒感染；同样地，暴露在"聪明人的失败"中，可以让我们识别这些失败并从中学习，每一次失败都能增强我们的快速恢复能力，并让我们更加熟悉失败；而每一次危机都成为下一次危机的提前演练。

这并不意味着我们要将灾难性的失败强加给自己——没必要做受虐狂。相反，它意味着给自己一个喘息的空间，突破所有界限，去解决棘手的问题——没错，还要经历失败。让自己躺在草地上，允许自己用钢琴弹奏一首歌，动笔写几章书稿（我一直都提醒自己这样做）。

父母们可以从莎拉·布莱克利的经历中得到启示。她曾挨家挨户地推销传真机，从一名白手起家的销售员成为世界上最年轻的亿万富翁。她把自己的成功部分归功于一个问题。在她小时候，父亲每周都会问她一个问题："你这周哪些事情没做好？"如果莎拉说没有，她的父亲会很失望。在她父亲看来，不尝试比失败本身更令人失望。

我们通常认为失败有一个终点。我们不断经历失败，直至取得成功，并开始从新获得的地位中受益。但是，失败犹如一只臭虫，在成功到来之前，它不会逃离我们的系统。失败是人生的主角，如果我们不养成经常失败的习惯，灾难就会到来。我们将在下一章中看到，没有失败，自满情绪便随之而来。

请访问网页ozanvarol.com/rocket，查找工作表、挑战和练习，以帮助你实施本章讨论过的策略。

第 9 章　成功是最大的失败
成功如何衍生出火箭科学史上的最大灾难

如果面对成功时不得意忘形，

灾难当前亦将处之绰然……

你的心便是宽广的大地，包容万物。

——鲁迪亚德·吉卜林（Rudyard Kipling）

"快来，罗杰，快进来看。"

罗杰·布瓦乔利（Roger Boisjoly）没有心情看。布瓦乔利是一名训练有素的机械工程师，他在航空工业干了25年，起初参与过阿波罗登月计划登月舱的建造工作，后来加入了莫顿聚硫橡胶公司（Morton Thiokol）。在这家公司，他服务于建造固体火箭助推器的团队，负责发射航天飞机。

1985年7月，布瓦乔利写了一份后来被证明有先见之明的备忘录。他在备忘录中提醒上司，火箭助推器上的O形环存在问题。O形环是一种很薄的橡胶带，可将助推器的接口处密封住，防止热气体从推进器泄漏出来。每个接口上有两个O形环，一个主环和一个额外的副环，因为它们发挥的作用极其关键。几次发射过程中，工程师们发现O形环的主环和副环都损坏了。在1985年1月的一次发射任务中，主环失效，副环虽然遭受一些损坏，但总算化险为夷。布瓦乔利要求他的上级立即采取行动，他直言不讳地提醒上司说，后果"将是一场最高级别的灾难，会造成生命损失"。

1986年1月27日晚上，也就是大约在写下完备忘录6个月后，布瓦乔利又一次敲响了警钟。他和莫顿聚硫橡胶公司的其他工程师一起，与NASA一起举行了一次电话会议，要求推迟航天飞机的发射时间，该航天飞机定于第二天发射。那天晚上，位于佛罗里达州卡纳维拉尔角的航天飞机发射场原本温暖的天气突然变得异常寒冷，气温降至零度以下。布瓦乔利和他的工程师同事们认为，O形环必须够柔韧才能实现其预期功能，然而在寒冷的天气里，O形环往往会变脆。但莫顿聚硫橡胶公司和NASA的管理层否决了工程师们的建议。

"快来，罗杰，快进来看。"

第二天早上，也就是1月28日，在莫顿聚硫橡胶公司管理信息中心的一个房间里，布瓦乔利的同事不断叫他一起观看火箭发射。布瓦乔利最终回心转意，收回自己的反对意见，不情愿地走进了信息中心。当时，发射台附近的一座气象塔记录环境温度为2.2摄氏度，O形环所在的固体火箭推进器接头附近的温度更低，估计在-2.2摄氏度左右。

当倒计时接近零时，布瓦乔利心中突然升起一种恐惧感。他想，如果O形环发生故障，它们会在火箭起飞时失效，这可是紧要关头。固体火箭助推器点火后疯狂地咆哮着，航天飞机开始慢慢地从发射台升起。当航天飞机离开发射塔时，布瓦乔利松了一口气，一位同事低声对他说："我们刚刚躲过了一劫。"

当航天飞机继续向上爬升时，地面指挥中心向机组人员发出了一条指令："全速上升。"

机组人员回答说："收到，全速上升。"

这是地面指挥中心收到的来自"挑战者"号（Challenger）航天飞机的最后一条信息。飞机升空大约1分钟后，灼热的气体开始从固体火箭推进器中逸出，形成肉眼可见的羽流。布瓦乔利那口气松得过早了。整架航天飞机解体成一团烟雾和熔化的碎片，最终造成所有7名机组人员死亡。这幕景象深入数百万名现场观看发射的观众脑海中，而现场之所以有如此多观众，部分原因是克莉斯塔·麦考利夫（Christa McAuliffe）也在航天飞机上，她被选为第一位进入太空的老师。

时任美国总统罗纳德·里根（Ronald Reagan）任命了一个特别委员会，俗称罗杰斯委员会，该名称源自委员会主席、曾任美国司法部部长和国务卿的威廉·P.罗杰斯（William P. Rogers）。委员会认定，航天飞机爆炸是由O形环失效引起的。在委员会举行的一次听证会上，理查德·费曼做了一个令电视观众目瞪口呆的试验。他把一枚O形环扔进冰水中，冰水的温度与"挑战者"号发射时的环境温度类似，肉眼即可观测到，O形环失去了它的密封能力。

在NASA的文件中，反复出现的O形环问题被描述为"可接受的风险"，这是标准的做生意方式。尽管O形环损坏存在危险，但随着一次又一次飞行顺利完成，NASA开始对此习以为常，视野也变得越来越狭隘。"既然O形环损坏的风险已被接受，而且确实在预料之中，它便不再被视为下次飞行前需要解决的异常问题。"时任NASA主管劳伦斯·马洛伊（Lawrence Mulloy）解释说。

异常现象已成为常态。费曼将NASA的决策过程称为"俄罗斯轮盘赌"，由于那些存在O形环问题的航天飞机经过无数次飞行之后，并没有发生任何灾难性事件，所以NASA认为，"下一次飞行时，我们可以稍微降低一点标准，因为我们上次侥幸成功了"。

有人说"挑战者"号显然不应该发射。放马后炮是件很容易的事情，但却往往过于简单化，会给人造成错觉，以为结果是不可避免的。然而即使事后来看，我们也可以从这些事件中吸取教训，尤其是因为我在本章中讲述的"挑战者"号事故和其他事件有着同样的行为模式，而这些行为模式也经常出现在我们的日常生活和职场中。

本章讲述的正是那些经验教训。我将会阐述为何庆祝成功和庆祝失败一样危险，并揭示为何事故后的反思既带来成功，也带来失败。我们将探讨为何说"成功是披着羊皮的狼"，阐述成功会如何隐藏小错误，而小错误可能会像滚雪球般变成最大的灾难。你将会了解到一家《财富》杂志世界"500强"公司是如何通过两次彻底的自我改造保留竞争优势的，以及你如何才能在别人瓦解你之前先瓦解自己。你会发现，为何造成"挑战者"号灾难的同类型缺陷也导致了2008年美国房地产市场崩盘，并且了解到德国出租车司机和火箭科学家之间有哪些共同点。本章末尾，你将学会一些防止自满情绪的策略，从成功中吸取经验。

为何成功是一位不称职的老师

"挑战者"号失事17年后，这种事情再次发生。

2003年2月1日星期六，凌晨，"哥伦比亚"号（Columbia）航天飞机正在返回地球家园的途中，此前它已经在太空中停留了16天。当航天飞机以23倍音速降落到大气层时，由于大气摩擦，机翼前缘的温度上升到大约1371摄氏度。这个温度在预料中，但出乎意料的是，一系列温度读数非常不稳定。位于休斯敦的地面指挥中心尝试联系宇航员，航天飞机机长里克·赫斯本德（Rick Husband）回复"还有，呃，休……"时，信号中断。赫斯本德尝试再次联系地面指挥中心，也是刚说完"已收到"，信号就中断了。1分钟后，来自"哥伦比亚"号的所有信号都消失了。人们希望信号消失是由于传感器故障造成的，然而随着"哥伦比亚"号在电视直播画面中解体，希望破灭了。时任飞行主任勒罗伊·凯恩（LeRoy Cain）震惊地看着这段画面，眼泪忍不住从脸颊滑落。他抑制住了自己的情绪，振作起来，下令"把门锁上"，启动太空灾难发生后的隔离流程。

"哥伦比亚"号航天飞机在重返大气层时发生爆炸,机上7名宇航员全部遇难,碎片散落范围达5000多平方千米。此次事故的罪魁祸首是一块隔热泡沫材料,"大小与一台啤酒冷却器差不多"。在发射期间,这块泡沫从航天飞机的外部油箱中脱离出来,击中了飞机的左翼,并在隔热系统中留下了一个裂孔,而隔热系统的作用是保护航天飞机在重返大气层的过程中不受灼热的影响。

灾难发生几天后,"哥伦比亚"号项目负责人淡化了泡沫碎片的重要性。他解释说,每次发射任务中,泡沫碎片都会撞击航天飞机,并对其造成损伤,这番措词与20世纪80年代他的前辈说过的话惊人地相似。正如NASA内部人士所说的那样,随着时间的推移,"泡沫脱落"已经正式成为一种"可接受的飞行风险"。航空安全专家、"哥伦比亚"号事故调查委员会成员詹姆斯·哈洛克(James Hallock)称:"泡沫脱落不仅成了预料之中的事情,最后竟然成为了可接受的风险。"此次事故被官方定性为"内部"事件,意思就是"以前经历过、分析过、充分了解过,并且值得上报的问题"。

然而,他们并不了解这个问题。NASA并不清楚泡沫为什么会从航天飞机上脱落下来,也不知道泡沫碎片是否会有损飞行任务的安全及如何防止泡沫脱落。

哈洛克想办法弄清楚了答案。他问了自己一个很简单的问题:返回地球大气层所产生的热量要击穿保护航天飞机机翼的面板,到底需要多大的力量?据根据NASA的产品规格,这些面板必须能承受0.006英尺磅的动能[1]。哈洛克做了一个简单的实验,此举令人想起费曼在验证O形环

---

[1] 1英尺磅就是将1磅重物提高1英尺所需的能量,0.006英尺磅约等于0.008焦耳。——作者注

性能时所做的实验。哈洛克使用HB铅笔和一个小重量秤进行实验,他发现,一支从15厘米高度掉下来的铅笔有足够的力量击穿面板。可以肯定的是,这些面板的实际强度高于规格所要求的强度,但规格要求如此之低,表明NASA信心满满,认为任何东西都没有足够的力量击穿航天飞机面板,威胁飞行任务的安全。

但事实证明,这种信心是值得怀疑的。大约在"哥伦比亚"号失事前3个月,"亚特兰蒂斯"号(Atlantis)航天飞机在发射过程中遭受了泡沫撞击,由此造成的损害是"迄今为止所有飞行任务中最严重的"。但NASA没有中止飞行任务并调查原因,而是继续进行"哥伦比亚"号发射工作。

发射后第二天,工程师对发射视频进行例行审查时注意到了泡沫撞击机身这个问题。但是,能够看到撞击的摄像机机位要么没有捕捉到撞击,要么只拍到模糊的图像。由于预算削减,相机镜头没有得到适当的维护。工程师们在设备有限的情况下工作,他们能够看出"泡沫非常大块,比他们看到过的任何泡沫都要大",但他们也只能看到这么多了。

当NASA的结构工程师罗德尼·罗查(Rodney Rocha)看到录像并看到碎片的尺寸时,他"倒抽了一口冷气"。他给上司保罗·沙克(Paul Shack)发电子邮件,以确定宇航员是否可以检查撞击区域,也许还可以通过太空行走来修复它,但他没有得到任何答复。罗查后来又发邮件给沙克,询问NASA是否可以"请求外部机构的援助",即用美国国防部的间谍卫星拍摄航天飞机上受撞击区域的图像,以查验损坏程度。在电子邮件中,罗查概述了修复受损区域及让航天飞机安全着陆的几种方法。换言之,即使是那些要求员工"不要光提问题,还要给我解决方案"的上司,也应该对罗查的这种做法感到满意。

但沙克断然拒绝了罗查的要求。沙克后来告诉罗查,管理层拒绝继续调查此事。罗查极力要求调查,沙克却拒绝让步,他说:"我可不想在这件事上杞人忧天。"罗查和其他忧心忡忡的工程师被时任NASA局长肖恩·奥基夫（Sean O'Keefe）斥为"泡沫学家"。

高管层认为，这些"泡沫学家"在琐碎的事情上小题大做。时任NASA飞行任务管理小组组长琳达·哈姆（Linda Ham）提醒她的组员，此前的航天飞机都有泡沫撞击的情况，但仍顺利完成了飞行。"我们没有更改任何东西。"她说，"在112次飞行中，我们没有经历过任何对'飞行安全'造成损害的事件。"根据哈姆的说法，航天飞机"不存在额外风险，可安全飞行"。

然后，这条信息被发送给"哥伦比亚"号机组成员。一封给宇航员的电子邮件指出，泡沫撞击"甚至不值一提"，但他们应该了解此事，在记者提问时知道如何回答。这封电子邮件最后重申，NASA"在其他几次飞行中也看到了同样的现象，它绝对不会影响航天飞机进入大气层"。

有了这句话作保证，"哥伦比亚"号机组人员向地球飞回。当航天飞机离着陆点只剩几分钟行程时，热防护系统受损，热气穿透机翼，飞机解体。

正如乔治·萧伯纳所写的那样，"科学一旦自认为解答了所有问题，就会开始变得危险"。在"挑战者"号发生事故之前，尽管O形环问题已暴露出来，NASA还是启动了飞行任务；而在"哥伦比亚"号事故发生前，尽管有泡沫脱落，很多航天飞机还是成功发射。每一次成功都强化了人们对现状的信念，培养了人们视风险如无物的态度。有了成功经验之后，原本被视为不可接受的风险成了新常态。

成功是披着羊皮的狼，破坏了表象和现实之间的关系。当我们成功时，我们相信一切都在按照计划进行着，忽略了一些危险信号，也忽略了变革的必要性。每次成功之后，我们都会变得更加自信，并提出更高要求。

但是,一帆风顺并不意味着你能无往不利。

正如比尔·盖茨所说的样,成功是"一位不称职的老师",因为它"诱使聪明人认为自己不会失败"。研究证明,这种直觉是正确的。在一项有代表性的研究中,金融分析师在4个季度内做出了优于平均水平的预测,于是他们变得过于自信,后期预测的准确度低于其基准线。

"天欲灭之,必先捧之。"文学评论家西里尔·康诺利(Cyril Connolly)写道。认为自己已经成功的那一刻,就是我们停止学习和成长的时候;当我们处于领先地位时,便自以为是,听不进别人的意见;当我们认为自己注定要成为伟人时,就会把事情的不顺归咎于别人。成功让我们自认为拥有点石成金的本领,随意挥动手指就能化腐朽为神奇。

随着阿波罗登月计划的进行,原本没有多少胜算的NASA把不可能变成可能。这些成功麻痹了那些顶尖人才的头脑,使他们的自我开始膨胀。根据罗杰斯委员会的报告,NASA在阿波罗计划时代取得了不可思议的成功,于是其内部产生了一种"我们可以做任何事情"的心态。

但重点在于:你就算把一些事情做错了,也可能取得成功——这叫"狗屎运"。有设计缺陷的航天器可以安全地降落火星上,因为火星的环境没有触发缺陷;一脚偏得离谱的射门如果击中另一名球员,也可能反弹进球门;当事实和法律条文站在你这边时,即使庭审策略糟糕,你也可能赢得胜利。

成功是一种可以掩盖这些错误的方法。当我们忙着点雪茄和开香槟庆祝时,我们无法解释运气在我们的胜利中扮演了哪种角色。正如E.B.怀特(E. B. White)所说的那样,"在靠自身努力取得成功的人面前,你不能提'运气'二字"。我们付出无数努力才获得眼前的成就,当然不愿意听到别人说成功与我们的辛苦努力和才能无关。但是,如果我们不去反思,不承认我们成功之前犯了一个错误、冒了一个不明智的风险，那我们离灾难就不远了。未来，我们还会做出错误的决定，危险依旧相随，我们曾经经历过的成功总有一天会弃我们远去。

正因为如此，神童长大后泯然众人；正因为如此，被认为是美国经济基石的房地产市场土崩瓦解；正因为如此，柯达（Kodak）、百视达（Blockbuster）和宝丽来轰然倒塌。在上述例子中，永不沉没的沉没了，永不崩溃的崩溃了，坚不可摧的自我摧毁了。因为我们一厢情愿地认为，过去的成就能够确保一个稳妥的未来。

与战胜失败相比，战胜成功可能更加困难。对待成功，我们必须把它视为一群看似友好的希腊人，他们带来一份巨大而美丽的礼物，叫作"特洛伊木马"。在希腊人到来之前，我们必须采取措施，保持谦逊的态度，把我们的工作和我们自己当作永远未完成的作品。

永远未完成的作品

在早期太空项目中，不确定性扮演重要角色。NASA是太空探索领域的新丁，这注定它的产品是尚未完善的作品，包括"水星"号、"双子星"号和"阿波罗"号等航天器。"我们根本无法确定自己做的东西好不好。"NASA首席工程师米尔顿·西尔维拉（Milton Silveira）说道，"所以我们不断地请我们尊重的人士复查，持续地推敲，确保我们没有把事情做错。"

阿波罗登月计划取得一系列巨大成功后，NASA内部人士的态度普遍开始发生变化。在华盛顿官僚的支持下，NASA开始将载人航天视为日常事务。1972年1月，理查德·尼克松（Richard Nixon）总统宣布美国将展开航天飞机项目，他称航天飞机"将通过常规化发射的方式彻底改变近地空间运输"。航天飞机是一种可重复使用的航天器，据初步估计，它每年飞行次数多达50次。这架航天飞机将是一架升级版的波音

747飞机,"可以降落、调头,然后重新操作"。把航天飞机当作普通飞机使用还有另外一个好处,那就是吸引有航天需求的客户。

到1982年11月时,正如两名机构研究人员所说的那样,航天飞机"已被证明足够安全,不会犯任何错误,能成为可靠、成本低廉的常规运输手段"。NASA对航天飞机的安全性能充满信心,所以在"挑战者"号发生事故之前,管理层认为没有必要为机组人员准备一个逃生系统。在"挑战者"号执行任务时,太空飞行实现了常规化,甚至连普通民众(比如一位小学老师)也可以乘坐航天飞机前往太空。

随着时间的推移,NASA开始在航天飞机的安全性和可靠性方面做出妥协。它的质量保证人员数量减少了三分之二以上,从1970年的大约1700人减少到1986年的505人,而1986年恰恰就是"挑战者"号发射的年份。负责火箭推进的亚拉巴马州马歇尔航天飞行中心受到的影响最大,工作人员从615人减少到88人。裁员意味着"安检数量减少……检查流程不再那么细致,对异常情况的调查不再那么彻底,而检验记录也越来越少"。

常规化还为NASA带来了一套标准化的规则和程序,每次飞行都要直接套用这些标准。这意味着坚持原定程序,忽略异常现象。NASA逐渐转变为一个等级组织,遵守规则和程序变得比做贡献更重要。

等级制度也造成了工程师和管理者之间的脱节。NASA的管理人员放弃了阿波罗计划时代事必躬亲的做事方式,不再密切参与飞行技术研发工作,最终与科研人员渐行渐远。组织文化从专注研发向专注生产转变,它变得更像一家带有生产压力的企业。工程师是那些干脏活累活的人,他们并没有理会官僚们的说辞,依旧相信航天飞机是一种危险的实验技术。但是,这样的信息没有被高层采纳。

让我们回顾一下"挑战者"号的灾难。在发射前夕,莫顿聚硫橡胶公司的工程师认为,除非环境温度高于11.6摄氏度,否则不应发射"挑战者"号。然而,"挑战者"号项目负责人马洛伊犹豫不决:"你的建议是,在发射前夕,我们要重新制定一份发射标准,却置此前24次成功飞行所采用的发射标准于不顾吗?"马洛伊以为只要遵循以前成功的规则,就不会有坏的结果。

当我们假装某项活动是常规作业的时候,我们就会放松警惕,固步自封,而补救办法是把"常规"两字从我们的词汇表中删除,并把我们所有项目,尤其是那些成功的项目,视为永远未完成的作品。执行"阿波罗"号、"水星"号和"双子星"号飞行任务的过程中,NASA没有在太空中失去任何一名机组成员,而当时载人航天被视为高危工作。阿波罗登月计划项目早期,唯一的死亡事故发生在地面的发射演练中,"阿波罗1"号航天器起火,造成人员伤亡。直到载人航天飞行常规化之后,我们才在飞行过程中失去了NASA机组人员。"我们对探索太空已经习以为常,也许忘记了我们才刚刚起步。"里根总统在"挑战者"号事故发生后说道。

"人类就是未完成的作品,但他们误认为自己已经是成品了。"社会心理学家丹尼尔·吉尔伯特(Daniel Gilbert)说。五届世界田径冠军莫里斯·格林(Maurice Greene)并没有犯这样的错误,他认为自己永远是一个未完成的作品。即使你是世界冠军,格林也会提醒你,必须把自己当作第二名,或者至少假装是第二名,加倍努力地训练,你就不那么容易自满了。求职面试之前,你要反复演练自己的发言,直至你对它了如指掌;你还要做足准备,比你的竞争对手更努力。

正因为如此,美国唯一一位同时入选橄榄球和棒球全明星赛的运动员博·杰克逊(Bo Jackson)在击出本垒打或触地得分时不会感到太兴奋,他会说自己"做得不够完美"。在美国职业棒球大联盟(Major League Baseball)首次击出本垒打之后,他拒绝把球保留下来作为纪念——这是一种蔑视传统的行为,但对于杰克逊来说,它"只是中路的一个落地球而已"。米娅·哈姆（Mia Hamm）也以同样的心态踢足球。"很多人说我是世界上最好的女足球运动员。"哈姆说过，"我觉得自己还不是最好的。而正因为如此，总有一天我要成为最好的女足球员。"沃伦·巴菲特的生意伙伴查理·芒格在决定聘请什么样的员工时，采用了与经验法则相同的方法："如果你觉得自己的智商是160，可实际只有150，那你就是一个彻底的失败者；倒不如实际智商130，而你觉得只有120来得好些。"

研究证明，这种方法很管用。正如丹尼尔·平克在《时机管理》（When）一书中所说的那样，"在任何一项运动中，半场领先的球队比对手更有可能赢得比赛"。但有一个例外——动机胜过数学概率。有人对18000多场职业篮球比赛做过研究，结果发现：半场稍微落后的球队，其获胜的概率会有所提高。该结果也适用于球场之外的实验室受控环境。在一项研究中，实验对象要参加打字对抗赛，比赛分上下半场，中间有短暂的休息时间。在休息期间，实验对象要么被告知远远落后于对手（比如落后50分），要么被告知稍落后对手（比如落后1分）、平局或稍稍领先（比如领先1分）。下半场开始后，那些以为自己稍微落后对手的实验对象比其他人要努力得多。

你也可以培养这种永不自满的心态。你可以假设自己稍微落后于对手，而且你的对手[对于安飞士租车公司（Avis）来说，对手是赫兹公司（Hertz）；对于阿迪达斯来说，对手是耐克]处于第一的位置。当你卖出一款新产品时，你可以阐明它的下一个版本如何改进；当你起草一份备忘录或一本书的章节时，你可以指出它的问题所在。

现代世界不需要成品，而是需要未完成的作品。只有持续改善，才能成为赢家。

间断式成功

麦当娜（Madonna）是重塑自我的高手，她随着时代的发展而不断进化，与不同的制片人和作家合作。她30多年巨星生涯的标志，就是不断重塑自我。

但大公司不是麦当娜。众所周知，企业变革的进程非常缓慢，根本性变革则尤其缓慢。然而，有一家大公司在极短的时间内成功地两次重塑了自我。

奈飞起初通过用邮件寄送DVD的方式，颠覆了传统的录像租赁模式。但是，即使在这家公司开始垄断录像租赁市场时，其联合创始人兼CEO里德·哈斯廷斯仍然保持警惕心。正如我在上一章所讨论的那样，我们可以通过专注于战略而非战术来重构问题，以产生更好的答案。运用这一原则的过程中，奈飞意识到，它做的不是DVD租赁生意，这只是一种战术；相反，它是在做电影租赁业务，这才是它的战略。通过邮件寄送DVD仅仅是许多方法中的一种，流媒体也是方法之一，而这些方法都是为战略服务的。"在奈飞公司，我最担心的事情就是我们无法从成功的DVD业务跨越到成功的流媒体业务。"哈斯廷斯说。哈斯廷斯看出了不祥之兆——DVD很快就会过时，他想让奈飞在大难临头之前全身而退。

对于奈飞来说，向流媒体跨越的脚步可能太快了。2011年，该公司宣布未来只专注于流媒体业务，并将DVD业务变成一家独立的公司，这让它的客户群体开始犹豫。但是，如果这个决定称得上错误的话，那这个错误远胜于无所作为。哈斯廷斯倾听顾客的声音，重整旗鼓，在强化公司流媒体平台的同时，仍然保留了邮寄DVD业务，使公司得以继续勇往直前。

然后，奈飞再次迈出一大步，进入原创内容开发领域，而不是向好莱坞的大型工作室付费试用原创内容。事实证明，无论以何种标准衡量，此举都是巨大的成功。与最终删除掉的失败剧作数量相比，奈飞开发出的热门原创剧作数不胜数。但在哈斯廷斯看来，这一比例是个不祥之兆。他说："我们现在的热门剧作比例太高了，应该多删除一些不卖座的节目。"

哈斯廷斯希望放缓成功的速度，也许你会觉得这种做法太荒谬，但他早就心里有数。我们时常认为，若我们无法持续实现个人成就和职业成就，就是一种过失。如果有得选的话，我们情愿一直保持最佳竞技状态，而不是在成功的巅峰和失败的低谷之间游走。然而，诚如商学院教授西姆·希特金所言："常规化和不间断的成功是存在问题的，它是软弱的表现，而非强大的明显标志。"

"挑战者"号和"哥伦比亚"号事故提醒我们，成功的常规化可能预示着未来大祸将至。研究表明，成功和自满是相伴相生的。我们取得成功的时候，就不再突破原有界限，舒适的现状给我们安装了一块天花板，我们的边界不断缩小，而不是继续延伸。公司高管很少因背离过去的成功战略而受到惩罚，但是如果一名高管放弃成功的战略，转而去推行一个最终失败的战略，那他被惩罚的风险就会大得多。因此，我们不再为新事物冒险，而是继续采用那些"经过实践证明的"能带来成功的公式。这种战术效果很好，但迟早会失效。

SpaceX的"猎鹰 1"号三次发射无一成功的纪录差点让该公司倒闭，但前期的这些失败起到了令人警醒和审视现实的作用，它们有效地防止了公司内部滋生自满情绪。当这些失败最终让位于一连串的成功时，SpaceX成了骄傲自大的牺牲品。2015年6月，一枚"猎鹰 9"号火箭在飞往国际空间站的途中爆炸。马斯克把责任完全归咎于公司过往的成功经历。"这是我们7年来第一次发射失败。所以说，在某种程度上，整个公司都有点自满了。"他说。

为了防止自满情绪,你偶尔要给自己泼泼冷水。"你必须打乱自己的节奏,"史蒂夫·福布斯(Steve Forbes)说,"否则别人会代劳的。"如果我们一直成功,如果我们取得一系列偶然的成功之后不抑制膨胀的自信心,那么灾难性的失败将会等着我们。但是,灾难性的失败往往会成为你的企业或事业的终结者。前世界重量级拳击冠军迈克·泰森(Mike Tyson)说过:"如果你不保持谦逊态度,生活会让你谦卑的。"

而保持谦逊态度的方法之一,就是关注那些未遂事故。

未遂事故

在航空术语中,未遂事故指的是本来要发生撞击、结果转危为安的事件。它意味着航天器已经非常接近撞击了,但还差一点点,运气不错。

无论在航空总调度室还是在公司董事会,我们往往会忽略那些未遂事故。研究表明,未遂事故会伪装成成功事件,因为它们不会影响最终结果。飞机没有坠毁,企业没有倒闭,经济保持稳定,皆大欢喜,没人受伤,没人犯规。我们告诉自己:继续我们的生活吧。

事实证明,即使没有人受伤,还是有可能存在大量犯规行为。如前所述,尽管O形环有问题,尽管泡沫在脱落,NASA仍然成功地发射了许多架航天飞机。这些早期的任务之所以能够化险为夷,是因为它们没有出事,但也很接近出事的程度了,只不过运气好,一切转危为安。

未遂事故会促使人们冒一些不明智的风险。未遂事故不会使人产生紧迫感,反而会导致自满情绪。研究表明,当人们了解到某些未遂事故之后,做决策时会比那些不知道这些事件的人更加冒险。虽然在一次未遂事故以后,失败的实际风险保持不变,但我们对风险的看法却有所缓解。在NASA，管理层没有把未遂事故视为潜在问题，而是把它视为数据来源，以证实其"O形环损坏或泡沫脱落不是风险因素，不会使飞行任务陷入危险之中"的理念。管理者取得了一连串的成功，而那些拉响警报的火箭科学家们只是在危言耸听罢了。

相反的数据点直到灾难袭来时才姗姗来迟。直到那时，NASA才召集专家们对事故进行"尸检"，并反思那些被成功掩盖的警告信号，然而为时已晚。

"尸检"的英文postmortem是一个拉丁词，字面含义为"死后"。医学上，尸检也被称为"尸体剖析"，指的是查验尸体以确定死亡原因。现在，"尸检"从医学领域转移到了商业领域。企业用"尸检"的方法来确定失败的原因，以及将来可以用什么方法来防止失败再次发生。

但是，这个比喻有问题。"尸检"意味着必须有一个项目、一家企业或一份职业死掉，然后我们才采取行动。说到死亡，只有那些灾难性的失败才值得彻查。可是，如果我们等到灾难降临之后才做尸检，那些一连串的小失败和未遂事故（它们会随着时间的推移慢慢积累起来）就无法被察觉。

导致"哥伦比亚"号和"挑战者"号事故的并不是一个重大误判、计算失误或严重失职；相反，正如社会学家戴安·沃恩（Diane Vaughan）所写的那样，"一系列看似无害的决定把这家航空机构逐渐推向灾难的边缘"。

千里之堤，溃于蚁穴，灾难也是由很多"蚁穴"积累起来的。

这个故事很常见。大多数公司之所以灭亡，是因为他们忽视了"蚁穴"，微弱的信号，以及不会立即对结果造成影响的未遂事故。举几个例子：默克公司生产的止痛药万络（Vioxx）与心血管疾病之间存在关联，该公司却忽视了早期警告信号；数字成像技术可能会对传统胶卷行业造成重大影响,柯达公司高管却忽视了这个信号;百视达公司几乎不关注奈飞商业模式所带来的威胁;有迹象表明,次贷危机早在2008年主要金融机构崩盘之前就已经存在,它最终造成美国历史上最严重的经济衰退之一。

再以一项针对4600多次轨道火箭发射尝试的研究为例。根据这项研究,只有完全发射失败,即发生火箭爆炸事故时,机构才会主动学习,并提高未来发射成功的可能性。部分失败或小故障不会产生类似影响,比如运载火箭没有爆炸,但无法正确履行其职能。诚如商学院教授艾米·埃德蒙森和马克·坎农(Mark Cannon)所言,当小故障"没有得到广泛认同、讨论和分析时,我们很难防止更大规模的失败"。

未遂事故是一个丰富的数据来源,原因很简单:它们发生的频率远远高于真正的事故,而它们造成的损失也要低得多。通过审视未遂事故,你可以收集一些关键数据,同时不必承担失败带来的损失。

在火箭科学中,关注未遂事故尤为重要。20世纪60年代的火箭经常爆炸,可尽管如此,我们还是不断改进火箭发射技术。现代火箭的发射成功率超过90%,失败只是例外,但每次发射的风险仍然很大。在载人航天飞行中,数亿美元和生命都处于危险之中。更重要的是,太空中的失败留下的证据往往不完整,许多信号无法在噪音中保留下来,人们很难在地面上重现失事过程。从失败中吸取教训的机会本来就很少,所以从成功发射的案例中学习经验就变得更加重要了。

这就得出了一个悖论。我们都希望失败得体面一些,这样它们就不会对我们的生活造成巨大破坏。但是,体面的失败也是难以捉摸的,除非我们非常注意,否则很可能会忽视它们。我们应该在它们变成不可挽回的灾难之前发现这些若隐若现的失败信号,而这就意味着"尸检"工作不应留待失败以后才做,而应该无论成败都做。

新英格兰爱国者队(New England Patriots)在2000年的美国职业

橄榄球大联盟选秀中吸取了这一教训。选秀是年度盛事，各支橄榄球队要为即将到来的赛季挑选新球员。选秀共分7轮，每支球队每轮可以挑选一名球员。

在2000年选秀的第6轮中，爱国者队选出了一名球员，他将成为有史以来最伟大的四分卫之一。汤姆·布雷迪（Tom Brady）后来与爱国者队一起赢得6次超级碗冠军，并获得4次"超级碗最有价值球员"称号，是美国国家橄榄球联盟历史获得该项殊荣最多的球员。布雷迪被称为2000年选秀中的"最大遗珠"，爱国者队领导层采用了一种聪明的策略，在选秀快结束时挑中了布雷迪这种水准的球员，他们也因此而广受赞誉。

这是对此次选秀结果的一种解读。

另一种解读方式则对爱国者队的领导层没那么宽容了。按照另一种说法，选择布雷迪就是一次未遂事故。爱国者队已经关注他很久了，但他们一直等到选秀快结束时才挑中他（在254名总球员中，布雷迪排在顺位第199名。这几乎和在体育课上被最后一个选中那样糟糕）。如果存在平行宇宙的话，同样的过程可能会产生不同结果，另一支球队可能抢在爱国者之前选中布雷迪。如果不是爱国者队的首发四分卫德鲁·布莱德索（Drew Bledsoe）伤退的话，布雷迪便没有机会进入首发阵容，他可能就无法充分发挥自己的潜力。在这个与现实只有毫厘之差的平行宇宙中，爱国者队的管理层将被打上"蠢材"的烙印，而不是被称为有远见卓识之人。

下次，当你在欣赏自己的成就并沉浸在成功的荣耀中时，请稍停片刻，问问你自己："这次成功存在什么问题？运气、机遇和特权在这中间扮演了什么角色？我能从中学到什么？"如果我们不问这些问题，运气最终会跟我们分道扬镳，前方等待我们的将是未遂事故。

你可能已经注意到了，这几个问题与上一章关于失败的内容中提出的问题没什么不同。不管发生什么事情，问同样的问题，遵循同样的流程，这个方法可以给结果减压，将我们的注意力转向最重要的东西——输入。

你可以从谷歌的探月工厂X寻找线索。即使一项技术取得成功，研发产品的工程师也会强调早期失败的原型。例如，研发无人驾驶飞机的"翼计划"（Project Wing）团队在最终设计定下来之前扔掉了数百个产品模型。在公司的一次会议上，该团队向其他同事展示了它报废的所有材料。在外行人看来，一款简单而优秀的设计源自一连串失败和未遂事故。

爱国者队的管理层知道，他们能把布雷迪挑走纯属运气。高管们没有吹嘘自己捡到了最大"遗珠"，而是将布雷迪事件视为一次失败的物色球员行为，专注于纠正自己在思想上的错误。

"尸检"法可能有助于发现和纠正错误，但它也有一个缺点：当在成功后进行"尸检"时，我们已经知道结果了。我们往往会假设好的结果源自好的决定，而坏的结果源自坏的决定。当我们知道自己成功时，很难发现错误；而当我们知道自己失败时，又难免会推卸责任。只有对结果视而不见，我们才能更客观地评估我们的决策。

无视结果

一支赛车队前途堪忧。它经历了一系列莫名其妙的发动机故障，在过去的24场比赛中，发动机7次失灵，导致汽车遭受严重损坏。发动机机械师和总机械师对问题的成因持不同看法。

发动机机械师认为问题的根源在于气温过低。他说，天气寒冷时，发动机缸盖和发动机组以不同速度膨胀，发动机密封垫损坏，导致发动机失灵。但总机械师不赞成该观点。他认为温度不是故障原因，因为任何温度环境下都出现过发动机失灵现象。总机械师承认,车手在比赛中要冒很大风险,但他提出,比赛中"你要超越已知的极限",所以如果"你想赢,就必须冒险"。他还补充道:"没人能轻松赢得比赛。"

现代汽车比赛给赞助商提供了一个赚钱的机会,国家电视台还进行现场直播。但天气异常寒冷,倘若发动机再次发生故障,车队的名声就会严重受损。

换作是你,你会怎么做?继续比赛还是当观众?

这个场景来自杰克·布里顿(Jack Brittain)和希特金两位教授创建的"卡特赛车"(Carter Racing)案例研究,它被创建出来作为商学院课程的学习工具。学生们首先要独自决定赛车队应该怎么做,然后在课堂上对案例进行讨论。课堂讨论开始前和结束后,都要进行投票表决。布里顿和希特金称,大约90%的学生投票赞成继续比赛,并引用了各种版本的"没有勇气,就没有荣耀"作为论点。

投票之后,重点来了。学生们被告知:"你刚刚决定发射'挑战者'号航天飞机。"赛车发动机故障数据与O形环问题的数据类似,其他类似点还包括最后期限迫在眉睫,预算压力,以及模棱两可和不完整的信息。

听到这句话,大多数学生都会觉得震惊,有些人还会觉得愤怒。他们觉得被骗了,做了一个明显错误和有悖道德的决定。但是,当学生不清楚投票结果造成的影响时,这个决定看起来就不那么对错分明了。

当然了,这个案例研究和"挑战者"号案例之间也有区别。虽然汽车发动机故障也可能危及司机的安全,但与航天火箭发射相比,车手所冒的生命风险并没有那么大。

但道德问题依旧存在。我们可以轻而易举地说,我们选择推迟发射"挑战者"号,我们会在选秀第一轮挑中布雷迪,或者看到百视达即将大难临头。隐藏结果才能消除事后的扭曲视角。

在商学院课堂外进行匿情分析不是件容易的事情。在现实世界中，结果不会被隐瞒，一旦结果泄漏出来，就很难收回去了。不过，我们可以借助一种技巧把匿情分析付诸实践，而你也不必假装不知道结果，这种技巧就是"事前验尸法"。

事前验尸法

沃伦·巴菲特的合伙人、投资家查理·芒格经常引用一位"乡下人"的话说："我想知道我将死在哪里，然后我永远不到那个地方去。"这种方法叫作"事前验尸法"。"我们可以在两个不同的场合下审视自己的行为，并努力从公正的旁观者角度来看待它。"亚当·斯密（Adam Smith）写道，"第一个场合是我们即将采取行动的时候，第二个场合则是我们采取行动之后。""事后验尸法"符合史密斯的第二个建议，而"事前验尸法"符合第一个建议。

采用"事前验尸法"时，调查会在我们采取行动之前进行，比如火箭发射前、交易达成前或者并购完成前，这时候我们还不知道实际结果。在检验过程中，我们通过时间隧道到未来进行一场思想实验，假设项目已经失败，然后我们退后一步问自己："哪里出了问题？"通过生动描绘灾难性的场面，我们找到潜在问题并决定如何避免问题发生。研究表明，"事前验尸法"使实验对象确定未来结果正确成因的能力提高30%。

如果你是一位公司领导，那么你可能会把注意力集中在公司目前正在设计的产品上。你可以假设产品很失败，然后开始倒推潜在原因。也许是因为你没有正确地测试产品，或者是因为它不适合你所在的市场。

如果你是一名求职者，可以用"事前验尸法"模拟面试结果。你可以假设自己没有得到这份工作，并尽量多想一些面试失败的原因。也许是因为你面试迟到了；也许是因为面试官问你为什么辞去以前的工作，而你回答不上这道难题。然后,你就会想办法躲过这些潜在的陷阱。

我们在关于探月思维的那一章探讨过反溯法,现在,你可以把"事前验尸法"看作是反溯法的对立物。反溯法是从一个理想的结果向后回溯,而"事前验尸法"是从一个不理想的结果向后回溯,它迫使你在采取行动之前思考哪里会出问题。

当你采用"事前验尸法"思考哪些事物会出错时,你应该为每个潜在的问题保留可能性。如果你提前量化不确定性,比如说你的新产品失败可能性达到50%,那你就更有可能认识到运气在成功过程中所扮演的作用。

量化不确定性,还可以让你摆脱未来失败带来的刺痛感。如果我们百分之百地相信我们的新产品会成功,万一失败,我们就会受到沉重打击。但是,如果我们认识到成功的概率只有20%,那失败不一定意味着输入是无效的。有可能你做对了每一件事,但依旧摆脱不了失败的结局,因为运气和其他因素干预了结果。

举个例子,马斯克在创办SpaceX时,认为这家公司成功的概率不到10%。他的信心低到不愿意让自己朋友投资的地步。假如他认为SpaceX的成功概率能够达到80%,那么当"猎鹰 1"号前三次发射失败时,他就很难保持这种发展势头。最终,SpaceX的命运发生逆转。这个方法还让他意识到运气在一系列成功中发挥的作用。"如果事情稍微往相反的方向发展,SpaceX就会倒闭。"马斯克说。

我们编写的"事前验尸"报告应易于获取。阿斯特罗·泰勒说,在X公司,这些报告"放在一个网站上,任何人都可以往网站上传一些他们担心将来会出错的东西",雇员可以针对某个具体项目或整个公司提出他们担忧的问题。这种方法建立了对机构的认知,避免产生沉没成本偏见。如果我们知道先前的某个决定存在不确定性,质疑它就会变得容易得多。"人们可能已经在小群体中说这些事情了。"泰勒说,"但他们可能不会大声、清晰或不经常说出来,通常是因为这些东西可能会给你贴上'消极'或'不忠心'的标签。"

NASA的工程师罗德尼·罗查就有过这种亲身经历。他一再要求局里提供更多画面,研究泡沫撞击给"哥伦比亚"号带来的损害,结果被管理层拒绝了。当"哥伦比亚"号还在轨道上时,他就坐在电脑前给上司写电子邮件,做出最后一丝努力。

"依我对技术的拙见,这是错误的(且近乎不负责任的)答案……"罗查写道,"我必须再强调一次,足够严重的损害……可能会带来极其严重的危险。"电子邮件的末尾,他写道:"还记得NASA到处贴着的安全海报吗?上面写着:'把安全隐患说出来!'没错,这个问题真的很严重。"

他把电子邮件保存为草稿,没有点击"发送"。

罗查后来告诉事故调查人员,他之所以没有把这封邮件发送出去,是因为"他不想越级汇报",他觉得自己应该"服从管理层的判断"。他的担心不是没有理由的。罗杰·布瓦乔利在"挑战者"号失事前6个月就写了一份具有先见之明的备忘录,预言一场灾难即将来临,但他为揭发安全问题而付出了昂贵代价。"挑战者"号灾难发生后,布瓦乔利在罗杰斯委员会面前作证,并提交了他的备忘录及其他内部文件,证明莫顿聚硫橡胶公司对他发出的警告充耳不闻。他因为当众说出公司不可告人的秘密而受到同事和管理层的责罚。"如果你搞垮了这家公司,我就把我家孩子放在你家门口。"以前的一位朋友告诉他。

没有人想成为搅局者,坚持立场的人只能独自用拳头敲打桌子。搅局者和信使一样,都有"挨枪子"的风险。难怪即使在视创造力为生命的组织中,也会出现群体思维。面对可能出现的激烈反应,我们宁愿自我审查,也不愿意犯众怒。我们顺从权威,不敢蔑视权威。

成功只会加剧这种顺从的倾向。它促使人们对现状过度自信,现状反过来又扼杀了不同意见，而且恰恰是在人们最需要不同意见来抑制自满情绪的时候。"少数派观点非常重要。"伯克利大学的心理学家、"群体思维"权威专家查兰·奈米斯（Charlan Nemeth）写道，"不是因为它们往往会占上风，而是因为它们激发了不同人群的注意力和发散思维。"即使少数派观点是错误的，"它们也有助于发现新的解决方案和决策，而这些方案和决策的总体质量会更高"。换言之，持不同意见者迫使我们不把眼光局限在主流观点上，而主流观点往往处于最明显的地位。

可悲的是，对于"挑战者"号和"哥伦比亚"号来说，这些不同的声音被忽视了。包袱被转移到工程师身上，他们要用难以量化的数据证明自己对安全的担忧是正确的。NASA不是要求工程师证明航天器可以安全发射（"挑战者"号）或安全着陆（"哥伦比亚"号），而是要求他们证明航天是不安全的。"哥伦比亚"号事故调查委员会成员罗杰·德霍特（Roger Tetrault）称，管理层用以下态度对待工程师："向我证明这是错误的，如果你能够向我证明那里出了问题，我就去看看。"但事情并没有就此结束。接下来，管理层会剥夺工程师们说明理由、自证假设的机会。举个例子：在"哥伦比亚"号任务中，工程师们提出要获得更多卫星图像来调查飞机受损情况，但管理层拒绝了他们的要求。

"事前验尸法"可以成为有效表达异议的方式。因为它先假设一个糟糕的结果，即项目已经失败；然后，它要求人们提出失败的原因。"事前验尸法"给那些敢于表达真实批评意见和向上传递信息的人提供了心理安全。

原因背后的原因

每次航天灾难过后,国家都会举行一场仪式。

政府会成立一个事故专家委员会,传唤证人,收集文件,分析飞行数据,研究航天器残骸,起草一份语气沉痛的调查结果和建议报告。

这样的传统之所以存在,并不是因为历史经常重演。历史其实很少重演。O形环出故障或泡沫脱落,从而造成另一场航天灾难的可能性极低。

不,举行仪式的原因是历史在教导我们,历史会告诉我们很多信息。如果你仔细研究的话,就会发现历史可以提供非常宝贵的经验。仪式给予我们短暂的停顿时间,重新评估和调整目标,重新学习和改变。

在"挑战者"号事故中,罗杰斯委员会的报告中出现了两个罪魁祸首,其中一个是技术因素,另一个则是人为因素。技术因素指的是那些没能提供密封保护的O形环,人为因素则是NASA的职员——即使O形环可能在寒冷气温下发生故障,他们仍然异常执着地决定发射航天飞机。

换言之,罗杰斯委员会关注问题的一阶原因,或者说直接原因。一阶原因显而易见,让人们本能地想拿它们做替罪羊;它们也更容易被放入演示文档或新闻稿中,通常还对应某个实体或名字。就技术原因而言,O形环的缺陷是可以修复的;而至于人为因素,NASA的雇员可以成为替罪羊,被降职或解雇。

但问题在于,无论是一枚火箭还是一家企业,复杂系统的失败原因通常是多重的,包括技术因素、人力因素和环境因素在内的多重因素可能会共同导致失败的产生。若只纠正一阶原因,则二阶和三阶原因并未获得纠正。这些都是潜伏在表面之下的深层原因,它们是一阶原因的始作俑者,而且可能会令一阶原因卷土重来。

沃恩在她对事件的决定性描述中发现,"挑战者"号事故的深层原因藏匿于NASA的阴暗面中。她说，与罗杰斯委员结论相反的是，"挑战者"号事故之所以发生，正是因为管理层尽了本分，他们按规则行事，而不是违反规则。

沃恩用"偏差正常化"一词来描述这种异常状态。NASA的主流文化使高风险飞行正常化。"过去一直发挥作用的文化理解、规则、程序和规范，这次不管用了。"沃恩写道，"这场悲剧的起因并非管理者毫无道德感、精于算计或擅自违反规则，而是因为他们遵守规则。"换句话说，NASA不仅仅存在O形环问题，还存在墨守成规的问题。

解决这些更深层次原因的方法并不是很吸引人。NASA不可能通过电视直播其守旧文化的变革过程，这不利于发表政治演讲。在国会听证会上，你无法把守旧问题扔进冰水中，然后看着它变脆。[1]

更重要的是，解决二阶和三阶问题要困难得多。在每个接合处套上第三个O形环容易（"挑战者"号失事后，NASA就是这样做的），可要治愈一个庞大官僚机构中盛行的更深层次的文化病因，就没那么容易了。

但如果更深层次的原因得不到解决，灾难就会卷土重来。正因为如此，我们在宇航员萨莉·莱德（Sally Ride）令人难忘的话语中，可以听到"哥伦比亚"号事故中传来了"挑战者"号的回声。作为唯一一名同时参与这两起事故调查工作的委员会成员，莱德最有资格把两者联系起来。这两起事故的技术缺陷不同，但文化缺陷是相似的。即使在技术缺陷得到修复和关键决策者被替换之后，"挑战者"号悲剧的深层原因仍然没有得到解决。

这种补救办法犹如障眼法，给人以病症已经治愈的假象。我们假装一阶问题的解决也会化解二阶和三阶问题，如此掩耳盗铃的做法会只能

---

[1] 此处呼应费曼在听证会上把O形环扔入冰水中变脆的实验。——译者注

使自己未来面临灾难。处理完最明显的缺陷之后，我们觉得自己已经为解决问题做了点事情，内心顿时生出笃定感和满足感。但是，我们只是在玩一个永远不会结束的宇宙版"打地鼠"，一个问题被打压下去，另一个问题就会弹出来。

在日常生活和职场中，我们也做着同样的事情。我们服用止痛药治疗背痛，我们认为竞争对手让我们失去了市场份额，我们认为外国贩毒集团要对美国的毒品问题负责，并认为将某些恐怖组织连根拔起之后，恐怖主义问题也会得到解决。

在上述例子中，我们把某种症状和一种病因联系起来，却对更深层次的病因视若无睹。止痛药不能治愈我们的背痛，病根仍然存在；你之所以失去市场份额，不是因为你的竞争对手，而是因为你自己制定的经营方针；消灭贩毒集团并不能解决毒品需求方带来的问题；消灭恐怖分子也不能防止新的恐怖主义出现。

杀死一个坏人，往往会导致更坏的人出现。在解决最明显问题的成因时，我们开启了一个达尔文式优胜劣汰的过程，创造出一种更阴险的害虫。当害虫卷土重来时，我们使用同样的农药、增加剂量，却惊讶地发现农药已经没有任何效果。

每个描绘历史恐怖事件的博物馆里，似乎都会出现乔治·桑塔亚纳（George Santayana）的一句话："那些忘记过去的人注定要重蹈覆辙。"但仅仅记住过去是不够的。如果我们从历史中得到错误信息的话，那所谓的牢记历史就是一种自欺欺人的行为。只有在我们找到一阶原因以外的东西，尤其是看到那些我们不想看的东西时，我们才真正开始从历史中汲取经验。

只处理一阶问题的成因，还存在另一个缺点。我们在下一节中将会看到，这样做非但没有解决问题，反而加剧了问题的严重性。

福兮祸所伏

我不是个习惯早起的人。在我看来，日出充满了活力。然而，每天的早起就像参加一场重复发生的战斗，我得为此做好准备，于是我把闹钟调早了30分钟。

你肯定知道接下来发生的事情了——我按下了小睡催醒按钮。按经济学术语的说法，我会反复按下这个按钮，这调快的30分钟丝毫没达到让我早起的作用，而是被消耗掉了。

有种现象解释了我与小睡按钮之间爱恨交加的关系，而同样的现象也说明了为什么美国橄榄球运动员戴上能够更好保护头部的硬壳头盔之后，头颈受伤的概率反而增加了；它解释了为什么安装了防抱死制动装置（防抱死制动技术是20世纪80年代发明的，其作用是防止轮胎打滑，如今这种技术已经过时）之后，车祸数量并没有减少；它还解释了为什么人行横道并不一定能让穿越马路变得更安全，在某些情况下，人行横道反而会导致更多伤亡。

心理学家杰拉德·王尔德（Gerald Wilde）称这种现象为"风险的自我恒定"。这个短语很花哨，但理念很简单。有些措施旨在降低风险，结果却适得其反。人类为了降低某个领域的风险，反而增加了另一个领域的风险。

以在德国慕尼黑进行的一项为期3年的研究为例。一支出租车车队的部分车辆配备了防抱死制动系统（ABS），其余车辆则使用传统的非ABS制动装置。这些出租车的其他所有配置都是相同的，它们要在一周中的同一天、一天中的同一时间及相同的天气条件下运营，司机们也知道他们的车是否配备了ABS系统。

研究发现，配备ABS系统的汽车与其余汽车之间，事故发生率没有明显差异，但从统计学角度来看，有一种差异很显著，那就是司机的驾驶行为。配备ABS系统的汽车司机变得更加鲁莽。他们更经常地紧跟前面车辆行驶，转弯更急，开车速度也更快，而且随意变道，未遂事故的发生次数更多。ABS系统原本是为了增加驾车安全性，现在反而助长了不安全驾驶行为，实在荒谬。

在"挑战者"号任务中，安全措施也适得其反。管理层认为，O形环有足够的安全边际量，"以迄今为止观察到的最严重锈蚀为标准，它们可以承受3倍这样的锈蚀"。更重要的是，火箭上还有失效保护机制。官员们认为，即使主环失效，副环也会封住接合处。这些安全措施的存在给人以一种无往而不利的感觉，可当主环和副环在发射过程中同时失效时，灾难便发生了。这些火箭科学家就像配备了ABS系统的德国出租车司机一样，漫不经心地开着快车。

在上述两个例子中，人们把"安全感"看得比实际安全更重要，由此而产生的行为变化抵消了安全措施带来的好处。有时候，事态会向另一个方向发展，人们的行为变得比安全措施到位之前更加不安全。

这一悖论并不意味着我们不需要再系安全带，可以购买不带ABS系统的车，或者可以不遵守交通规则乱穿马路。相反，我们要假装路上没有人行横道，看情况过马路；我们要假设副环或ABS系统无法阻止事故的发生；即使你打橄榄球时戴着头盔，也要避免被对方球员擒住并摔倒，导致头部受伤；或者假装自己没有收到项目延期的通知。

如果你摔倒了，安全网可能会在那里接住你，但你最好假装它不存在。

请访问网页ozanvarol.com/rocket，查找工作表、挑战和练习，以帮助你实施本章讨论过的策略。

后记　新世界

向上，向上，飞向那狂喜的、炽热的蓝色长空，
以优雅之姿踏风而行，
那是云雀和老鹰没有到过的地方。
从未有人涉足的神圣太空，
带着沉静的、悬着的心，
伸出手去。触摸上帝的脸庞。

——约翰·马吉（John Magee）

在《辛普森一家》（*The Simpsons*）某一集《深空荷马》（*Deep Space Homer*）中，荷马·辛普森随意变换着电视频道，这是他最喜欢的消遣活动。突然，他看到电视台正在现场直播航天飞机发射，两个无聊的评论员解释机组成员们将如何研究失重对小螺丝的影响。荷马顿时失去了兴趣，他想换个频道，但电池从遥控器上掉了出来。巴特顿时抓狂了，他开始尖叫道："又是这种无聊的航天发射节目，不想看，换频道，换频道！"然后，镜头转向NASA总部，一位忧心忡忡的火箭科学家向一名管理者解释说，他们在火箭发射任务遇到了一个非常严重的问题：直播发射的电视台收视率是有史以来最低的。

1994年，当这一集动画片播出时，人类太空探索的全盛时期已经成为遥远的记忆。从1903年莱特兄弟的第一次动力飞行到1969年人类在月球上迈出第一步，时间过去了66年。然而，在接下来的50多年里，我们不再仰视星空。我们在月球上插了一面旗帜，然后就回家了，如今我们更热衷于一次次地把人类送往位于低地轨道的国际空间站。很多人曾亲眼目睹"阿波罗"号宇航员勇敢地飞行了大约38.4万千米到达月球，对于他们而言，看到宇航员们前往300多千米外的国际空间站，那种"兴奋"心情简直就像"看到哥伦布航行到了西班牙的伊维萨岛"。

政客们利用太空飞行来达到政治目的，这种做法其实就是把铡刀悬在NASA的头上。约翰·F.肯尼迪以其特有方式宣布了雄心勃勃的太空飞行计划，但该任务只持续了一届总统任期，就被下一任总统取消了。资金时多时少，完全取决于当时盛行什么样的政治风潮，因此，NASA缺乏清晰的长远目标。据说在2012年，也就是尼尔·阿姆斯特朗去世前不久，他引述了棒球界传奇人物尤吉·贝拉（Yogi Berra）的话来描述该机构遇到的困境："如果不知道目的地在哪里，你可能就永远到达不了那里。"

我们不知道NASA航天飞机2011年退役之后的去向，它是我们到达国际空间站的唯一手段，没有任何替代措施。剩下的航天飞机被从发射台撤下，送进博物馆，美国宇航员只能乘坐俄罗斯的火箭去空间站，每位乘客的费用为8100万美元，比SpaceX发射一枚完整的"猎鹰 9"号高出近2000万美元。具有讽刺意味的是，为了击败俄罗斯人而成立的NASA却要依赖于俄罗斯人。2014年，美国借克里米亚事件对俄罗斯实施制裁，负责俄罗斯太空计划、时任俄罗斯副总理的迪米特里·罗戈津（Dmitry Rogozin）扬言报复，建议"美国用蹦床把他们的宇航员送上空间站"。

NASA的设施真实体现了这种状况。2014年5月，NASA在推特上发布了宇航员在中性浮力实验室训练的照片，这些照片以它们没有显示的内容而闻名。照片没有拍到水池中一大片用警戒线封锁起来的地方，那里被出租给石油服务公司，用来给钻机工人进行生存训练。前一天晚上，还有一家公司在那里搞聚会，把水池用作聚会场地，照片同样也没拍出来。肯尼迪航天中心39A发射台是最具历史影响力的两座发射台之一，阿波罗登月计划的火箭就是从那里发射并飞往月球的，但它最终也被荒废并租赁给了别人。原定于2019年3月举行的首次女性太空行走活动被取消了，原因竟是两名被选中参加太空行走的女性没有合身的宇航服。

在电影《阿波罗13号》中，一名议员问任务指挥官吉姆·洛维尔："既然我们已经打败了俄罗斯人，登上了月球，那为什么我们还要继续资助这个项目呢？"汉克斯饰演的洛维尔回答说："想象一下，如果克里斯托弗·哥伦布从新大陆回来，而没有人追随他的脚步去往新大陆，结果会怎样？"

和其他很多人一样，NASA是我爱上太空探索的原因。几十年来，美国国家航空航天局的英文缩写NASA成为火箭科学思维的标志。然而，在开辟出新世界的道路之后，NASA在很大程度上把载人航天的指挥棒交给了别人。2004年，尽管航天飞机在"哥伦比亚"号灾难发生后停飞，但伯特·鲁坦设计的"太空船1"号（SpaceShipOne）成为第一架私人资助的太空飞行器。后来，随着航天飞机正式退役，NASA和SpaceX与波音公司签署合同，由这两家公司建造火箭，搭载美国宇航员前往国际空间站。SpaceX入驻39A发射台，并开始发射火箭，这是具有标志性意义的事件。蓝色起源公司正在用它的火箭打造自己的太空之路，这两枚火箭分别叫"新谢泼德"号和"新格伦"号（New Glenn），以第一批美国太空先驱命名，即"水星"号宇航员艾伦·谢泼德和约翰·格伦。该公司还在建造一台名为"蓝月亮"（Blue Moon）

的月球登陆器，它能够向月球运送货物。尽管NASA也在研制一种将人类发射到地球轨道以外的飞行器，即所谓的"太空发射系统"（Space Launching System，简称SLS），但这项工程的资金严重不足，且落后于原定计划。因此，批评者将SLS称为"无处可去的火箭"。

在电影《绿野仙踪》（Wizard of Oz）的一个场景中，桃乐茜在黑白世界生活了很久之后，终于走出了她的房子，第一次看到多姿多彩的世界。看到了鲜艳色彩之后，她再也无法忘记。对于她来说，再也不可能回到那个黑白世界了。

但世界不是这样运转的。我们的默认模式是退化，而不是进步。当我们让航天机构自生自灭时，它们便衰落了。作家会才思枯竭，演员会星光黯淡，互联网百万富翁在自尊重压下崩溃，斗志旺盛的年轻公司变成他们试图取代的那些臃肿的官僚机构。我们又回到了黑白世界。

任务一旦完成，旅行就无法结束，这是工作真正开始的时候。当成功带来自满时（我们告诉自己，既然我们已经发现了新世界，那就没有理由再去那里了），我们就变成了自己以前的影子。

杰夫·贝佐斯每年都要给亚马逊股东写一封信，而且每年都要重复一句有隐含意义的话："保持第一天的心态。"这句口号重复了几十年之后，有人问贝佐斯：第二天会是什么样的？他回答说："第二天是停滞期，随之而来的是落后潮流，再接着就是令人痛苦的衰退，最后是死亡。所以，我们要永远保持第一天的心态。"

火箭科学思维要求我们保持第一天的心态，不断向黑白世界中引入色彩。我们必须不断地设计思想实验，去"探月"，证明自己的错误，与不确定性共舞，重构问题，即飞即测，并回归第一性原理。

我们必须继续走在杳无人迹的道路上，在波涛汹涌的大海中航行，在狂野的天空中飞行。"无论这些闲散的商店多么温馨，无论这处住所多么便利，我们都不能留在这里。"沃尔特·惠特曼（Walt Whitman）

写道,"无论这个港口多么遮风挡雨,无论这些水域有多平静,我们都不能在这里停泊。"

最后,这世上没有秘笈,没有独家秘方。力量就在那儿,任凭我们攫取。一旦你学会了如何像火箭科学家那样思考,并从长远角度培养这种思维,你就可以把难以想象的事物变成可想象的事物,把科幻小说塑造成事实,并伸出双手,触摸上帝的脸庞。

再次引用惠特曼的话:伟大的戏码继续上演,而你或可贡献一行诗句。

一首新诗。

甚至一个全新的故事。

你的故事。

故事里讲的会是什么?

既然你已经学会了如何像火箭科学家一样思考，接下来，是时候像火箭科学家那样把这些原理付诸实现了。

请前往ozanvarol.com/rocket网站查找以下内容：

- 各章要点摘要
- 工作表、挑战和练习，以帮助你实施本书中探讨过的策略
- 我的每周时事通讯订阅表，我会在周刊中分享更多建议和资源，以强化书中提及的原理（读者称之为"每周我最期待的一封电子邮件"）
- 我的个人电子邮件地址，这样你就可以给我发评论或打个招呼啦！

我经常周游世界，为众多行业的组织做主题演讲。如果你有兴趣邀请我和你的群体进行交流，请访问ozanvarol.com/speaking网站。

我期待收到你的来信。

附加信息

鸣　谢

史蒂夫·斯奎尔斯是我的前上司和"火星探测漫游者"计划的首席调查员，没有他的帮助，这本书就不会成型。

我不知道是什么原因驱使史蒂夫给一个瘦弱的小后生提供一份工作，这个小后生的名字很有趣，来自地球那边的另一个国家。不过，我很感激他聘请了我。能够与史蒂夫和康奈尔大学其他团队成员一起工作是我的荣幸，我永远感激他们。

我的一生遇到了好几位良师益友，他们戏剧性地改变了我人生的方向，使它变得更好。亚当·格兰特就是其中之一。2017年10月，当我在陌生的非学术书籍出版领域摸爬滚打时，亚当把我推荐给了他的文学经纪人理查德·派恩（Richard Pine）。就在亚当介绍我们认识不到48小时内，理查德和我一拍即合，这就引发了一系列事件，最终促使这本书得以出版。亚当是一个真正的给予者，他体现出了他的处女作《沃顿商学院最受欢迎的成功课》（*Give and Take: Why Helping Others Drives Our Success*）所宣扬的理念。他对我的人生产生了不可磨灭的影响，我很幸运能成为他的徒弟和朋友。

亚当向我介绍理查德时，说他是"世界上最好的文学经纪人"。

他可不是在开玩笑。理查德看好这本书,并帮助我塑造了一些松散的想法,在我的脑海中形成一整套扣人心弦的理念。有了理查德做我的后盾,我安心多了。衷心感谢英克韦尔(InkWell)明星团队的其他成员,包括亚历克西斯·赫利(Alexis Hurley)和伊莱扎·罗斯斯坦(Eliza Rothstein)。

非常感谢许多导师和同事针对本书出版事宜所提的明智建议,包括苏珊·凯恩(Susan Cain)、蒂姆·费里斯(Tim Ferriss)、塞斯·戈丁、朱利安·加斯里(Julia Guthrie)、瑞安·霍利德(Ryan Holiday)、艾萨克·利茨基(Isaac Lidsky)、芭芭拉·奥克利(Barbara Oakley)、格雷琴·鲁宾(Gretchen Rubin)和沙恩·斯诺(Shane Snow)。特别感谢丹尼尔·平克,他在波特兰的咖啡厅里给我上了一堂宝贵的图书出版课,并为这本书想了个副标题。

感谢公共事务出版社(Public Affairs)的优秀编辑本杰明·亚当斯(Benjamin Adams),他是这本书的主要创作力量之一。我很荣幸能与公共事务出版社的整个团队共事,包括梅丽莎·维罗内西(Melissa Veronesi)、林赛·弗拉德科夫(Lindsay Fradkoff)、米格尔·塞万提斯(Miguel Cervantes)和皮特·加尔索(Pete Garceau)。

能与钢笔社论公司(Steel Pencil Editorial)的帕翠西亚·博伊德(Patricia Boyd)那样精通业务的文字编辑合作,任何作家都会觉得幸运,她用她那支神奇的红笔润色了这本书的几乎每一句话。

为了写这本书,我采访了很多了不起的人物,非常感谢他们,包括马克·阿德勒、彼得·阿蒂亚、纳塔利亚·贝利、奥比·费尔滕、蒂姆·费里斯、海梅·韦多;同时还要感谢那些选择匿名的人。我要感谢迪娜·卡普兰(Dina Kaplan)和巴亚·沃斯(Baya Voce)介绍受访者。我还要感谢X公司媒体主管利比·利希(Libby Leahy)和SpaceX媒体总监詹姆斯·格里森(James Gleeson)。

非常感谢尼古拉斯·劳伦（Nicholas Lauren）和克里斯滕·斯通（Kristen Stone），他们对本书手稿的初稿给予了超一流的评价。克里斯滕坐在我们的餐桌旁，大声念出这本书中她最喜欢的内容，让我领略到观众和乐队一起唱歌的感觉。

我很荣幸能跟一支优秀的团队共事。我的助理研究员凯莉·玛尔达温（Kelly Muldavin）给我提供了编辑和调研方面的指导；布伦丹·塞贝尔（Brendan Seibel）、桑德拉·库西诺·塔特尔（Sandra Cousino Tuttle）和黛比·安德罗利亚（Debbie Androlia）仔细检查了无数的事实和信息来源（剩余的错误都由我负责）；小池塘公司（Small Pond Enterprises）的迈克尔·罗德里克（Michael Roderick）给我提供了宝贵的营销和商业建议，避免我犯下无数失误。不可思议的布兰迪·贝诺斯基（Brandi Bernoskie）和她的Alchemy+Aim天才团队为这本书和我的其他作品设计了好看的网页。

我要感谢我的播客"著名失败案例"的听众们，以及我的时事通讯《每周逆向投资》（*Weekly Contrarian*）的读者（你可以在contrarian.com网站上订阅该服务）。特别感谢我的"圈里人"（Inner Circle）成员，这是由一群我的忠实读者组成的小团体，他们让我在他们身上尝试新的想法。

我家有一条波士顿梗犬，因它拥有好奇心和机智，所以我给它起名"爱因斯坦"。谢谢你用狗嚼棒填满我们的房子，并让我们的内心充满了喜悦。

我的父母尤丹努尔（Yudanur）和塔凯廷（Tacettin）给我上了人生的第一堂天文学课，并鼓励我在美国接受教育，尽管这意味着他们唯一的孩子将生活在千里之外的地方。感谢你们。

最后，感谢我的妻子凯西，你是我最好的朋友、我的第一个读者，我所有的"第一"都来自你。库尔特·冯内古特（Kurt Vonnegut）曾经说过:"写作只是为了取悦一个人。"对我来说,那个人就是凯西。谢谢你和我探讨这本书中的每一个想法,审阅前期的草稿,听到那些笑话就开怀大笑,陪我走过人生的潮起潮落。没有你,我的小小一步永远不会变成一大步。